:·. 本书案例效果欣赏

1.1 书籍封面设计

1.3 书籍封面系列设计

3.1 珠宝品牌宣传页设计

2.1 茶文化节标志设计

3.3 珠宝品牌宣传页系列设计

2.3 节水标志设计

本书案例效果欣赏

4.1 摄影节宣传海报设计

4.3 花卉展宣传海报设计

5.1 报纸版面设计

5.3 品牌宣传册版面设计

本书案例效果欣赏

6.1 插画广告设计

6.3 插画广告系列设计

7.1 宣传册封面设计

7.3 宣传册内页设计

本书案例效果欣赏

9.1 包装设计

8.1 户外广告设计

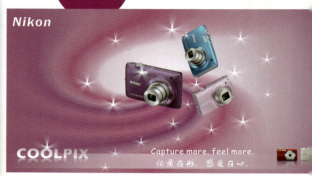

8.3 户外广告系列设计

9.3 包装盒效果图设计

9.3 包装盒展开图设计

"十二五"职业教育国家规划教材
经全国职业教育教材审定委员会审定

高等职业院校教学改革创新示范教材·数字媒体系列

CorelDRAW 平面设计项目实训教程（第 2 版）

张　薇　主　编

李　琦　周洪义　副主编

陈旭彤　主　审

电子工业出版社
Publishing House of Electronics Industry
北京·BEIJING

内 容 简 介

本教材以项目实训方式组织编写,按照项目内容提取 CorelDRAW 课程知识和能力目标,以构建平面设计制作过程中所必须掌握的 CorelDRAW 软件技能。

教材共分 9 章,其中第 1 章综合介绍了 CorelDRAW 软件环境下界面快捷操作和图形绘制与编辑的一般方法。第 2 章至第 5 章为 CorelDRAW 图形绘制、图形编辑、图形填色、文本应用的具体方法和技巧。第 6 章至第 8 章对图形的组合与造型处理、图形特效添加及位图处理方法做了细致全面的介绍。第 9 章为图形输出和相关印刷知识。各章练习中精选了 CorelDRAW 认证考试知识题,附录中对 CorelDRAW 和 Illustrator 两个矢量图形软件在使用技巧方面做了对比,以供读者参考。

本教材适合作为高职院校设计类与计算机类学生的教材,也可作为从事广告设计、包装设计、视觉传达、多媒体艺术、动画设计等行业自学者的学习用书,以及各类 CorelDRAW 培训班的培训教材。

未经许可,不得以任何方式复制或抄袭本书之部分或全部内容。
版权所有,侵权必究。

图书在版编目(CIP)数据

CorelDRAW 平面设计项目实训教程 / 张薇主编. —2 版. —北京:电子工业出版社,2014.8
高等职业院校教学改革创新示范教材·数字媒体系列
ISBN 978-7-121-23886-4

Ⅰ.①C… Ⅱ.①张… Ⅲ.①图形软件—高等职业教育—教材 Ⅳ.①TP391.41

中国版本图书馆 CIP 数据核字(2014)第 169295 号

策划编辑:左 雅
责任编辑:左 雅 特约编辑:王 丹
印　　刷:三河市鑫金马印装有限公司
装　　订:三河市鑫金马印装有限公司
出版发行:电子工业出版社
　　　　　北京市海淀区万寿路 173 信箱　邮编　100036
开　　本:787×1 092　1/16　印张:17.75　字数:461 千字　彩插:2
版　　次:2011 年 9 月第 1 版
　　　　　2014 年 8 月第 2 版
印　　次:2016 年 2 月第 2 次印刷
印　　数:2 000 册　定价:39.00 元

凡所购买电子工业出版社图书有缺损问题,请向购买书店调换。若书店售缺,请与本社发行部联系,联系及邮购电话:(010)88254888。
质量投诉请发邮件至 zlts@phei.com.cn,盗版侵权举报请发邮件至 dbqq@phei.com.cn。
服务热线:(010)88258888。

前　　言

　　CorelDRAW（全称为 CorelDRAW Graphics Suite）是一款由世界著名软件公司之一的加拿大 Corel 公司开发的矢量图形设计软件。CorelDRAW 因其非凡的设计能力而被广泛地应用于标志设计、广告设计、书籍装帧设计、包装设计、产品造型设计及印刷排版设计等诸多领域，深受平面设计人员和图形图像处理爱好者的喜爱。使用 CorelDRAW 丰富的工具，可以将设计人员的任何创意表现得淋漓尽致。

　　本教材打破一贯的单一叙述方式，以项目实训的方式组织编写，将 CorelDRAW 软件知识贯穿于每一章的模拟案例和项目实训。每一章由模拟案例、知识延展、项目实训、本章小结、技能考核知识题五部分构成。其中模拟案例采用任务引领模式，从任务背景、任务要求、任务分析等方面对案例进行创意思路、设计方法、操作要点等分析，把软件的各项功能和操作技巧巧妙地落实到实用性强的设计实例中。在对模拟案例边学边做的基础上，为使读者学习到更多的操作技巧，在各章知识延展部分全面地介绍了本章所涉及的 CorelDRAW 的全部命令、功能和使用技巧，便于读者系统地学习和查阅。为使读者能够将所学知识举一反三、融会贯通，在各章的项目实训中安排了独立实践的设计案例，通过读者独立的操作实践来加深和巩固软件知识和操作技巧。本章小结是对本章知识点的回顾和总结，并对操作中的重点和难点进行分析。同时，在技能考核知识题中精选了部分 CorelDRAW 认证考试知识题，使读者了解 CorelDRAW 软件认证考试的要求，为读者学完本课程后参加 Corel 产品专家的认证考试提供方便。教材附录在使用技巧方面对 CorelDRAW 和 Illustrator 两个矢量图形软件做了对比，以供读者参考。

　　教材共 9 章，包括 18 个项目案例，这些案例既突出了各章的知识点，又注重艺术效果的表现。希望读者通过学习和制作这些实例，能深入地掌握 CorelDRAW 软件在平面设计中技术实现的完整过程，并能启发自己的思路，创作出更优秀的作品。

　　本书的配套资源中包含了书中案例的练习素材和效果图。此外为便于教师教学，还配备了电子教案与课件，有此需要的教师可登录华信教育资源网（www.hxedu.com.cn）免费下载。本书的参考学时为 58 学时，其中实践部分为 30 学时，各章的项目内容和学时分配参见下表。

章　节	项目内容	章节内容	学时分配	
			理　论	实　践
第 1 章	书籍封面设计	CorelDRAW 基础	3	3
第 2 章	标志设计	图形的绘制	3	3
第 3 章	品牌宣传页设计	图形的编辑	3	3
第 4 章	宣传海报设计	轮廓线编辑与图形填充	3	3
第 5 章	DM 单设计	文本应用及版式设计	3	3
第 6 章	插画广告设计	图形对象的排列与组合	3	5

续表

章　节	项目内容	章节内容	学时分配	
			理　论	实　践
第7章	宣传册设计	图形特效处理	3	3
第8章	户外广告设计	位图图像处理	3	3
第9章	包装设计	图形输出及印刷知识	3	3
附录	CorelDRAW 和 Illustrator 使用技巧对比		1	1
学时总计			28	30

　　本教材由浙江同济科技职业学院张薇担任主编，李琦、周洪义担任副主编，陈旭彤担任主审，霍倩茹、周小丽参与了部分案例的编写。书中第1、2、3、4、5、6、7、8章及附录由张薇编写，第9章由李琦编写，张薇负责全书的修改和统稿工作。在本书的编写过程中，还得到了学校同事、平面设计行业及各界朋友的大力支持和帮助，在此对各位参与者付出的辛勤劳动表示感谢。希望我们的努力能为计算机图形图像软件课程的教学提供一种新的思路。

　　书中的大部分作品均由编者提供，部分引用的作品和图片仅供教学分析使用，版权归原作者所有，在此对所有作者表示感谢。

　　由于编者水平有限，书中难免会有疏漏和不足之处，敬请大家批评指正，以期共同进步。

编　者

目 录
CONTENTS

第 1 章　CorelDRAW 基础 ·· 1
 1.1　模拟案例 ··· 1
  1.1.1　案例分析 ·· 1
  1.1.2　制作方法 ·· 2
 1.2　知识延展 ·· 10
  1.2.1　CorelDRAW 概述 ··· 10
  1.2.2　CorelDRAW 的工作环境 ······································· 16
  1.2.3　CorelDRAW 的基本操作 ······································· 22
 1.3　项目实训 ·· 35
 1.4　本章小结 ·· 36
 1.5　技能考核知识题 ·· 36

第 2 章　图形的绘制 ··· 38
 2.1　模拟案例 ·· 38
  2.1.1　案例分析 ·· 38
  2.1.2　制作方法 ·· 39
 2.2　知识延展 ·· 44
  2.2.1　绘制几何图形 ··· 44
  2.2.2　绘制曲线 ·· 52
  2.2.3　编辑曲线对象 ··· 63
 2.3　项目实训 ·· 68
 2.4　本章小结 ·· 68
 2.5　技能考核知识题 ·· 68

第 3 章　图形的编辑 ··· 71
 3.1　模拟案例 ·· 71
  3.1.1　案例分析 ·· 71
  3.1.2　制作方法 ·· 72
 3.2　知识延展 ·· 78
  3.2.1　对象的选取 ··· 78
  3.2.2　对象的变换操作 ·· 80
  3.2.3　对象的复制、再制、克隆与删除 ····························· 87

3.2.4　对象的裁剪、分割与擦除 …………………………………… 90
　　　3.2.5　对象的修饰 …………………………………………………… 92
　　　3.2.6　操作的撤销、重做与重复 …………………………………… 94
　3.3　项目实训 ………………………………………………………………… 95
　3.4　本章小结 ………………………………………………………………… 95
　3.5　技能考核知识题 ………………………………………………………… 95

第4章　**轮廓线编辑与图形填充** …………………………………………………… 98
　4.1　模拟案例 ………………………………………………………………… 98
　　　4.1.1　案例分析 ……………………………………………………… 98
　　　4.1.2　制作方法 ……………………………………………………… 99
　4.2　知识延展 ………………………………………………………………… 107
　　　4.2.1　使用调色板和颜色 …………………………………………… 107
　　　4.2.2　编辑轮廓线 …………………………………………………… 110
　　　4.2.3　填充图形 ……………………………………………………… 113
　4.3　项目实训 ………………………………………………………………… 123
　4.4　本章小结 ………………………………………………………………… 124
　4.5　技能考核知识题 ………………………………………………………… 124

第5章　**文本应用及版式设计** ……………………………………………………… 126
　5.1　模拟案例 ………………………………………………………………… 126
　　　5.1.1　案例分析 ……………………………………………………… 126
　　　5.1.2　制作方法 ……………………………………………………… 127
　5.2　知识延展 ………………………………………………………………… 136
　　　5.2.1　创建文本 ……………………………………………………… 137
　　　5.2.2　选择文本 ……………………………………………………… 139
　　　5.2.3　设置文本格式 ………………………………………………… 140
　　　5.2.4　设置文本效果 ………………………………………………… 144
　　　5.2.5　图文混排 ……………………………………………………… 147
　5.3　项目实训 ………………………………………………………………… 151
　5.4　本章小结 ………………………………………………………………… 152
　5.5　技能考核知识题 ………………………………………………………… 152

第6章　**图形对象的排列与组合** …………………………………………………… 155
　6.1　模拟案例 ………………………………………………………………… 155
　　　6.1.1　案例分析 ……………………………………………………… 155
　　　6.1.2　制作方法 ……………………………………………………… 156
　6.2　知识延展 ………………………………………………………………… 164
　　　6.2.1　对象的叠放 …………………………………………………… 164
　　　6.2.2　对象的对齐与分布 …………………………………………… 166
　　　6.2.3　对象的群组与结合 …………………………………………… 168

	6.2.4 对象的锁定与解锁	170
	6.2.5 对象的造形编辑	170
	6.2.6 图框精确剪裁	176
6.3	项目实训	177
6.4	本章小结	178
6.5	技能考核知识题	178

第 7 章 图形特效处理 ... 180

7.1	模拟案例	180
	7.1.1 案例分析	180
	7.1.2 制作方法	181
7.2	知识延展	188
	7.2.1 调和效果	188
	7.2.2 轮廓图效果	194
	7.2.3 变形效果	197
	7.2.4 阴影效果	200
	7.2.5 封套效果	202
	7.2.6 立体化效果	204
	7.2.7 透明效果	208
	7.2.8 斜角效果	212
	7.2.9 透镜效果	213
	7.2.10 透视效果	215
7.3	项目实训	216
7.4	本章小结	217
7.5	技能考核知识题	217

第 8 章 位图图像处理 ... 219

8.1	模拟案例	219
	8.1.1 案例分析	219
	8.1.2 制作方法	220
8.2	知识延展	225
	8.2.1 导入位图	225
	8.2.2 矢量图转换成位图	227
	8.2.3 处理位图	228
	8.2.4 位图的色彩处理	230
	8.2.5 位图滤镜特效	236
	8.2.6 描摹位图	243
8.3	项目实训	245
8.4	本章小结	246
8.5	技能考核知识题	246

第9章 图形输出及印刷知识 ········· 248
9.1 模拟案例 ········· 248
9.1.1 案例分析 ········· 248
9.1.2 制作方法 ········· 249
9.2 知识延展 ········· 255
9.2.1 图形的输出 ········· 255
9.2.2 设置输出选项 ········· 256
9.2.3 印刷的种类 ········· 259
9.2.4 印刷的决定性要素 ········· 260
9.2.5 印刷工艺流程 ········· 262
9.2.6 印刷加工工艺 ········· 262
9.2.7 印刷输出注意的问题 ········· 263
9.3 项目实训 ········· 264
9.4 本章小结 ········· 265
9.5 技能考核知识题 ········· 265

附录 A CorelDRAW 和 Illustrator 使用技巧对比 ········· 268
各章技能考核知识题答案 ········· 275
参考文献 ········· 276

第 1 章 CorelDRAW 基础

 课程目标

1. 熟悉 CorelDRAW 的用户界面及使用。
2. 掌握 CorelDRAW 的基本操作。
3. 学习常用快捷键。

 建议学时

6 学时（理论 3 学时，实践 3 学时）

1.1 模拟案例

《CorelDRAW X4 平面设计项目实训教程》封面设计

1.1.1 案例分析

1. 任务背景

书籍封面是整个书籍设计制作过程中的重中之重。为《CorelDRAW X4 平面设计项目实训教程》设计一个书籍封面，以蓝色为底色，构图简练，引用 CorelDRAW X4 软件的代表性图案，以突出专业性及易识别性。

▶ 2. 任务要求

正确设置页面尺寸和参考线的位置,掌握 CorelDRAW 软件的基本应用。

▶ 3. 任务分析

本案例要求制作的书封由封面、书脊、封底三部分组成,设计前应先确定好书籍封面的尺寸及参考线位置,然后导入图片,绘制基本图形及条形码,并输入封面、封底文字,最后结合 CorelDRAW 界面的基础操作完成设计。

1.1.2 制作方法

▶ 1. 确定书籍封面的尺寸

本书的成品尺寸确定如下:
封面与封底的宽度为 185mm;
封面与封底的高度为 260mm;
书脊厚度为 15mm(书内页纸张选用 80g 胶版纸,页数为 300P);
整个书封的宽高尺寸为(185+15+185)mm×260mm,即 385mm×260mm,如图 1-1 所示。

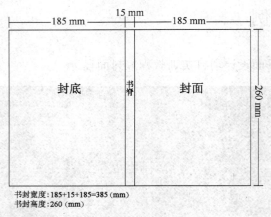

图 1-1 书封尺寸

▶ 2. 创建页面

(1)启动 CorelDRAW 软件系统,进入欢迎界面后,单击"新建空白文档"选项,生成一个纵向的 A4(即 210mm×297mm)大小的图形文件。

(2)选择"挑选工具",在属性栏中设置"纸张方向"为横向,并分别输入纸张宽度 385mm 和高度 260mm,如图 1-2 所示,页面设置完成。

图 1-2 属性栏页面设置

▶ 3. 设置辅助线

在设计页面中添加辅助线可用来定位和分区,在这里要设置的参考线是书脊线,即

根据书封的宽度、高度和书籍厚度设置书脊辅助线,设置步骤如下:

(1)执行"视图"→"标尺"命令,确认标尺显示于视图。

(2)将鼠标指向左边的垂直标尺,并拖出一条垂直辅助线,双击该辅助线,打开"选项"对话框,如图1-3所示。

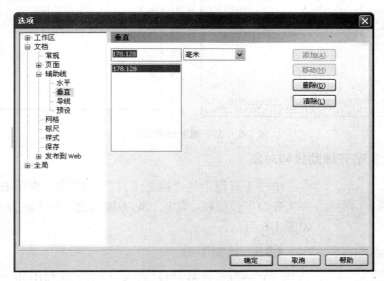

图1-3 "选项"对话框

在"选项"对话框中将该垂直辅助线的坐标值改为"185",并单击"移动"按钮,选择"文档|辅助线|垂直"选项,继续输入"200",单击"添加"按钮,使工作区书脊位置产生两条垂直辅助线;继续在"选项"对话框中输入"-3",单击"添加"按钮,输入"388",单击"添加"按钮,并单击"确定"按钮,垂直辅助线设置完成。对话框设置及工作区产生的垂直辅助线如图1-4所示。

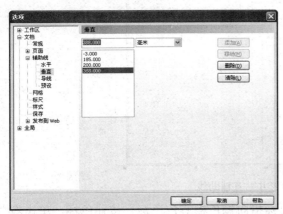 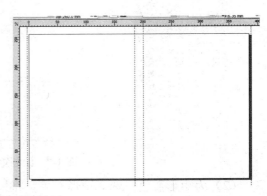

图1-4 垂直辅助线的设置

(3)将鼠标指向水平标尺,并拖出一条水平辅助线,双击该辅助线,打开"选项"对话框,将该水平辅助线的坐标值改为"-3",单击"移动"按钮,继续输入"263",单击"添加"按钮,并单击"确定"按钮,水平辅助线设置完成。对话框设置及工作区产生的水平辅助线如图1-5所示。

CorelDRAW平面设计项目实训教程（第2版）

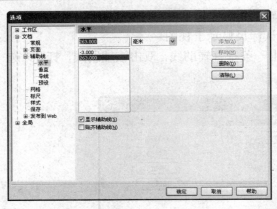
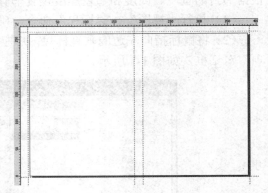

图 1-5　水平辅助线的设置

4. 设置贴齐辅助线和对象

单击工具箱中的"挑选工具"按钮，再单击属性栏"贴齐"旁的下拉按钮，勾选"贴齐辅助线"和"贴齐对象"选项，如图 1-6 所示。

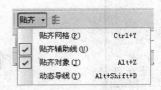

图 1-6　贴齐辅助线

5. 绘制图形

（1）绘制封面及书脊矩形：单击工具箱中的"矩形工具"按钮（或按快捷键 F6），在页面中拖出一个矩形，并在属性栏中修改矩形的宽度尺寸为 203mm，高度尺寸为 266mm。按空格键切换至"挑选工具"，拖动矩形直至贴齐辅助线，如图 1-7 所示。

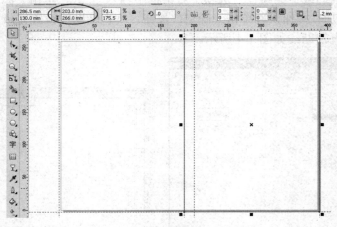

图 1-7　绘制矩形并贴齐辅助线

（2）为矩形着色：选择矩形对象，将鼠标指向调色板蓝色色标，按住色标，单击右下角的色样对矩形进行填充，并右击按钮，取消矩形轮廓色，得到的单色填充效果如图 1-8 所示。

（3）绘制封底矩形：单击工具箱中的"矩形工具"按钮（或按快捷键 F6），在页面中拖出一个矩形，并在属性栏中修改矩形的宽度尺寸为 188mm，高度尺寸为 266mm。按空格键切换至"挑选工具"，拖动矩形直至贴齐辅助线。

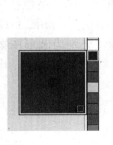

图 1-8　单色填充效果

（4）为封底矩形渐变填充：选择矩形对象，单击工具箱中的"交互式填充工具"按钮 ![] （或按快捷键 G），在属性栏中将填充类型设置为"线性"，颜色调和从"C=60，M=60，Y=0，K=0"到"C=95，M=96，Y=53，K=18"，得到的线性填充效果如图 1-9 所示。右击 ⊠ 按钮，取消矩形轮廓色。

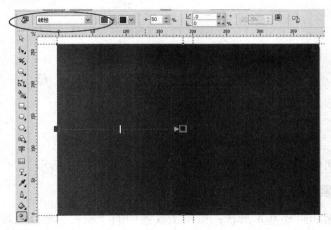

图 1-9　线性填充效果

（5）锁定背景矩形：使用"挑选工具"单击封面矩形，按住 Shift 键，再单击封底矩形，执行"排列"→"锁定"命令。

（6）绘制及再制小圆：单击工具箱中的"椭圆形工具"按钮 ![] （或按快捷键 F7），按住 Ctrl 键，拖动鼠标绘制正圆，按小键盘上的"+"键，复制圆，将复制的圆移动至适当位置，并反复按 Ctrl+D 组合键，再制小圆。分别为各小圆填充颜色，效果如图 1-10 所示。

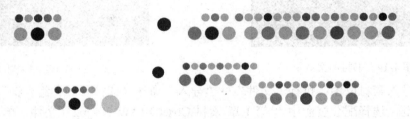

图 1-10　为小圆填充颜色

（7）绘制封底图案：单击工具箱中的"椭圆形工具"按钮 ![] （或按快捷键 F7），按住 Ctrl 键，拖动鼠标绘制正圆。使用"挑选工具"选择所绘正圆，向右上方拖动至合适处右击鼠标，复制圆，复制结果如图 1-11 所示。框选两圆，单击属性栏中的"修剪"按钮，修剪两圆，拖动修剪结果至空白处，并删除原来的正圆，如图 1-12 所示。绘制其他小圆，并经复制、移动、缩放等变换成形，单击色标，分别为圆形图案填充，然后取消轮廓色，得到的图案着色效果如图 1-13 所示。

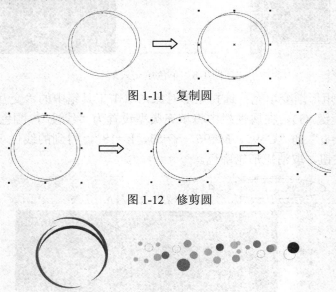

图 1-11　复制圆

图 1-12　修剪圆

图 1-13　图案着色效果

（8）将以上所绘图案组合于封面及封底，效果如图 1-14 所示。

▶6.　导入素材图

（1）绘制封面和封底基本形状：单击工具箱中的"流程图形状"按钮，在属性栏中选择图形按钮，然后在页面中拖动鼠标绘制两个基本形状，并将封底的形状垂直镜像，移动形状直至贴齐对象，如图 1-15 所示。

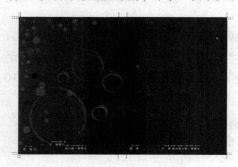

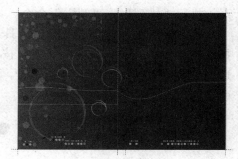

图 1-14　书封图案效果　　　　　　　　　图 1-15　基本形状的绘制

（2）导入素材位图：执行"文件"→"导入"命令（或按 Ctrl+I 组合键），弹出"导入"对话框，选择配套资源中"\第 1 章\素材\CorelDRAW X4.jpg"文件，单击"导入"按钮，并在页面中双击鼠标，素材位图即被导入，如图 1-16 所示。

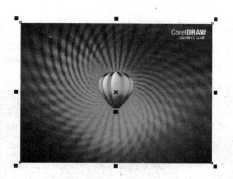

图 1-16　导入素材位图

（3）将位图按图框剪裁并调整：选择导入的位图，按 Ctrl+D 组合键将其再制。再分别用右键将两图像拖动至封面和封底的基本形状中，并单击快捷菜单中的"图框精确剪裁内部"命令，剪裁效果如图 1-17 所示。用鼠标右击封底的形状，单击快捷菜单中的"编辑内容"命令，对该位图进行缩放及移动。调整至合适位置时，再次右击位图，单击快捷菜单中的"结束编辑"命令，调整效果如图 1-18 所示。

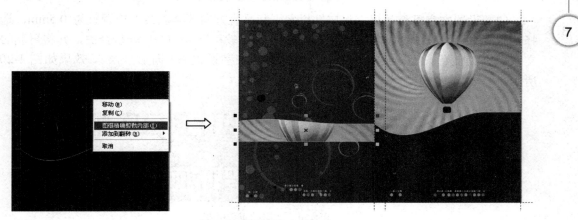

图 1-17　图框精确剪裁效果

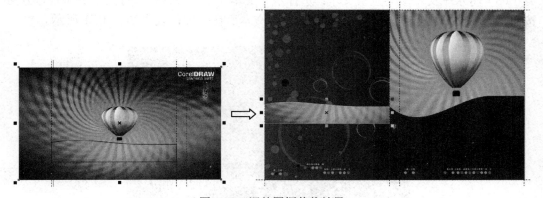

图 1-18　调整图框剪裁效果

7. 添加文字

（1）创建文字：单击工具箱中的"文本工具"按钮 字 （或快捷键 F8），在属性栏中设置字体为"方正综艺简体",单击封面的合适位置,输入文字"CorelDRAW X4 平面设计项目实训教程"、"电子工业出版社"及"www.phei.com.cn",分别选择各文本,调整字号并单击色标为文字着色,效果如图 1-19 所示。

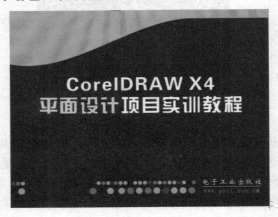

图 1-19　创建文字效果

(2)设置文字重叠效果:将属性栏水平和垂直方向的再制距离均调整为 0.5mm,选择封底文本"CorelDRAW X4 平面设计项目实训教程",按 Ctrl+D 组合键,并将再制的文字填充为蓝色,按 Ctrl+PgDn 组合键将再制文字设置为"向后一层",效果如图 1-20 所示。

图 1-20　文字的重叠效果

(3)将水平文本改为垂直文本:选择水平文本,单击属性栏"将文本变为垂直方向"按钮▥,文本即被调整成垂直方向。调整各文本所在位置,效果如图 1-21 所示。

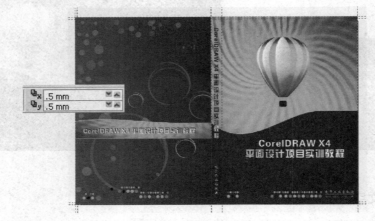

图 1-21　封面文本效果

▶ 8. 制作条形码

（1）执行"编辑"→"插入条形码"菜单命令，弹出"条码向导"对话框，在"从下列行业标准格式中选择一个"下拉列表中选择一种格式，并在数字框中输入条形码的数字，如图 1-22 所示。

（2）设置完第一个"条码向导"对话框后，单击"下一步"按钮，弹出第二个"条码向导"对话框，如图 1-23 所示按此对话框进行设置。

图 1-22 "条码向导"对话框 1　　　　　图 1-23 "条码向导"对话框 2

（3）设置完第二个"条码向导"对话框后，单击"下一步"按钮，弹出第三个"条码向导"对话框，如图 1-24 所示，按此对话框设置完后，单击"完成"按钮，此时在页面中间就会生成一个条形码，如图 1-25 所示。

图 1-24 "条码向导"对话框 3　　　　　图 1-25 条形码

（4）单击工具箱中的"挑选工具"按钮选择条形码图形，按住 Shift 键拖动其右上方控制点以缩小条形码图形，并将其移动到页面的合适位置。

（5）单击工具箱中的"文本工具"按钮 字，在条形码下方输入图书的定价，并在属性栏中设置其字体和字号，如图 1-26 所示。

完成制作，最终效果如图 1-27 所示。

图 1-26　条形码及图书定价

图 1-27　书籍封面设计效果

1.2　知识延展

1.2.1　CorelDRAW 概述

▶ 1. CorelDRAW 简介

CorelDRAW 是加拿大 Corel 公司的一款著名的矢量绘图软件，该软件具有专业的设计功能，可用来轻松地创作专业级美术作品。无论是绘制简单的图形，还是进行复杂的设计，CorelDRAW 软件都会让用户得心应手。

（1）专业的矢量图形绘制功能。CorelDRAW 在计算机领域一直保持着专业的领先地位，尤其在矢量图形的绘制与编辑方面，目前几乎没有其他的平面图形编辑软件能与之相比。这些优势为 CorelDRAW 在各种平面设计中的广泛应用提供了强有力的支持。如图 1-28 所示为使用 CorelDRAW 绘制的矢量插画人物。

（2）优秀的色彩编辑功能。CorelDRAW 为绘制的图形对象提供了完善的色彩编辑功能。利用各种色彩填充和编辑工具，可以轻松地为图形对象设置丰富的色彩；为方便地进行色彩修改，可以在图形对象之间进行色彩属性的复制，提高了绘图编辑的工作效率。

图 1-28　矢量插画人物

（3）完善的位图效果处理功能。作为一款专业的图形图像处理软件，位图图像的导入和使用及位图效果处理自然是不可缺少的功能。CorelDRAW 同样为位图的效果处理提供了丰富的编辑功能。用户在进行平面设计工作时，可导入各种格式的位图文件，制作出多样的精彩作品。如图 1-29 所示为对位图处理的效果。

（4）强大的文字编排功能。文字是平面设计作品中重要的组成元素。CorelDRAW 提供了对文字内容的各种编辑功能。对于文字有美术文本和段落文本两种编排方式，用户还可将输入的文字对象以矢量图形的方式进行处理，并应用各种图形编辑手段。如图 1-30 所示为对文字编排的效果。

（5）良好的兼容支持。CorelDRAW 可导入各种格式的位图文件，且为位图的特殊效果处理提供了丰富的编辑功能。此外，CorelDRAW 可导入 Office、Photoshop、Illustrator、AutoCAD 等软件图形或文本，并能对这些图形和文本进行处理，在更大程度上方便了用户。

图 1-29　对位图处理的效果　　　　　图 1-30　对文字编排的效果

▶ 2. CoelDRAW 的应用领域

CorelDRAW 是集平面设计和计算机绘画功能为一体的专业设计软件，其功能几乎达到了无可挑剔的地步，用它可轻松地绘制和创作各种专业级的美术作品，被广泛应用于平面设计、广告设计、VI 企业形象设计、字体设计、插图设计、工业造型设计、建筑平面图绘制、Web 图形设计、展示设计、包装设计、彩色出版等多个领域，深受专业美术设计人员和计算机美术爱好者的青睐。

▶ 3. CorelDRAW 的新增功能

随着版本的更新，CorelDRAW 增加了较多的新特性，新增功能的应用能帮助用户更加高效地完成丰富多彩的作品创作。新功能主要体现在以下方面。

（1）用户界面。CorelDRAW 重新设计了图标、菜单和控件，形成了一个新的外观风格，提供给用户一个更为直观的工作环境。CorelDRAW 软件界面如图 1-31 所示。

图 1-31　CorelDRAW 软件界面

（2）文本格式实时预览。CorelDRAW 中新增了文本格式实时预览功能，这样在为文本设置字体、大小等字符和段落格式时，可以在应用设置之前实时预览文本格式效果，提高了编辑文本的直观性，如图 1-32 所示。

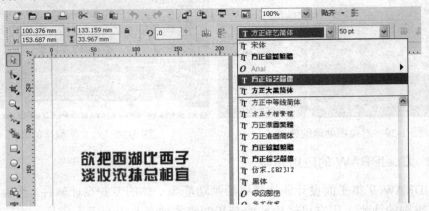

图 1-32　文本格式实时预览

（3）简单字体识别功能。在图形文件中，如果有不能识别的字体，可以在 CorelDRAW 中通过"文本"→"What The Font?!"命令捕获样例，然后将其发送到 http://www.myfonts.com/WhatTheFont 页面，即可快速识别作品中的字体，如图 1-33 所示。

图 1-33　简单字体识别

（4）独立图层控制。在 CorelDRAW 中，不仅可以独立控制文档中每个页面的图层，还可以为整个文档添加主辅助线，为每个页面添加各自独立的辅助线和出血线，便于用户进行多页面文档的绘图工作。如图 1-34 所示为新老版本对象管理器的对比。

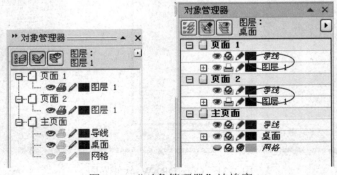

图 1-34　"对象管理器"泊坞窗

(5) 表格工具。表格工具是 CorelDRAW 新增的绘图工具。该工具结合 CorelDRAW 中新增的"表格"菜单一起使用，可以任意修改表格中指定位置处的颜色和轮廓属性；可以在绘制的表格中输入文字和插入图片；可以根据绘图需要，随意合并和拆分表格，更改整个表格和单元格的大小；可以将表格和文本相互转换；可以重新分布选定的单元格，使选定的表格行或列具有相同

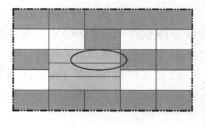

图 1-35 制作表格

的高度和宽度；用户还可以将表格打散，使其分解为单独的线条等，如图 1-35 所示。

此外，CorelDRAW 整合了系统的桌面搜索功能，可以按照作者、主题、文件类型、日期、关键字等文件属性进行搜索，还新增了在线设计协作工具 ConceptShare，方便用户与同事或客户在网上实时分享设计理念。

CorelDRAW 新增和改进的功能如图 1-36 所示，图中有灰底的菜单命令即为新增功能。用户可以执行"帮助"→"新增功能"命令，来学习并掌握新增功能。

图 1-36 CorelDRAW 新增和改进的功能

此外，作为一个套装软件，CorelDRAW Graphics Suite 产品套装由功能强大的矢量绘图程序 CorelDRAW、数字图像处理程序 Corel PHOTO-PAINT、捕捉其他计算机屏幕图像的程序 Corel CAPTURE、字体导航程序 Bitstream Font Navigator、彩色输出中心预置文件程序 SB Profiler 等软件组成，并提供给用户 CorelDRAW 专家的绘图方法和已经完成的设计实例——文档选项（CorelDRAW 手册），使 CorelDRAW 的应用领域更加广阔。

4. 相关概念

在正式学习 CorelDRAW 强大的绘图功能之前，我们先来学习与 CorelDRAW 相关的一些概念。掌握图形图像基本概念不仅可以更好地学习 CorelDRAW，同时也是进行平面设计的基本条件。

（1）矢量图和位图。静态数字图像大致分为矢量图和位图两种类型。

矢量图又叫向量图，它是用数学的矢量方式来描述和记录曲线及曲线围成的色块而制作成的图形，它们在计算机内部表示成一系列的数值，这些数值决定了图形在屏幕上的显示方式。矢量图无法通过扫描仪或数码相机等设备获得，它只能通过相关的设计软件生成，如 CorelDRAW、Illustrator、AutoCAD 等。

矢量图的优点是无论放大还是缩小，都能保持非常高的画质和清晰度，视觉细节不会改变，而且文件体积小。但矢量图也有它自身的缺点，不易制作色调丰富的图形，而且无法像位图那样精确地描绘各种绚丽的图像。如图 1-37 所示为矢量图图像原图和局部进行放大后的效果。

图 1-37　矢量图放大前后对比

位图又叫点阵图或像素图，它由一个个小方格组成，这些小方格被称做像素，每个像素都记录了一种色彩信息。在处理位图图像时，所编辑的是像素而不是对象或形状。像素是位图图像中最小的图像元素，每英寸中所含像素越多即分辨率越高，图像就越清晰，颜色过渡越平滑，相应的文件体积也就越大，计算机处理的时间也就越多。位图图像可通过扫描仪扫描、数码相机拍摄获得，也可通过 Photoshop 等图形设计软件生成。在 CorelDRAW 中可以方便地导入位图图像进行编辑处理，也可将矢量图导出为位图，便于其他程序调用。

位图图像的主要优点是表现力强、细腻、层次丰富，画面真实感强，可以十分容易地模拟出像照片一样的真实效果；缺点是对图像进行放大时，图像会变模糊，会看到一个个像素点。如图 1-38 所示为位图图像原图和局部进行放大后的效果。

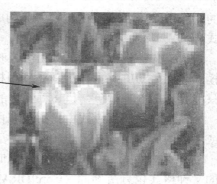

图 1-38　位图放大前后对比

（2）色彩模式。

RGB 模式：RGB 代表的是光源色的三原色 Red（红）、Green（绿）和 Blue（蓝）的首字母。在 RGB 模式中，红（R）、绿（G）、蓝（B）三种基色按照 0～255 的色值在每个色阶中分配，可以获得可见光谱中的绝大多数颜色。RGB 颜色模式被广泛应用于生活中，如计算机显示器、彩色电视机、幻灯片、网页图片等。RGB 色彩混合模式如图 1-39 所示。

CMYK 模式：CorelDRAW 调色板中默认的颜色模式即为 CMYK 模式，这种色彩模式主要用于印刷，所以又称为印刷色彩模式。Cyan（青）、Magenta（洋红）、Yellow（黄）和 Black（黑）分别代表 4 种不同的油墨，CMYK 按照从 0～100 的色值将颜色进行调配，可以生成符合印刷要求的各种颜色。CMYK 色彩混合模式如图 1-40 所示。

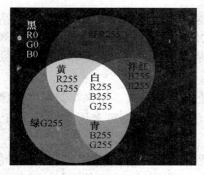
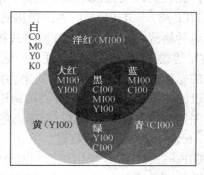

图 1-39　RGB 色彩混合模式　　　　　图 1-40　CMYK 色彩混合模式

Lab 模式：Lab 模式是一种国际色彩标准模式，依据国际照明委员会（CIE）在 1931 年为颜色测量而定的源色标准。该模式将图像的亮度与色彩分开，分为 L、a、b 通道，其中 L 通道代表的是亮度，范围为 0～100%，a 通道为绿到红的光谱变化，b 通道为蓝到黄的光谱变化，a、b 这两个通道的变化范围均为-120～（+120）。在色彩模式中，Lab 色域空间最大，它包含 RGB、CMYK 中所有的颜色。

HSB 模式：HSB 模式是根据颜色的 Hue（色相）、Saturation（饱和度）和 Brightness（亮度）来定义颜色的。在实际工作中，色相用红、黄等颜色名称来表示；饱和度又称为纯度，即颜色的鲜艳程度，表示纯色中灰色成分的相对比例数量，用 0～100%（灰色到完全饱和）来衡量；亮度指颜色明暗程度，常用 0～100%（由黑到白）来表示。

灰度模式：灰度模式是在位图模式和彩色图像模式转换时使用的中间模式。灰度模式的图像由 256 级灰度的黑白颜色构成。使用黑白或灰度扫描仪生成的图像通常以灰度模式显示。

索引模式：索引模式又称为图像映射色彩模式，是一种网上和动画中常用的图像颜色模式，例如 GIF 格式图像就是索引模式的图像。索引模式下的图像像素只有 8 位，最多只能显示 256 种颜色，是一种经济的颜色模式。

黑白模式：黑白模式中只有黑和白两种色值，没有中间层次，常用来制作黑白的线图或者点图。

（3）文件格式。在保存图像信息时必须选择相应的文件格式，不同的色彩模式其保存的文件格式也有所不同。CorelDRAW 提供了多种图形文件格式，在保存文件或导入/导出文件时，可根据需要选择不同的文件格式。

CDR 格式：CorelDRAW 生成的默认矢量图形文件格式为 CDR 格式，这类文件只能在 CorelDRAW 中打开，而不能在其他程序中直接打开。与其相似的还有 AI 格式，它是由 Illustrator 生成的矢量图形文件格式，但 AI 格式可以在 CorelDRAW 中打开并编辑。

JPEG 格式：通常简称为 JPG 格式，是一种比较常用的图像格式，被绝大多数图形处理软件所支持，主要用于图像预览及超文本文档等。JPEG 格式的文件在压缩过程中会丢失信息，但人眼不易察觉。对图像质量要求不高，但又要存储大量图片时，使用 JPEG 格式是较好的选择，但在印刷时不宜使用此格式。

BMP 格式：BMP 格式是 Windows 操作系统下标准的位图格式。该格式采用了一种叫做 RLE 的无损压缩格式，因此画质最好，支持 RGB、索引色、灰度和黑白色彩模式，但文件比较大，而且该格式不支持 Alpha 通道。

TIFF 格式：TIFF 是标签图像格式，一种最佳质量的图形存储方式。几乎所有软件都支持这种格式，可以利用 TIFF 格式在多个图像软件之间进行数据交换，并且在 RGB、CMYK 等模式时支持 Alpha 通道，这对图像处理是非常重要的。在保存作品时，只要有足够的空间，都应使用这种格式来存储。

PNG 格式：PNG 是一种将图像压缩到 Web 上的文件格式，用来存储灰度图像时，灰度图的深度可多达 16 位；存储彩色图像时，彩色图像的深度可多达 48 位，并且还可存储 16 位的 Alpha 通道数据。

GIF 格式：GIF 是输出图像到网页常用的一种格式。GIF 格式最多可包含 256 种颜色，并且图片颜色较少时可以获得无损压缩，还可以包含透明区域。GIF 格式最大的特点是支持动画效果，适于在网页上展现简单的动画效果。

PSD 格式：PSD 格式是 Adobe Photoshop 的专用格式，是唯一能支持全部色彩模式的格式。PSD 格式可以将图像不同的部分以图层分离储存，便于修改和制作各种特效。

1.2.2 CorelDRAW 的工作环境

1. CorelDRAW 的启动界面

启动 CorelDRAW，可选择 CorelDRAW Graphics Suite 软件包中的"CorelDRAW"命令或单击桌面 CorelDRAW 软件的快捷方式图标来完成。CorelDRAW 的启动界面又回到了最初的热气球界面，简洁漂亮。如图 1-41 所示为 CorelDRAW 的快捷图标和启动界面。

图 1-41　CorelDRAW 的快捷图标和启动界面

启动程序后，屏幕出现如图 1-42 所示的欢迎窗口。CorelDRAW 的欢迎窗口改变了 CorelDRAW 以往的风格特点，按不同的功能类别以书签的形式将内容展示于窗口，便于用户查找和浏览。欢迎窗口中除了具备以往欢迎界面中的所有功能外，还整合了 CorelDRAW 的大部分帮助系统内容，使用户在进入 CorelDRAW 工作界面以前，就能了解 CorelDRAW 的功能。

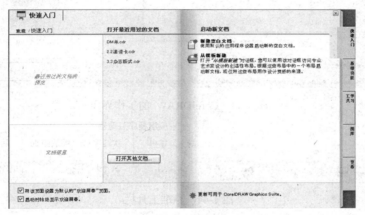

图 1-42　CorelDRAW 的欢迎窗口

2．CorelDRAW 的工作界面

单击欢迎窗口中的"新建空白文档"，就可进入 CorelDRAW 的工作界面。工作界面包括常见的标题栏、菜单栏、标准工具栏、属性栏、工具箱、工作区、绘图区、状态栏等，如图 1-43 所示。

（1）标题栏。标题栏位于窗口最上方，显示 CorelDRAW 当前打开文件的路径和名称，以及文件是否处于激活状态。

（2）菜单栏。菜单栏放置了 CorelDRAW 中常用的各种命令，包括文件、编辑、视图、版面、排列、效果、位图、文本、表格、工具、窗口和帮助共 12 组菜单命令。

（3）标准工具栏。标准工具栏收集了一些常用的命令按钮，如图 1-44 所示。

（4）属性栏。CorelDRAW 的属性栏和其他图形图像软件的作用是相同的。选择要使用的工具后，属性栏中会显示出该工具的属性设置。选取的工具不同，属性栏的选项也不同。如图 1-45 所示为"挑选工具"属性栏。

（5）工具箱。工具箱是 CorelDRAW 的核心部分，系统默认的工具箱位于工作区的左侧，如图 1-46 所示。工具箱提供了绘图操作时最常用的基本工具，主要包括形状编辑类、曲线调节类、文本类、填充和交互式工具等。有些工具按钮隐藏在同类型工具所附带的级联菜单中，若工具按钮的右下角有黑色小三角为弹出式工具按钮，表示包含级联菜单，如图 1-47 所示。

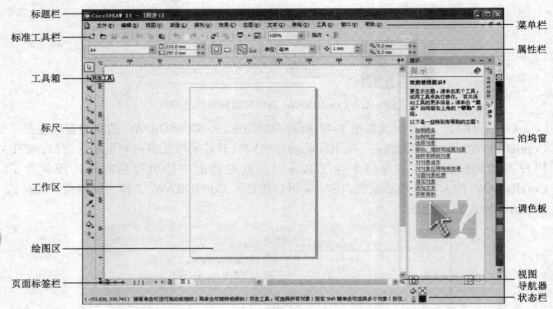

图 1-43　CorelDRAW 的工作界面

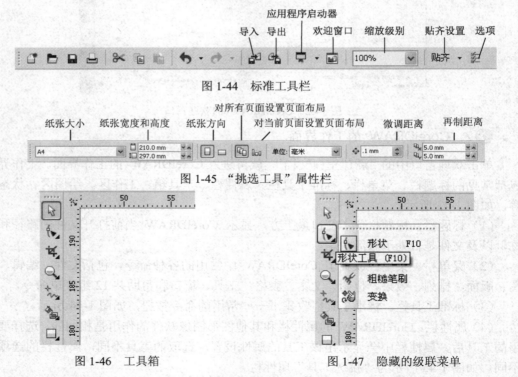

图 1-46　工具箱　　　　图 1-47　隐藏的级联菜单

（6）标尺。标尺可以帮助用户准确地绘制、缩放和对齐对象。执行"视图"→"标尺"菜单命令，即可显示或隐藏标尺。

（7）工作区。工作区是指除绘图区以外的区域，可以用来放置各种临时的图形对象，放置在工作区的图形对象在其他页面也可以看到并使用。

（8）绘图区（可打印区域）。工作区中一个带阴影的矩形，称为绘图区。用户可根据实际的尺寸需要，对绘图页面的大小进行调整。在进行图形的输出处理时，可根据纸张大小设置页面大小，同时对象必须放置在页面范围之内，否则可能无法完全输出。

（9）泊坞窗。泊坞窗是放置 CorelDRAW 的各种管理器和编辑命令的工作面板，可以用来弥补工具箱和属性栏的不足，是工作时的得力助手。泊坞窗一般位于工作区的右边，执行"窗口"→"泊坞窗"命令，然后选择各种管理器和命令选项，即可将其激活并显示于工作区右边，如图 1-48 所示。

（10）调色板。调色板中放置了 CorelDRAW 中默认的各种颜色色标。它被默认放在工作区的最右侧，默认的色彩模式为 CMYK 模式。调色板中提供了不同的填充色，同时也可以自行定义调色板。

（11）页面标签栏。页面标签栏中所显示的是文件当前页面的相关信息，可通过单击页面标签或箭头来切换页面，适用于多页文档的操作。

（12）视图导航器。视图导航器位于绘图窗口的右下角，当页面区域不在窗口显示范围内或者页面在放大显示时，在工作区右下角的"视图导航器"按钮上按下鼠标左键不放，在弹出的小窗口中随意移动，可以显示绘图窗口的不同区域。按键盘上的 N 键可以快速打开视图导航器，如图 1-49 所示。

图 1-48　泊坞窗

（13）状态栏。状态栏位于工作区的最下方，主要提供给用户在绘图过程中的相应提示，帮助用户熟悉各种功能的使用方法和操作技巧，并显示出当前对象的尺寸、坐标位置、所在图层和颜色属性等信息。

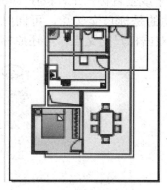

图 1-49　视图导航器

3．CorelDRAW 工作界面的使用

（1）使用属性栏。

属性栏等窗口元素的显示设置：执行"工具"→"选项"→"自定义"→"命令栏"命令，在对话框中勾选"属性栏"等窗口元素，如图 1-50 所示。

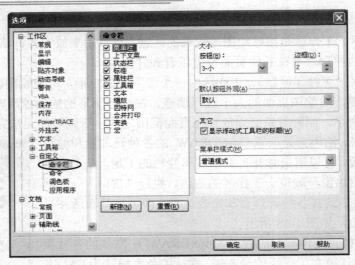

图 1-50　属性栏的显示设置

调整属性栏位置的方法是：拖动属性栏左侧的控制条，可将固定于工作区上边的属性栏移至工作区内；双击属性栏的蓝色标题栏，可将属性栏位置复位。

（2）泊坞窗的使用。

泊坞窗的显示：执行"窗口"→"泊坞窗"命令，并单击"命令"选项。

泊坞窗的折叠与展开：单击三角形按钮 ▲、▼ 可在垂直方向上折叠或展开泊坞窗，单击按钮 » 和 « 可在水平方向上折叠或展开泊坞窗。

（3）使用标尺。

标尺的显示与隐藏：执行"视图"→"标尺"命令。

重设标尺原点位置：标尺原点位置默认位于页面左下角，如果要重设标尺原点位置，可以将鼠标移至标尺交叉点处，将其拖动至页面中的合适位置，如图 1-51 所示。

还原标尺原点位置：双击标尺交叉位置。

定位标尺：将光标移至水平或垂直标尺上，按住 Shift 键的同时拖动鼠标，即可将标尺拖动到新的位置。如果拖动的是标尺交叉点，可同时移动水平标尺和垂直标尺，如图 1-52 所示。按住 Shift 键，双击标尺交叉点，可还原标尺位置。

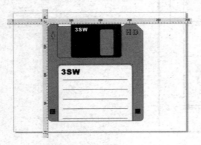　　　　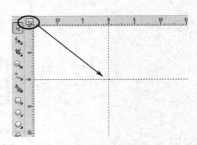

图 1-51　重设标尺原点　　　　图 1-52　定位标尺

标尺单位、大小等其他属性设置：双击水平标尺或垂直标尺，弹出"选项"对话框，如图 1-53 所示。"刻度记号"将决定标尺每一段数值之间刻度记号的数量，CorelDRAW 中的刻度记号数量最多只能为 20，最少为 2。

(4) 使用辅助线。

水平或垂直辅助线的创建：鼠标指向水平或垂直标尺，并将其拖动至工作区。

斜向辅助线的创建：单击两次水平或垂直辅助线，拖动鼠标使水平或垂直辅助线转动一定角度，并单击辅助线外，如图1-54所示。

图1-53 "选项"对话框中的标尺属性设置

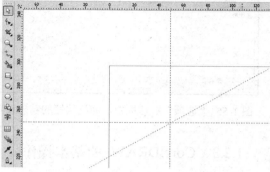
图1-54 斜向辅助线的创建

选择单条辅助线：使用"挑选工具"单击辅助线，该条辅助线呈红色时即被选取。

选择所有辅助线：执行"编辑"→"全选"→"辅助线"命令。

删除辅助线：选择辅助线，按Delete键。

移动辅助线：选择辅助线，单击"挑选工具"按钮，鼠标指向辅助线，出现↔光标时按下左键拖动鼠标，即可移动辅助线。

辅助线位置等属性的精确设置：双击辅助线，弹出"选项"对话框，如图1-55所示。在该对话框中，对选定辅助线输入新的位置值，并单击"移动"按钮。单击"添加"按钮可创建新的辅助线。"导线"用于设置斜向辅助线。"预设"用于按CorelDRAW为用户提供的辅助线样式设置辅助线。

锁定辅助线：选取辅助线后，单击属性栏中的"锁"按钮 🔒（或执行"排列"→"锁定对象"命令）该辅助线即被锁定，这时将不能对它进行移动、删除等操作。

解锁辅助线：将光标对准锁定的辅助线，单击鼠标右键，在弹出的快捷菜单中选择"解除锁定对象"选项即可。

(5) 使用调色板。

调色板的显示：执行"窗口"→"调色板"命令，默认为CMYK调色板。

调色板的展开与折叠：单击调色板底部的 ◀ 按钮可将调色板展开，在调色板界面中的任意位置单击，即可将展开的调色板折叠成一行。

给所选对象填充颜色：单击色块可以对所选对象进行填充。如果将鼠标光标放置在调色板中的颜色块上，稍等片刻，系统会弹出该颜色色块的名称；如果单击鼠标光标并按住一个色样，屏幕上将显示弹出式颜色拾取器，可在其中选取颜色，如图1-56所示。

给所选对象的外框线着色：在所选对象上右击色块。

删除所选对象颜色：单击调色板最上方的 ⊠ 色块。

删除所选对象的轮廓线颜色：在所选对象上右击 ⊠ 色块。

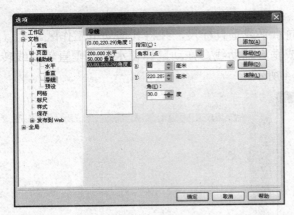
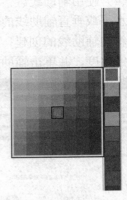

图 1-55 "选项"对话框中辅助线属性的精确设置　　　图 1-56 弹出式颜色拾取器

1.2.3 CorelDRAW 的基本操作

1. 文件操作

（1）新建文件。要在 CorelDRAW 中新建一个图形文件，可以通过以下几种操作方法来完成。

- 启动 CorelDRAW 并进入欢迎界面后，单击"新建空白文档"选项，如图 1-42 所示。按默认设置，即可生成一个纵向的 A4 大小（即 210mm×297mm）的图形文件。
- 执行"文件"→"新建"命令，或者按下 Ctrl+N 组合键，或者单击属性栏中的"新建"按钮 ，也可快速新建一个空白图形文件。
- 在 CorelDRAW 的欢迎界面中单击"从模板新建"选项，或者在 CorelDRAW 中执行"文件"→"从模板新建"命令，弹出如图 1-57 所示的"从模板新建"对话框，在对话框左边单击"全部"选项，可以显示系统预设的全部模板文件。在"模板"下拉列表框中选择所需的模板文件，然后单击"打开"按钮，即可在 CorelDRAW 中新建一个以模板为基础的图形文件，用户可以在该模板的基础上进行新的创作。

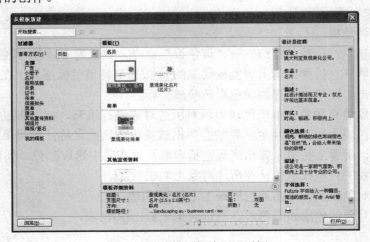

图 1-57 "从模板新建"对话框

(2)打开文件。要在 CorelDRAW 中打开已有的 CorelDRAW 文件（其后缀名为".cdr"），可以通过以下操作来完成。

步骤 1：在欢迎窗口中单击"打开其他文档"按钮，打开"打开绘图"对话框。单击"查找范围"下拉按钮，从弹出的下拉列表中查找到文件保存的位置，并在文件列表框中单击其文件名，然后勾选"预览"复选框，预览所选文件的缩略图，最后单击"打开"按钮，即可在 CorelDRAW 中将选取的文件打开，如图 1-58 所示。

步骤 2：执行"文件"→"打开"命令，或者按下 Ctrl+O 组合键，或者单击属性栏中的"打开"按钮。

(3)保存文件。在 CorelDRAW 中保存文件的操作步骤如下：

步骤 1：执行"文件"→"保存"命令，或者按下 Ctrl+S 组合键，或者单击属性栏中的"保存"按钮，弹出如图 1-59 所示的"保存绘图"对话框。

图 1-58 "打开绘图"对话框

图 1-59 "保存绘图"对话框

步骤 2：单击"保存在"下拉按钮，从弹出的下拉列表中选择文件要保存的位置；在"文件名"文本框中输入要保存文件的名称，并在"保存类型"下拉列表中选择保存文件的格式。

步骤 3：在"版本"下拉列表框中，可以选择保存文件的版本（CorelDRAW 的高版本可以打开低版本保存的文件，但低版本不能打开高版本保存的文件）。设置完成后，单击"保存"按钮，即可将文件保存到指定的目录。

技巧与提示

如果当前文件是在一个已有的文件基础上进行的修改，那么在保存文件时，执行"保存"命令，将使用新保存的文件数据覆盖原有的文件，而原文件将不复存在。如果要在保存文件时保留原文件，可执行"文件"→"另存为"命令（或按 Ctrl+Shift+S 组合键），这样就可以将当前文件存储为一个新的文件。

此外，每次保存文件时 CorelDRAW 都将自动保存备份，如果要取消保存备份功能，可在"选项"对话框中"工作区|保存"选项下，取消对"保存备份"复选框的选择即可。

(4)关闭文件。当完成文件的编辑后，可以将打开的文件关闭，以免占用太多的内存空间。关闭文件的方法有以下两种。

方法一：关闭当前文件。执行"文件"→"关闭"命令，或者单击菜单栏右边的"关闭"按钮 × 可关闭当前文件。

图 1-60　确认是否保存

方法二：关闭所有打开的文件。执行"文件"→"全部关闭"命令，即可关闭所有打开的且已保存的文件。

如果关闭当前文件时没有进行最后的保存，则系统将弹出提示对话框，询问用户是否对修改的文件进行保存，如图 1-60 所示。

（5）导入文件。在实际工作中，可能需要经常导入非 CorelDRAW 绘制的图形图像文件作为文件的一部分，可执行"文件"→"导入"命令，或者在标准工具栏中单击"导入"按钮，或者按 Ctrl+I 组合键，将弹出"导入"对话框，选择导入的文件路径和文件名，再单击"导入"按钮，此时在视图中即可看到鼠标右下角带有导入文件的提示信息，确定导入的位置后拖动或者双击鼠标即可导入图形，如图 1-61 所示。在"导入"对话框中单击"全图像"下拉按钮，在弹出的下拉列表中选择"裁剪"，则可对原图像裁剪后做局部图像的导入。裁剪图像效果如图 1-62 所示。

图 1-61　导入全图像

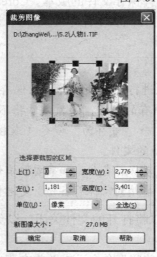

图 1-62　导入裁剪图像

（6）导出文件。若需将当前文件中的图形或是当前选中的图像导出为其他格式的文件，则可使用 CorelDRAW 的导出功能，操作如下。

首先在视图中选择需要导出的全部或部分图形对象，再执行"文件"→"导出"命令，或者在标准工具栏中单击"导出"按钮，或者按 Ctrl+E 组合键，将弹出"导出"对话框，在其中选择要导出的文件类型、路径、文件名等，然后单击"导出"按钮即可，如图 1-63 所示。

图 1-63 "导出"对话框

在"导出"对话框中若选中"只是选定的"复选框，则只是将当前选中的图形导出；若取消选中该复选框，则是将当前页面中的全部图像合并为一个整体导出。

▶ 2. 页面设置

在实际绘图工作中，所编辑的图形文件常常具有不同的尺寸要求，这时就需要进行自定义的页面设置。设置页面大小的方法有以下几种。

方法一：选择"挑选工具"，无任何选取对象的情况下，可利用属性栏中的"纸张大小"、"纸张宽度和高度"、"纸张方向"对页面进行调整，如图 1-64 所示。

图 1-64 "挑选工具"属性栏

如果图形文件中某些页面的尺寸、方向与其他页面不一致，可选择该页面后，单击"对当前页面设置页面布局"按钮，再进行页面尺寸的设置，此时的设置仅对当前页面有效。

方法二：在绘图区的页面阴影上双击鼠标，展开"选项"对话框中的"页面|大小"选项。

方法三：执行"版面"→"页面设置"命令，或者执行"工具"→"选项"命令（或按 Ctrl+J 组合键），在"选项"对话框中展开"文档|页面|大小"选项。

在展开的"选项"对话框中可对当前页面的方向、尺寸大小、出血范围等属性进行设置。设置好后，单击"确定"按钮，即可对当前文件中的所有页面进行调整和更新，如图 1-65 所示。

- 纸张：用于设置页面的大小。
- 方向：用于设置页面的方向。单击"纵向"单选按钮，页面为纵向；单击"横向"单选按钮，页面为横向。
- 单位：用于设置绘图时使用的单位。
- "宽度"和"高度"：用于设置页面的宽度和高度值。
- 出血：用于设置页面四周的出血宽度。
- 仅将更改应用于当前页面：如果当前文件中存在多个页面，选中该复选框，则只对当前页面进行调整。

在"选项"对话框中，选择"文档|页面|版面"选项，可设置版面样式，如图 1-66 所示。选择"文档|页面|标签"选项，可从软件提供的近百种标签样式中选择所需样式，如图 1-67 所示。选择"文档|页面|背景"选项，可选择纯色或位图作为页面的背景，如图 1-68 所示。

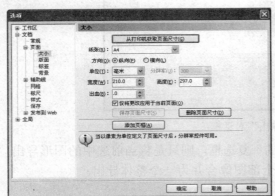

图 1-65 "选项"对话框中的页面大小设置

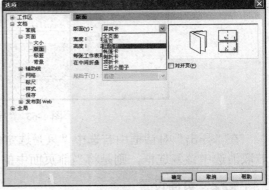

图 1-66 "选项"对话框中的版面设置

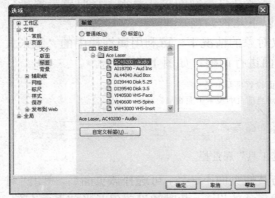

图 1-67 "选项"对话框中的标签设置

图 1-68 "选项"对话框中的背景设置

3. 设置多页文档

CorelDRAW 支持在一个文件中创建多个页面。用户可以在 CorelDRAW 中添加页面，并可以重命名及删除单个页面或所有页面，还可以在创建多页面后改变页面的顺序。

（1）插入页面。默认状态下，新建的文件只有一个页面，通过插入页面，可以在当前文件中插入一个或多个新的页面。插入页面的方法有以下几种。

方法一：执行"版面"→"插入页"命令，在打开的"插入页面"对话框中，可以对需要插入的页面数量、插入位置、版面方向及页面大小等参数进行设置，如图 1-69 所示。

方法二：在窗口左下方的页面标签栏处，单击页面信息左边的按钮 ，可在当前页之前插入一个新的页面。单击右边的按钮 ，可在当前页之后插入一个新的页面，如图 1-70 所示。

图 1-69 "插入页面"对话框

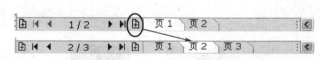

图 1-70 在当前页之后插入一个新的页面

方法三：在页面标签栏的页面名称上单击鼠标右键，在弹出的快捷菜单中选择"在后面插入页"或"在前面插入页"命令，也可在当前页之后或之前插入新的页面，如图 1-71 所示。

图 1-71 页标签快捷菜单

（2）重命名页面。重命名页面的方法有以下两种。

方法一：将鼠标指向页面标签栏中需要重命名的页面，单击鼠标右键，在页标签快捷菜单中选择"重命名页面"命令，弹出"重命名页面"对话框，在"页名"文本框中输入新的页面名称，单击"确定"按钮。

方法二：选择需要重命名的页面标签，执行"版面"→"重命名页面"命令，弹出"重命名页面"对话框，在"页名"文本框中输入新的页面名称，单击"确定"按钮。

（3）删除页面。删除页面可通过以下两种操作方法来完成。

方法一：将鼠标指向页面标签栏中需要删除的页面，单击鼠标右键，在弹出的命令菜单中选择"删除页面"命令，即可直接将该页面删除。

方法二：执行"版面"→"删除页面"命令，弹出"删除页面"对话框。在"删除页面"文字框中输入所要删除的页面序号，单击"确定"按钮即可。

（4）定位页面。定位页面功能允许用户由一个页面快速地转到当前文档的另一页面，可以通过以下操作方法来完成。

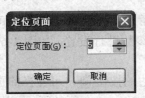

图 1-72 "定位页面"对话框

执行"版面"→"转到某页"命令，弹出如图 1-72 所示的"定位页面"对话框，在"定位页面"数值框中输入调整后的目标页面序号，单击"确定"按钮即可。

（5）调整页面顺序。在进行比较复杂的多页文档处理时，常常需要调整页面之间的前后顺序，这时可以通过以下操作方法来完成。

方法一：将鼠标指向页面标签栏中需调整顺序的页面名称，按下鼠标左键，将光标沿页面标签栏拖动到指定的页面名称处，然后释放鼠标，完成页面顺序的调整。

方法二：执行"视图"→"页面排序器视图"命令，文档以页面排序方式显示各页面，如图 1-73 所示，将鼠标指向需要调整顺序的页面，按下鼠标左键，将其拖动至目标位置后释放鼠标，完成页面顺序的调整。再次执行"视图"→"页面排序器视图"命令，则切换至原视图显示模式。

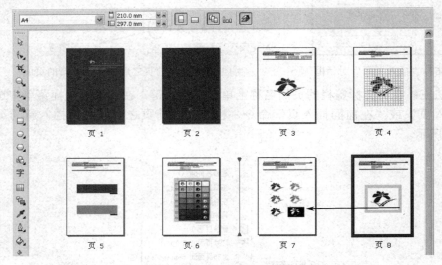

图 1-73 页面排序器视图

4. 视图显示操作

在 CorelDRAW 中，通过选择"视图"菜单中的预览菜单项，用户可以对文件中的所有图形进行预览，也可对选定区域中的对象进行预览，还可分页预览。

（1）设置视图的显示模式。CorelDRAW 为用户提供了多种视图显示模式，包括简单线框、线框、草稿、正常、增强和增强叠印模式。视图显示模式只会影响预览显示的速度，以及图像在绘图窗口中显示的质量，对打印结果没有影响。

单击"视图"菜单，在其中可查看和选择视图的显示模式。

- 简单线框模式：矢量图形只显示轮廓线，所有变形对象（渐变、立体化、轮廓效果）只显示原始图像的外框，彩色位图显示为灰度图。这种模式下显示的速度是最快的。"简单线框模式"的视图显示效果如图 1-74 所示。
- 线框模式：与简单线框模式类似，线框模式只显示立体模型、轮廓线和中间调和形状，彩色位图则显示为灰度图。"线框模式"的视图显示效果如图 1-75 所示。

图 1-74　简单线框模式

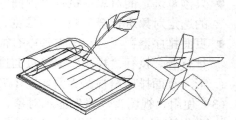

图 1-75　线框模式

- 草稿模式：图形以低分辨率显示，花纹填色、材质填色和 PostScript 图案填色等均以一种基本图案显示，滤镜效果以普通色块显示，渐变填色以单色显示。"草稿模式"的视图显示效果如图 1-76 所示。
- 正常模式：位图以高分辨率显示，其他图形均正常显示，图形刷新和打开速度比"增强"视图稍快，但比"增强"模式的显示效果差一些。"正常模式"的视图显示效果如图 1-77 所示。

图 1-76　草稿模式

图 1-77　正常模式

- 增强模式：系统以高分辨率显示图形对象，并使图形尽可能显示得平滑，显示复杂的图形时，该模式会耗用更多内存和运算时间。"增强模式"的视图显示效果如图 1-78 所示。
- 增强叠印模式："增强叠印"模式在"增强"模式的视图显示基础上，模拟目标图形被设置成套印，用户可以非常方便、直观地预览套印的效果。"增强叠印模式"的视图显示效果如图 1-79 所示。

图 1-78　增强模式

图 1-79　增强叠印模式

（2）设置视图的预览方式。在 CorelDRAW 中，通过执行"视图"菜单中的预览菜单项，用户可以对当前文件进行预览方式设置。CorelDRAW 的预览方式如下。
- 全屏预览：执行"视图"→"全屏预览"命令（或按快捷键 F9）可对当前页面进行全屏视图的预览。若想退出该模式，用鼠标单击屏幕，或按键盘上的任意键即可返回应用程序窗口。
- 只预览选定的对象：执行"视图"→"只预览选定的对象"命令可对当前页面中的选定对象进行全屏视图的预览。
- 页面排序器视图：绘图文件中有很多个页面时，默认的全屏预览只能对当前页进行查看。执行"视图"→"页面排序器视图"命令，可同时查看所有页面中的图形，页面排序器视图界面如图 1-73 所示。

（3）使用"视图管理器"显示对象。使用视图管理器，可以方便用户对图形进行查看。执行"窗口"→"泊坞窗"→"视图管理器"命令，即可弹出如图 1-80 所示的"视图管理器"泊坞窗。

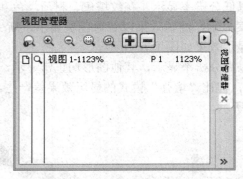

图 1-80 "视图管理器"泊坞窗

- "缩放一次"按钮：单击该按钮或者按下 F2 键，并单击鼠标左键，可完成放大显示一次的操作。相反，单击鼠标右键可完成缩小显示一次的操作。
- "放大"按钮和"缩小"按钮：单击按钮，可以分别对对象执行放大或缩小显示操作。
- "缩放选定的范围"按钮：在选取对象后，单击该按钮或者按下 Shift+F2 组合键，即可对选定对象进行缩放。
- "缩放全部对象"按钮：单击该按钮或者按下 F4 键，即可将全部对象缩放。
- "添加当前视图"按钮：单击该按钮，即可将当前视图保存到泊坞窗，以便随时切换到该视图状态。
- "删除已保存的视图"按钮：选中保存的视图后，单击该按钮，即可将其删除。

（4）使用缩放工具缩放与平移视图。除了可使用"视图管理器"对图形进行缩放显示控制外，还可通过缩放工具来放大或缩小视图的显示比例，方便地对图形进行局部浏览。缩放工具的使用方法有以下两种。

成倍缩放：单击工具箱中的"缩放工具"按钮（或按快捷键 Z），在页面上单击左键，即可将页面成倍放大；在页面上单击右键，可将页面成倍缩小。

按范围缩放：单击工具箱中的"缩放工具"按钮，在页面上单击鼠标左键，拖动鼠标框选出需要放大显示的图形范围，释放鼠标后即可将框选范围内的视图放大显示，并最大范围地显示在整个工作区中；在页面上单击右键，可将放大显示的范围缩小显示。

选择"缩放工具"后，在属性栏中会显示出该工具的相关选项，如图 1-81 所示。

图 1-81 "缩放工具"属性栏

- "放大"按钮：快捷键为 F2，在页面上单击鼠标使视图放大显示两倍，单击鼠标右键使视图缩小为原来的 50%显示。
- "缩小"按钮：快捷键为 F3，单击该按钮或按下快捷键，视图缩小为原来的 50%显示。
- "缩放选定范围"按钮：快捷键为 Shift+F2 组合键，单击该按钮可将选定的对象最大化地显示在页面上，单击鼠标右键会缩小为原来的 50%显示。
- "缩放全部对象"按钮：快捷键为 F4，单击该按钮可将全部对象最大化地显示于工作区，单击鼠标右键会缩小为原来的 50%显示。
- "显示页面"按钮：快捷键为 Shift+F4 组合键，将页面的宽和高最大化地显示于工作区。
- "按页宽显示"按钮：单击该按钮可将图形按页面宽度最大化显示，按下鼠标右键会将页面缩小为原来的 50%显示。
- "按页高显示"按钮：单击该按钮可将图形按页面高度最大化显示，按下鼠标右键会将页面缩小为原来的 50%显示。

平移对象：使用"缩放工具"按钮下的子按钮，或者按快捷键 H，并在工作区拖动鼠标可实现视图的平移操作。此外，在编辑或绘制图形时将鼠标滚动轮向下压，也能实现视图的平移。

5. 贴齐操作

通过贴齐操作，可以更精确地移动或绘制对象。在 CorelDRAW 中可以将图形对象与辅助线、网格及绘图中的另一个对象贴齐，也可以与目标对象中的多个贴齐点贴齐。

进行贴齐操作可单击应用程序窗口"标准工具栏"右边的"贴齐"按钮，该按钮显示出 CorelDRAW 绘图环境的四种贴齐状态，如图 1-82 所示，也可通过执行"视图"菜单下相应的贴齐命令进行贴齐设置。

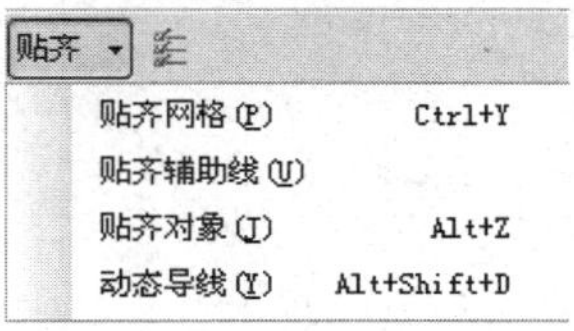

图 1-82 贴齐状态

（1）贴齐网格。网格是由均匀分布的水平线和垂直线组成的，使用网格可以在绘图窗口中精确地对齐和定位对象。通过指定频率或间隔，可以设置网格线或点之间的距离，从而使定位更精确。

网格的显示和隐藏：默认状态下，网格处于隐藏状态，执行"视图"→"网格"命令可设置网格的显示和隐藏。网格的显示效果如图 1-83 所示。

网格的设置：用户可根据绘图的需要自定义网格的频率和间隔。执行"工具"→"选项"命令，在"选项"对话框中展开"文档|辅助线|网格"选项。对话框设置如图 1-84 所示。

- 频率：以每一毫米距离中所包含的行数指定网格的间隔距离。
- 间距：以具体的距离数值，指定网格线的间隔距离。

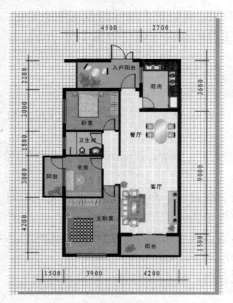

图1-83 网格的显示效果

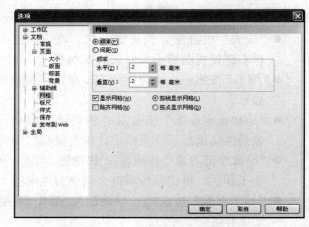

图1-84 "选项"对话框中的网络设置

贴齐网格：单击标准工具栏中的"贴齐"按钮，从弹出的下拉列表中选择"贴齐网格"选项，或者执行"视图"→"贴齐网格"命令，或者使用 Ctrl+Y 组合键，使"贴齐网格"选项被勾选。打开贴齐网格功能后，移动图形对象时，系统会自动将对象中的节点按网格对齐。

（2）贴齐辅助线。在绘图过程中，为了使所绘图形对象能紧贴在辅助线上，可以开启"贴齐辅助线"功能。单击标准工具栏中的"贴齐"按钮，从弹出的下拉列表中选择"贴齐网格"选项，或者执行"视图"→"贴齐网格"命令，使"贴齐网格"选项被勾选。打开对齐辅助线功能后，移动选定的图形对象时，图形对象中的节点将向距离最近的辅助线及其交叉点靠拢对齐，如图1-85所示。

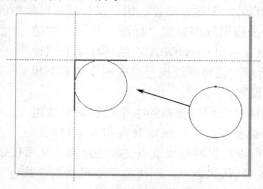

图1-85 贴齐辅助线效果

（3）贴齐对象。通过贴齐对象，可以将图形对象中的节点、交集、中点、象限、正切、垂直、边缘、中心和文本基线等设置为贴齐点，使用户在移动或处理图形对象时得到点与点的实时反馈。

启用贴齐对象：要启用贴齐对象功能，可以执行"视图"→"贴齐对象"命令，或者单击标准工具栏中的"贴齐"按钮，从弹出的下拉列表中选择"贴齐对象"选项，或者按 Alt+Z 组合键，使"贴齐对象"选项被勾选。打开了贴齐对象功能后，选择要与目标对象贴齐的对象，将光标移到对象上，此时会突出显示光标所在处的贴齐点，然后将该对象移动至目标对象，当目标对象上突出显示贴齐点时，释放鼠标，即可使选取的对象与目标对象贴齐。贴齐对象效果如图 1-86 所示。

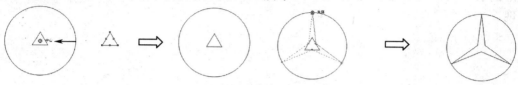

图 1-86　贴齐对象效果

设置贴齐对象：默认状态下，对象可以与目标对象中的节点、交集、中点、象限、正切、垂直、边缘、中心和文本基线等贴齐点对齐。如果要自定义贴齐点，可进行贴齐对象设置。执行"视图"→"设置"→"贴齐对象设置"命令，打开"选项"对话框中的"工作区|贴齐对象"选项，如图 1-87 所示。

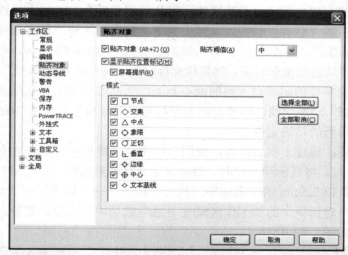

图 1-87　"选项"对话框中的贴齐对象设置

- 贴齐对象：选中该复选框，打开贴齐对象功能。
- 显示贴齐位置标记：选中该复选框，在贴齐对象时显示贴齐点标记，反之则不显示贴齐点标记。
- 屏幕提示：选中该复选框，显示屏幕提示，反之则隐藏屏幕提示。
- 模式：在该选项栏中可启用一个或多个贴齐模式。
- 贴齐阈值：用于设置光标激活贴齐点时的灵敏度。选择"低"选项，当光标距离贴齐点 4 个屏幕像素时，可激活贴齐点。选择"中"选项，当光标距离贴齐点 8 个屏幕像素时，可激活贴齐点。选择"高"选项，当光标距离贴齐点 16 个屏幕像素时，可激活贴齐点。

（4）动态导线。CorelDRAW 的"动态导线"功能与"贴齐对象"的功能相似，但更精确。除了可以在绘制和编辑图形时进行多种形式的对齐外，还可以捕捉对齐到点、节点间的区域，对象中心和对象边界框等。还可以把每一个对齐点的尺寸、距离设置得很精确，丝毫不差。

动态导线是通过图形对象贴齐点引出的一条蓝色的临时辅助线，沿动态导线拖动对象时，可以查看对象与用于创建动态导线的贴齐点之间的距离和角度，这将帮助用户精确放置对象。如图1-88所示，要使三角形移动至圆的左上方135°方向，并且三角形的右下角点与圆心的连线长为30mm的位置，借助于动态导线功能就可以方便地实现。

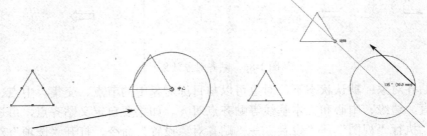

图1-88　通过动态导线移动三角形

启用动态导线：要启用动态导线功能，可执行"视图"→"动态导线"命令，或者单击标准工具栏中的"贴齐"按钮，从弹出的下拉列表中选择"动态导线"选项，或者按Alt+Shift+D组合键，使"动态导线"选项被勾选。以图1-88为例，打开了动态导线功能后，选择要移动的三角形对象，将鼠标光标移到三角形的右下角点，然后拖动鼠标，将三角形拖至符合条件的贴齐点（圆的圆心）处，当圆心处突出显示贴齐点标记时，拖动指针以显示135°动态导线，继续沿动态导线拖动对象直至定位于30mm处，释放鼠标，即可完成三角形的精确定位。

设置动态导线：通过上面的操作，我们已经知道在参照物一定的角度（0°、45°、90°、135°）上时，将显示动态导线。沿动态导线移动对象时，将显示对象与参照物的间距，间距将默认以2.5mm的距离递增。执行"视图"→"设置"→"动态导线设置"命令，在"选项"对话框中的"工作区|动态导线"选项中可方便地设置动态导线的角度和递增的距离，如图1-89所示。

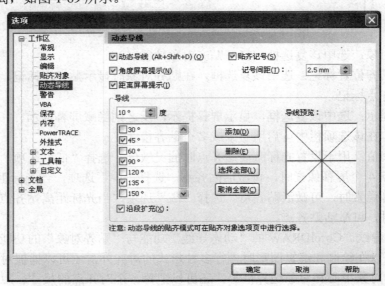

图1-89　"选项"对话框中的动态导线设置

- 动态导线：选中该复选框，打开动态导线功能。
- 角度屏幕提示：选中该复选框，用于显示或隐藏动态导线的角度的屏幕提示。
- 距离屏幕提示：选中该复选框，用于显示或隐藏与用于创建动态导线的贴齐点之间的距离。
- 导线：用于创建动态导线的角度。
- 记号间距：用于设置移动的递增距离。

1.3 项目实训

《CorelDRAW X4 平面设计项目实训教程》封面系列设计。

1. 任务背景

为《CorelDRAW X4 平面设计项目实训教程》做书籍封面的设计，书籍尺寸规格为 185mm×260mm，书脊尺寸为 15mm。

2. 任务要求

书封设计构图简洁，富有创意。色彩尽可能单纯，参考软件启动界面的标准色，以强调权威性。制作时先确定好书封尺寸及参考线位置，然后导入图片，绘制基本图形及条形码，并输入封面和封底文字，结合 CorelDRAW 界面的基础操作完成设计。

3. 任务素材

1.4 本章小结

本章是学习 CorelDRAW 的开篇,主要了解了 CorelDRAW 的软件功能及应用领域,熟悉了 CorelDRAW 的用户操作界面,学会了 CorelDRAW 界面的使用方法,掌握了 CorelDRAW 软件环境下的文件操作、页面设置、多页文档设置、视图显示操作、贴齐操作及相关的快捷键使用。通过本章的学习,我们应该牢牢掌握 CorelDRAW 软件的基本操作,为后续内容的学习打下坚实基础。

1.5 技能考核知识题

1. CorelDRAW 主要是一个(　　)类型的绘图软件。
   A. 位图　　　　　　B. 点阵图　　　　　　C. 矢量　　　　　　D. 动画
2. 下列叙述正确的是(　　)。
   A. CorelDRAW 不能打开 CorelDRAW 9 汉化版的文件
   B. CorelDRAW 能打开 CorelDRAW 9 汉化版的文件,但是有问题
   C. CorelDRAW 完全兼容 CorelDRAW 9 汉化版的文件
   D. 以上说法都不对
3. CorelDRAW 中窗口刷新的快捷键是(　　)。
   A. Ctrl+A　　　　　B. Ctrl+G　　　　　C. Ctrl+W　　　　　D. Ctrl+K
4. 在 CorelDRAW 中设置工作页面的属性时,应执行(　　)命令。
   A. 文件→打印设置　　　　　　　　B. 文件→打印预览
   C. 视图→全屏预览　　　　　　　　D. 版面→页面设置
5. 下面关于辅助线的操作,叙述错误的是(　　)。
   A. 辅助线可以被旋转
   B. 可以通过将色块拖至辅助线上的方法改变辅助线的颜色
   C. 辅助线的粗细程度可以通过设置进行调整
   D. 在锁定状态下的辅助线无法被删除
6. 当使用挑选工具时,可以直接在其工具属性栏中设置微调偏移值,下列(　　)操作正确。
   A. 不选择任何对象　　B. 选择一个对象　　C. 选择多个对象　　D. 拖动对象位置
7. 在调色板所需色块上(　　),即可快速填充所选对象轮廓线的颜色。
   A. 单击鼠标左键　　B. 单击鼠标右键　　C. 双击鼠标左键　　D. 双击鼠标右键
8. 双击工具栏中的手形工具,可实现(　　)。
   A. 绘图页面最大化显示　　　　　　B. 绘图页面自动隐藏
   C. 绘图页面在绘图中心显示　　　　D. 绘图页面被删除
9. 在绘图窗口中绘制的图形超出页面范围的部分将(　　)
   A. 不能显示　　　　B. 不能填充颜色　　C. 打印不出来　　　D. 不能绘制图形

10. 在标尺的左上角可以拖曳出一个十字线，请问这个十字是（　　）。
A．十字形的辅助线　　　　　　　　　　B．测量用的动态标尺
C．x 轴、y 轴和原点的定位线　　　　　　D．只是参考线

11. 属性栏中的 ⊕ .1 mm ⇅ 图标用来调节（　　）。
A．用键盘的方向键微调时的移动距离　　B．再制对象的距离
C．轮廓笔的宽度　　　　　　　　　　　D．艺术笔刷的宽度

12. 删除页面辅助线的方法有（　　）。
A．双击辅助线，在"辅助线选项"对话框中单击"删除"按钮
B．在所要删除的辅助线上单击右键在弹出的快捷菜单中选择"删除"选项
C．左键选中所要删除的辅助线并按 Delete 键
D．右键选中所要删除的辅助线并按 Delete 键

13. 下列关于导入命令和打开命令说法正确的是（　　）。
A．导入命令是在当前文件中打开选定文件
B．导入命令是在新窗口中打开选定文件
C．打开命令是在新窗口中打开选定文件
D．打开命令是在当前文件中打开选定文件

14. CorelDRAW 相对于其他矢量软件的优势是（　　）。
A．跨多种行业服务，功能全面，并可以同时简单处理位图
B．文字版式功能强劲
C．全能的文件格式过滤
D．多页排版

15. CorelDRAW 能够导入/导出的文件格式有（　　）。
A．DWG、AI　　　　B．JPG、PSD、TIF　　　　C．SWF　　　　D．PDF

图形的绘制

1. 掌握基本形状图形的绘制技巧及基本编辑方法。
2. 学会各种曲线绘制工具的运用。
3. 掌握曲线的绘制技巧及其调整与控制。

6 学时（理论 3 学时，实践 3 学时）

2.1 模拟案例

杭州茶文化节标志设计

2.1.1 案例分析

1. 任务背景

在崇尚自然与健康的 21 世纪，茶叶已被很多人所接受。为体现、宣扬、传承茶文化，塑造 2010 杭州茶文化节的品牌形象，现设计制作一个茶文化节标志。

2. 任务要求

茶文化节标志应突出茶的特点，以抽象形式表现，给人丰富的想象空间，体现茶文化底蕴,并具有现代时尚气息。

▶3．任务分析

本案例使用基本图形工具绘制标志的基本几何形状,使用贝塞尔工具、图形转曲结合形状工具等绘制叶子图形,并通过艺术笔工具使所绘图形产生艺术笔刷效果。

2.1.2 制作方法

▶1．绘制青山背景

（1）启动 CorelDRAW 软件系统,进入欢迎界面后,单击"新建空白文档"选项,生成一个纵向的 A4 大小的图形文件。

（2）依次单击工具箱中的"基本形状"按钮，属性栏中的"完美形状"按钮，所需的"形状"按钮，此时指针变为形状,将鼠标指针移至绘图区,按住鼠标左键拖动绘制出山形,如图 2-1 左图所示。

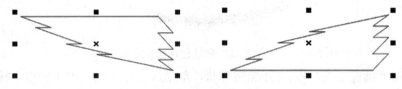

图 2-1 绘制山形

（3）单击属性栏中的"垂直镜像"按钮，将山形垂直翻转,如图 2-1 右图所示。

（4）单击工具箱"填充工具"中的"渐变填充"按钮（或按快捷键 F11）,在打开的"渐变填充"对话框中分别设置渐变类型为"线性",从"绿"到"白"的双色渐变,角度为 270°,边界为 16%,单击"确定"按钮。填充对话框设置及填充效果如图 2-2 所示。

（5）右键单击调色板按钮，取消对象轮廓,使山形背景的效果如图 2-3 所示。

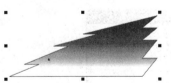

图 2-2 "渐变填充"对话框设置及填充效果　　　图 2-3 山形背景的效果

▶2．绘制湖面形状效果

（1）单击工具箱中的"椭圆形工具"按钮（或按快捷键 F7）,在绘图区拖动鼠标,绘制出椭圆形,如图 2-4 所示。

（2）按 Ctrl+Q 组合键,将椭形转换为曲线。单击工具箱中的"形状工具"按钮（或按快捷键 F10）,单击椭圆的上方节点,再单击属性栏中的"断开节点"按钮,使椭圆成为开放式曲线,如图 2-5 所示。

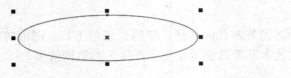
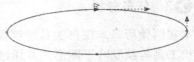

图 2-4　绘制椭圆　　　　　　　　　　图 2-5　断开椭圆节点

（3）单击工具箱中的"艺术笔工具"按钮 ，（或按快捷键 I），单击"艺术笔工具"属性栏上的"笔刷"按钮 ，在属性栏设置笔刷形状，并调整相应的艺术笔刷宽度。椭圆的艺术笔刷效果如图 2-6 所示。

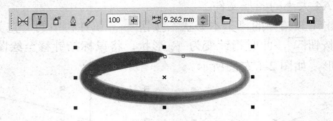

图 2-6　"艺术笔工具"属性栏设置及艺术笔刷效果

（4）使用"挑选工具" 选择椭圆形状，单击属性栏中的"水平镜像"按钮 ，使椭圆形状水平镜像。再次单击椭圆，将其旋转至合适角度，如图 2-7 所示。

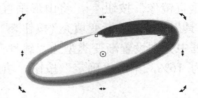

图 2-7　水平镜像并旋转椭圆

（5）单击工具箱"填充工具" 中的"均匀填充"按钮 （或按 Shift+F11 组合键），打开"均匀填充"对话框，在其中设置填充颜色的 C、M、Y、K 分别为 22、5、6、0，单击"确定"按钮。"均匀填充"对话框及椭圆的填充效果如图 2-8 所示。

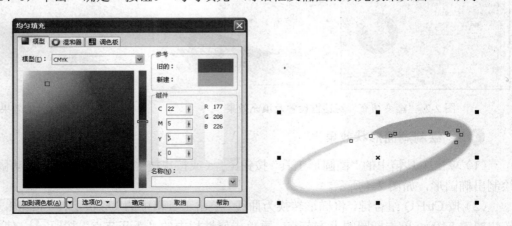

图 2-8　"均匀填充"对话框及椭圆的填充效果

（6）按 Ctrl+D 组合键，再制一个椭圆，并调整位置及大小，形成的湖面形状效果如图 2-9 所示。

图 2-9　湖面形状效果

3．绘制绿叶效果

（1）单击工具箱中的"贝塞尔工具"按钮，绘制如图 2-10 所示的两个封闭图形。

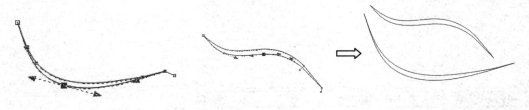

图 2-10　绘制封闭图形

（2）单击工具箱中的"艺术笔工具"按钮（或按快捷键 I），再单击"艺术笔工具"属性栏上的"预设"按钮，并在属性栏设置相应的笔触形状及艺术笔宽度，然后在绘图区按预设笔触绘制图形。"艺术笔工具"属性栏设置及用艺术笔工具绘制的图形如图 2-11 所示。

图 2-11　"艺术笔工具"属性栏及用艺术笔工具绘制的图形

（3）框选所绘图形，单击调色板中的绿色色标，对所绘图形均匀填充，右键单击调色板按钮，取消该图形的轮廓色。调色板及图形填充效果如图 2-12 所示。

图 2-12　调色板及图形填充效果

4．绘制其他图形

（1）单击工具箱中的"贝塞尔工具"按钮，绘制如图 2-13 所示的曲线图形。

（2）选择曲线形状，单击工具箱中的"艺术笔工具"按钮（或按快捷键 I），单击"艺术笔工具"属性栏上的"笔刷"按钮，在属性栏中设置笔刷形状，并调整相应的艺术笔笔刷宽度。"艺术笔工具"属性栏及曲线效果如图 2-14 所示。

图 2-13　绘制曲线

图 2-14　"艺术笔工具"属性栏及曲线效果

（3）单击调色板中的绿色色标，形成的图形填充效果如图 2-15 所示。

图 2-15　填充效果

5．添加文字效果

（1）单击工具箱中的"文字工具"按钮[字]，单击绘图区，输入文字"Tea"后按 Enter 键，换行输入"HangZhou 2010"。选择文本，修改字体为"Forte"，调整字号至合适大小，并单击调色板中的绿色色标，为文字着色，如图 2-16 所示。

（2）使用"挑选工具"[箭]选择文字，执行"排列"菜单下的"拆分美术字"命令（或按 Ctrl+K 组合键），直到"2010"文字被拆成独立字符，如图 2-17 所示。

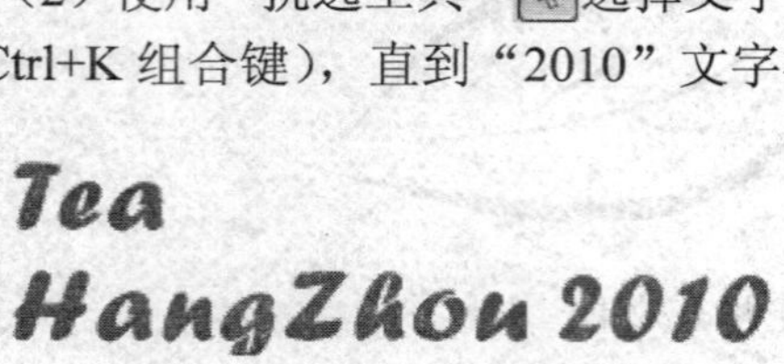

Tea
HangZhou 2010　　　　*Tea*
　　　　　　　　　　　HangZhou 2010

图 2-16　输入文字 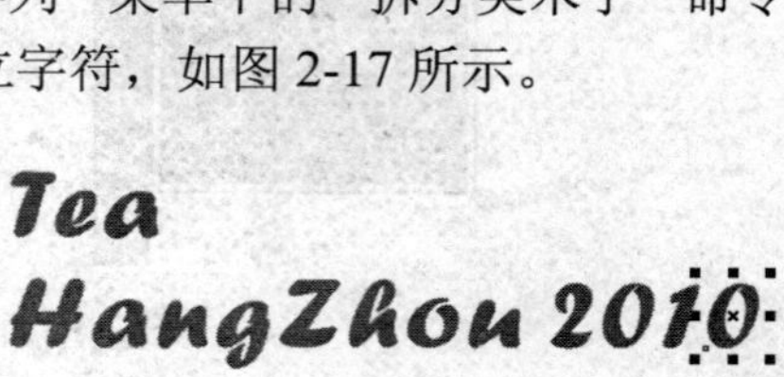　　　　　　　　　　图 2-17　拆分文字

（3）使用"挑选工具"[箭]选择数字"0"，按 Ctrl+Q 组合键，将文字转换成曲线，将鼠标指向"0"双击，切换至形状工具状态。

（4）在形状工具状态，选择节点，单击属性栏中的"断开节点"按钮[图]，可看到原来填充的闭合曲线已被断开。双击曲线中需要删除的部分节点，并通过移动节点或转换节点属性，使曲线变形为叶子轮廓，变形过程如图 2-18 所示。

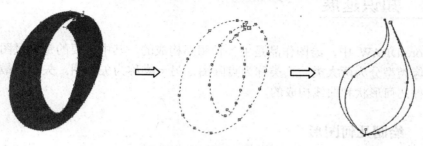

图 2-18　文字转曲变形过程

（5）单击工具箱中的"艺术笔工具"按钮 ，（或按快捷键 I），单击"艺术笔工具"属性栏上的"预设"按钮 ，并在属性栏设置相应的笔触形状及艺术笔宽度，然后绘制如图 2-19 所示图形，将该图形移动至叶子轮廓内，并对其填充绿色，效果如图 2-19 所示。

图 2-19　绘制叶子效果

（6）调整另一数字"0"，最终的文字效果如图 2-20 所示。

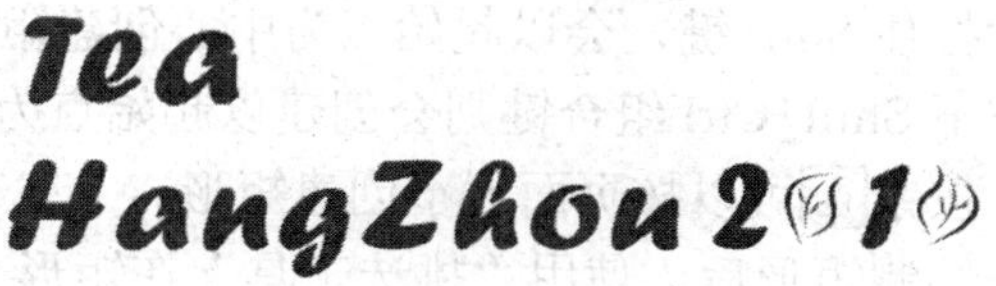

图 2-20　文字效果

▶6. 将各图形组合成形

调整各图形的位置及大小，并组合成形。组合后的标志效果如图 2-21 所示。

图 2-21　标志效果

2.2 知识延展

在 CorelDRAW 中，绘图作品是由各种图形构成的，其中主要的是矢量图形。计算机中的图像类型分为两大类，一类称为点阵图，另一类称为矢量图。矢量图最主要的元素是由各种几何形状和曲线构成的。

2.2.1 绘制几何图形

1. 绘制矩形

在广告设计中，矩形工具是使用最频繁的工具之一，使用矩形工具可以很方便地创建正方形、平行四边形、梯形和各类圆角矩形。CorelDRAW 中的矩形工具如图 2-22 所示。

（1）使用"矩形工具"。单击工具箱中的"矩形工具"按钮 （或按快捷键 F6），然后在绘图区拖动鼠标，即可绘制出矩形；拖动鼠标的同时，按住键盘上的 Ctrl 键，可以创建正方形，如图 2-23 所示。

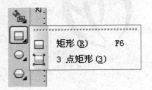
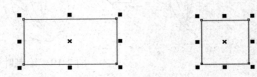

图 2-22　矩形工具　　　　　　　　图 2-23　绘制矩形及正方形

拖动鼠标的同时，按住 Shift 键，会以起始点为中心创建矩形。

拖动鼠标的同时按下 Shift+Ctrl 组合键则会创建以起始点为中心的正方形。

双击"矩形工具"按钮  可以按页面大小创建矩形。

绘制平行四边形：绘制矩形后，使用"挑选工具"在矩形上单击两次，拖动水平或垂直方向上的中间控制点，形成平行四边形，如图 2-24 所示。

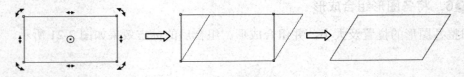

图 2-24　绘制平行四边形

绘制梯形：绘制矩形后，单击"矩形工具"属性栏中的"转曲"按钮，使用"形状工具" 分别拖动矩形上的两个节点，形成梯形，如图 2-25 所示。

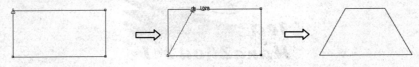

图 2-25　绘制梯形

绘制圆角矩形：绘制矩形后，在不转曲的前提下，使用"形状工具" 直接单击矩形的任意一个角进行拖动，形成圆角矩形；也可设置"矩形工具"属性栏中的"边角圆滑度"来完成圆角矩形的绘制，如图 2-26 所示。

图 2-26 绘制圆角矩形

（2）使用"3 点矩形工具"。使用"3 点矩形工具" 可以方便地绘制任意角度的矩形。

单击工具箱中的"3 点矩形工具"按钮 ，然后在绘图区单击鼠标并向需要的方向拖动，会出现一条路径表示矩形的一个边，释放鼠标后向这条边的两侧移动鼠标，到需要的宽度时再单击鼠标，即可创建一个矩形。按住 Ctrl 键拖动鼠标，可以控制路径直线的角度，以创建正方形和以任意角度为起点的正方形，如图 2-27 所示。

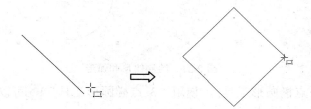

图 2-27 绘制 3 点矩形

（3）"矩形工具"属性栏如图 2-28 所示。

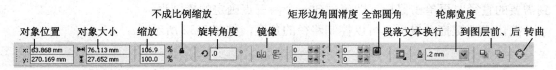

图 2-28 "矩形工具"属性栏

2. 绘制圆形

利用"椭圆形工具"可以方便地创建椭圆形、圆形、饼形及弧形，CorelDRAW 中的"椭圆形工具"如图 2-29 所示。

图 2-29 椭圆形工具

（1）使用"椭圆形工具"。单击工具箱中的"椭圆形工具"按钮 （或按快捷键 F7），然后在绘图区拖动鼠标，即可绘制出椭圆形；拖动鼠标的同时，按住键盘上的 Ctrl 键，可以创建圆形，如图 2-30 所示。

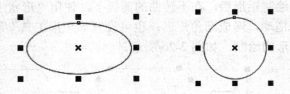

图 2-30　绘制椭圆形及圆形

拖动鼠标的同时，按住 Shift 键，会以起始点为中心创建椭圆形。

拖动鼠标的同时按下 Shift+Ctrl 组合键则会创建以起始点为中心的圆形。

绘制饼形或弧形：绘制圆形后，单击"椭圆形工具"属性栏中的"饼形" 或"弧形" 按钮，并调整"起始和结束角度"，形成饼形或弧形，如图 2-31 所示。

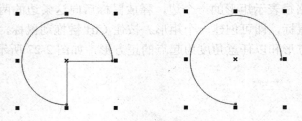

图 2-31　绘制饼形和弧形

（2）使用"3 点椭圆形工具"。使用"3 点椭圆形工具" 可以方便地绘制各种椭圆形。

单击工具箱中的"3 点椭圆形工具"按钮 ，然后在绘图区单击鼠标并向需要的方向拖动，会出现一条路径表示椭圆形的一条直径，释放鼠标后向路径的两侧移动鼠标，到需要的直径时再单击鼠标，即可创建一个由三点确定的椭圆形。

按住 Ctrl 键拖动鼠标，可以控制路径的角度，如图 2-32 所示。

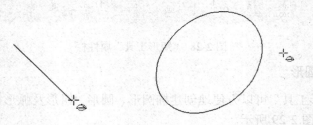

图 2-32　绘制 3 点椭圆形

（3）"椭圆形工具"属性栏。"椭圆形工具"属性栏如图 2-33 所示。由鼠标拖动产生的椭圆，可在属性栏的宽度和高度栏中进行精确的尺寸定义。

图 2-33　"椭圆形工具"属性栏

3. 绘制多边形和星形

CorelDRAW 中，利用如图 2-34 所示的"多边形工具" 、"星形工具" 、"复杂星形工具" 可以很方便地创建各类精确的多边形、星形和复杂星形。

（1）绘制多边形。单击工具箱中的"多边形工具"按钮 （或按快捷键 Y），在"多边形工具"属性栏 中设置好多边形边数，拖动鼠标即可绘制出一个多边形。绘制多边形的同时按住 Ctrl 键，可绘制正多边形，如图 2-35 所示。多边形的边数最少为 3，最大为 500（接近于圆）。

图 2-34 多边形工具

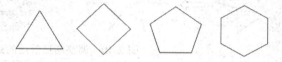

图 2-35 绘制正多边形

将多边形转换为星形：在不转曲的前提下，使用"形状工具" 拖动节点，可将多边形转换为星形，如图 2-36 所示。

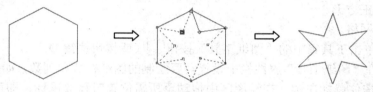

图 2-36 多边形转换为星形

（2）绘制星形与复杂星形。单击工具箱中的"星形工具"按钮 或"复杂星形工具"按钮 ，然后在工作区中拖动鼠标，可直接绘制星形和复杂星形，如图 2-37 所示。

"星形工具"和"复杂星形工具"的属性栏如图 2-38 所示。星形的最小边数为 3，最大边数为 500；最小锐度值为 1（即为正多边形），最大锐度值为 99。复杂星形的最小边数为 5，最大锐度值不是定值，随复杂星形边数的变化而变化，通过修改属性栏中的边数值和锐度值，可得到不同的图形，如图 2-39 所示。

图 2-37 绘制星形和复杂星形　　图 2-38 "星形工具"和"复杂星形工具"的属性栏

绘制的星形和复杂星形，在未转曲的情况下，使用"形状工具" 拖动节点，可对图形进行调整，调整前后的效果如图 2-40 所示。

图 2-39 改变边数和锐度值后图形的变化效果

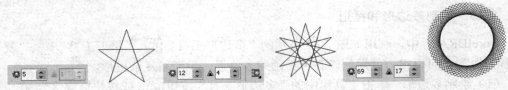

图 2-39　改变边数和锐度值后图形的变化效果（续）

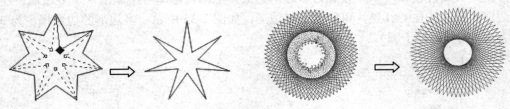

图 2-40　调整图形前后的效果

▶4．绘制图纸

在 CorelDRAW 中，利用"图纸工具"可以绘制不同行数和列数的网格图形。绘制的网格图形是由一组矩形或正方形群组构成的，用户可以取消群组，使网格图形成为独立的矩形或正方形。

（1）绘制网格。

步骤 1：单击工具箱中的"图纸工具"按钮（或按快捷键 D）。

步骤 2：在"图纸工具"属性栏中设置需要绘制的图纸行数和列数，如图 2-41 所示。

步骤 3：按住鼠标左键，在绘图区中拖动至所需位置时释放鼠标，即可绘制出相应行数和列数的网格图形；如果按住 Ctrl 键拖动，即可绘制出长宽相等的正方形网格，网格图形效果如图 2-42 所示。

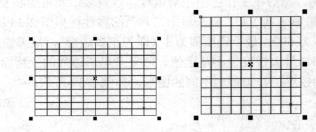

图 2-41　网格行数和列数　　　　　图 2-42　绘制网格图形

（2）编辑网格。绘制完成的网格图形是一个整体对象，可以对其整体颜色进行更改。如果要对单个矩形进行编辑，可使用"挑选工具"选择该网格，并单击属性栏中的"取消群组"按钮（或按 Ctrl+U 组合键），即可将绘制的网格群组解散，使其成为多个独立的矩形，效果如图 2-43 所示。

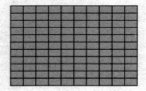 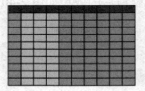

图 2-43　编辑网格

5. 绘制螺纹

CorelDRAW 为用户提供了两种螺纹形式，即对称式螺纹和对数式螺纹。对称式螺纹之间的螺纹间距是一样的，对数式螺纹是由中心向四周扩散的一种螺纹形式。通过设置"螺纹扩展参数"值，可以绘制出不同的对数式螺纹效果。在工具箱中单击"螺纹工具"按钮，可显示"螺纹工具"属性栏，如图 2-44 所示。

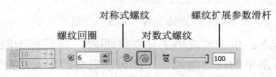

图 2-44 "螺纹工具"属性栏

绘制螺纹的操作步骤如下。
步骤 1：单击工具箱中的"螺纹工具"按钮（或按快捷键 A）。
步骤 2：在"螺纹工具"属性栏中设置螺纹回圈，选择螺纹方式。
步骤 3：按住鼠标左键，在绘图区中拖动至合适大小后释放鼠标，即可绘制出螺纹效果，如图 2-45 所示。

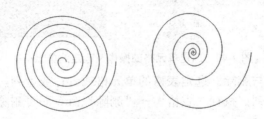

图 2-45 "螺纹回圈"为 6 的对称式螺纹和对数式螺纹效果

6. 绘制表格

CorelDRAW 中新增了一个表格工具，使用该工具可以方便地绘制表格，也可以实现拆分单元格、合并单元格、插入行/列、对表格进行颜色填充、表格边框设置等表格编辑操作。在工具箱中单击"表格工具"按钮，可显示"表格工具"属性栏，如图 2-46 所示。

图 2-46 "表格工具"属性栏

（1）绘制表格。绘制表格的操作步骤如下。
步骤 1：单击工具箱中的"表格工具"按钮，在"表格工具"属性栏中设置表格的行数和列数。
步骤 2：按住鼠标左键，在绘图区中拖动至合适大小后释放鼠标，即可绘制出表格，如图 2-47 所示。

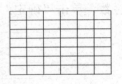

图 2-47 绘制表格

步骤 3：在"表格工具"属性栏中设置表格背景色，设置边框类型为"外部"，边框类型的宽度为"1.5"，边框类型的颜色等属性。其属性栏和更改效果如图 2-48 所示。

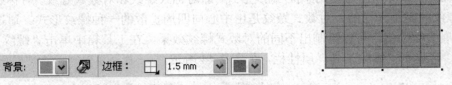

图 2-48　"表格工具"属性栏和更改效果

（2）表格内容的输入。单击"表格工具"按钮▦，将鼠标指向已绘制的表格内，在插入点光标下，单击表格中的任一单元格，即可在表格的单元格内输入文字。

（3）选定表格。单击"表格工具"按钮▦，将鼠标指向表格内的任一单元格后拖动，或者单击表格内任一单元格，并执行"表格"→"选择"命令，即可选择单元格、单元格所在行、单元格所在列及整个表格，如图 2-49 所示。

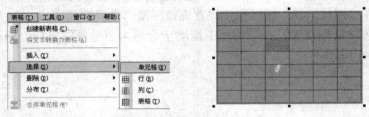

图 2-49　选定单元格的操作及选定的单元格

（4）行和列的插入与删除。选定表格的单元格或者行或者列，执行"表格"→"插入"命令即可插入行或列；执行"表格"→"删除"命令即可删除所选行、所选列或整个表格。命令如图 2-50 所示。

图 2-50　"插入"命令与"删除"命令

（5）单元格的拆分与合并。选定表格区域，执行"表格"→"拆分为列"命令，或单击属性栏中的"垂直拆分"按钮▣，在打开的"拆分单元格"对话框中输入需拆分的栏数，单击"确定"按钮，即可按指定栏数拆分所选表格区域，如图 2-51 所示。

图 2-51　拆分单元格

执行"表格"→"合并单元格"命令（或者按 Ctrl+M 组合键，或者单击属性栏中的"合并单元格"按钮），即可将选定的单元格合并，如图 2-52 所示。

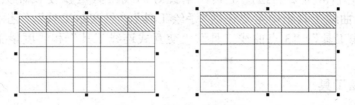

图 2-52　合并单元格

（6）平均分布行或列。CorelDRAW 中表格的"分布"功能可对选定的表格区域重新平均分配，以使各行高和列宽相等，操作如下：

选定表格区域，执行"表格"→"分布"→"列均分"命令，即可将所选表格区域的列宽平均分布，效果如图 2-53 所示。

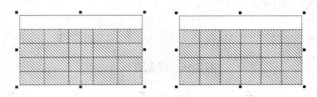

图 2-53　列的平均分布

7. 绘制基本形状

CorelDRAW 提供了基本的形状工具，主要包括"基本形状"、"箭头形状"、"流程图形状"、"标题形状"、"标注形状"等，工具组如图 2-54 所示。

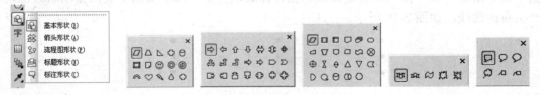

图 2-54　基本形状工具组

绘制基本形状的方法如下。

（1）单击工具箱中的"基本形状"按钮。

（2）单击"基本形状工具"属性栏中的"完美形状"按钮。

（3）在打开的图形面板中单击所需的基本形状，此时指针变为形状，将鼠标指针移至绘图区，按住鼠标左键拖动，即可绘制出所选的图形，如图 2-55 所示。

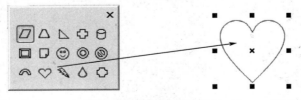

图 2-55　绘制基本图形

2.2.2 绘制曲线

曲线工具是非常重要的绘图工具，掌握好曲线工具可以使设计更加得心应手。CorelDRAW 的曲线工具组中主要包括"手绘工具"、"贝塞尔工具"、"艺术笔工具"、"钢笔工具"、"折线工具"、"3 点曲线工具"、"交互式连线工具"和"度量工具"8 种绘图工具。

▶ 1．手绘工具

"手绘工具"主要用于绘制直线和曲线。

（1）使用"手绘工具"绘制直线段和连续折线。选择"手绘工具" ![icon] （或按快捷键 F5），在绘图区单击鼠标左键确定线段的起点，然后将鼠标移动至线段的终点位置再单击一下，即可绘制出一条直线段，如图 2-56 所示。如果在端点处双击鼠标，则光标将变为 ![icon] 形状，再移动鼠标依次在其他端点位置双击，并在终点处单击鼠标，即可绘制出具有转折点的连续折线，如图 2-57 所示。

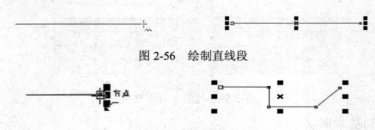

图 2-56　绘制直线段

图 2-57　绘制连续折线

（2）使用"手绘工具"绘制自由曲线。单击"手绘工具"按钮 ![icon] 手绘(F)，在绘图页面中按下鼠标左键并拖动以绘制曲线路径，释放鼠标后，绘图页面中会沿拖动轨迹出现一条自由曲线，如图 2-58 所示。

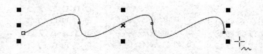

图 2-58　绘制自由曲线

如果需要在绘制好的曲线上接着绘制曲线，可单击工具箱中的"手绘工具"按钮，移动鼠标指针至曲线结束的节点上，此时鼠标指针变为 ![icon] 形状，如图 2-59 所示，按住鼠标左键拖动，可在原有曲线的基础上继续绘制曲线，拖动鼠标至曲线起点处，松开鼠标即可绘制封闭的图形，如图 2-60 所示。

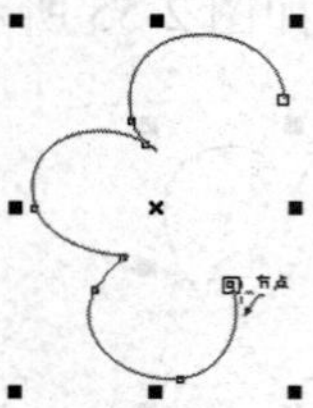

图 2-59　鼠标指针在节点上显示的状态 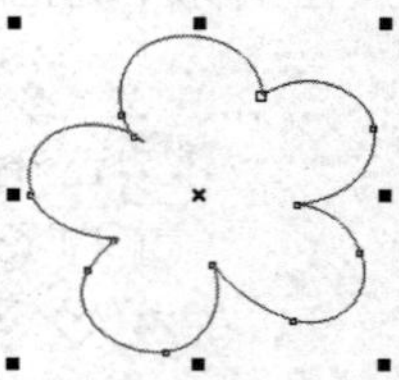　　　　图 2-60　绘制封闭的曲线图形

（3）"手绘工具"属性栏。"手绘工具"属性栏如图 2-61 所示，其中各选项功能如下。

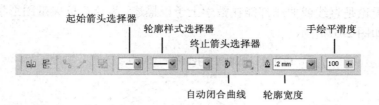

图 2-61 "手绘工具"属性栏

"起始箭头选择器" ：单击右边的小箭头可弹出"起始箭头"列表，如图 2-62 所示，用于设置当前线段起始箭头的形状。

"轮廓样式选择器" ：单击右边的小箭头可弹出"轮廓样式"列表，如图 2-63 所示，用于选择各种轮廓样式以满足不同的需要。

"终止箭头选择器" ：单击右边的小箭头可弹出"终止箭头"列表，如图 2-64 所示，用于设置当前线段终止箭头的形状。

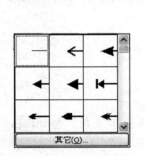
图 2-62 "起始箭头"列表

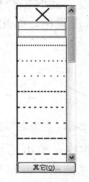
图 2-63 "轮廓样式"列表

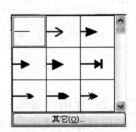
图 2-64 "终止箭头"列表

"自动闭合曲线"：单击该按钮，可使开放式曲线的首尾两节点连接起来，形成一个封闭的图形。

"轮廓宽度" ：用于控制轮廓线的粗细，单击右边的小箭头，可弹出"轮廓宽度"列表，如图 2-65 所示。

"手绘平滑度" ：用于控制手绘线条的平滑度，数值范围在 0 与 100 之间，数值越小，平滑度越低，手绘的线条节点就越多；反之节点就越少，曲线也更为平滑。手绘平滑度对比效果如图 2-66 所示。

图 2-65 "轮廓宽度"列表　　　　　　　图 2-66 手绘平滑度效果对比

2. 贝塞尔工具

"贝塞尔曲线"又称为"贝兹曲线"，是由法国数学家 Pierre Bézier 发现的，它的主要意义在于无论是直线或曲线都能在数学上予以描述,为计算机矢量图形学奠定了基础。贝塞尔曲线如图2-67所示。

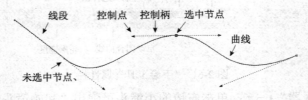

图 2-67　贝塞尔曲线

CorelDRAW中的"贝塞尔工具"与"手绘工具"相似,也可以绘制直线和曲线,不同的是使用"贝塞尔工具"绘制出的曲线由节点连接而成,每个节点都有控制柄。

(1) 使用"贝塞尔工具"绘制直线段和连续折线。单击工具箱中的"贝塞尔工具"按钮,在绘图区单击,确定线段的起始点位置,再将鼠标移至下一个节点位置后单击,在两点之间会自动生成一条直线,此时按空格键退出绘制状态,即可完成直线段的绘制。若继续移至下一节点,再单击鼠标,如此反复,可绘制连续的折线,如图2-68所示。

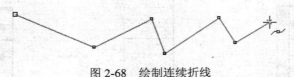

图 2-68　绘制连续折线

(2) 使用"贝塞尔工具"绘制曲线。单击工具箱中的"贝塞尔工具"按钮,将鼠标移到绘图区中,按住鼠标左键并拖动,即可确定曲线的第一个节点,此时该节点两边会出现一条和鼠标方向一致的蓝色虚线控制柄(曲线的方向线),控制柄的两端有两个控制点,这时拖动鼠标,控制柄的方向和长度也会随之改变;将鼠标移至下一个节点位置再单击并拖动鼠标,在两个节点之间便产生了一条曲线,同时这个节点的两端也出现了控制柄和控制点;继续将鼠标移至下一节点再单击并拖动鼠标,产生新的曲线和控制柄。如此反复,可绘制出富有变化的曲线线段,此时按空格键退出绘制状态,如图2-69所示。

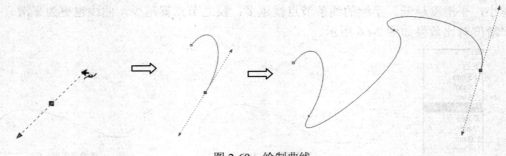

图 2-69　绘制曲线

(3) "贝塞尔工具"属性栏。"贝塞尔工具"属性栏与"形状工具"属性栏类似,在这里不详细叙述,具体内容可参见"2.2.3　编辑曲线对象"。

3. 艺术笔工具

CorelDRAW 的"艺术笔工具"包含了一些基于矢量图形的笔刷、笔触，是一类具有固定或可变宽度及形状的特殊的画笔工具，它可模仿真实的画笔，创建具有特殊艺术效果的线段或图案。

"艺术笔工具"为用户提供了"预设"、"笔刷"、"喷罐"、"书法"、"压力"五种艺术笔笔触模式，单击工具箱中的"艺术笔工具"按钮（或按快捷键I），便在"艺术笔工具"属性栏中显示以上五种模式按钮，如图 2-70 所示。单击任一艺术笔笔触模式，鼠标光标成为形状，此时直接在绘图区单击并拖动鼠标，即可绘制出相应的艺术笔效果。

图 2-70 "艺术笔工具"属性栏

（1）预设模式。单击"艺术笔工具"属性栏上的"预设"按钮，将显示"艺术笔预设"属性栏，如图 2-71 所示，其中各选项功能如下。

图 2-71 "艺术笔预设"属性栏

"手绘平滑"：用于决定绘制线条的平滑程度。数值在 0 与 100 之间，平滑度数值越高，所绘线条越平滑，如图 2-72 所示分别是平滑度为 0 和 100 的效果。

图 2-72 平滑度为 0（左）和 100（右）的效果

"艺术笔工具宽度"：用于设置笔触的宽度。数值在 0.762mm 与 254mm 之间，如图 2-73 所示分别是笔触宽度为 10mm 和 20mm 的效果。

"预设笔触"：CorelDRAW 为用户提供了 23 种不同的笔触样式，如图 2-74 所示。

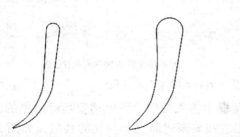

图 2-73 笔触宽度为 10mm（左）和 25mm（右）的效果

图 2-74 "预设笔触"列表

（2）笔刷模式。"笔刷"在CorelDRAW的以前版本中叫做"画笔"，单击"艺术笔工具"属性栏中的"笔刷"按钮，将显示"艺术笔笔刷"属性栏，如图2-75所示，其中各选项功能如下。

图2-75 "艺术笔笔刷"属性栏

"浏览"：用于打开系统文件夹中的笔刷文件。

"笔触"：CorelDRAW为用户提供了多种风格的笔刷样式，如图2-76所示，选择不同的笔触类型，可以绘制出不同的笔刷效果，如图2-77所示。

图2-76 "笔触"列表　　　　　　　　图2-77 笔刷效果

"保存艺术笔触"：用于保存笔刷文件，笔刷文件格式为.cmx。用户可以将任意矢量图形保存为笔刷格式，显示于"笔触"列表以备调用，如图2-78所示。

图2-78 自定义笔触

对于用户自定义的笔触图案，可以单击"艺术笔笔刷"属性栏中的"删除"按钮将其删除。

（3）喷罐模式。喷罐模式用于在线条上喷涂一系列图形对象。单击"艺术笔工具"属性栏上的"喷罐"按钮，显示"艺术笔对象喷涂"属性栏，如图2-79所示，其中各选项功能如下。

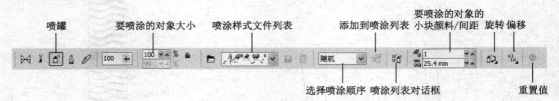

图2-79 "艺术笔对象喷涂"属性栏

"要喷涂的对象大小"：在顶框中输入数值，可以调整喷涂对象的大小；在底框中输入数值，可以调整当喷涂对象沿着线条渐进时大小变化的数值，如图2-80所示。

图 2-80 喷涂对象大小的设置效果

"喷涂样式"：用于选择系统提供的喷涂样式，如图 2-81 所示。

"选择喷涂顺序"：CorelDRAW 系统提供了"顺序"、"随机"和"按方向"三种不同的喷涂顺序供用户选择，效果如图 2-82 所示。

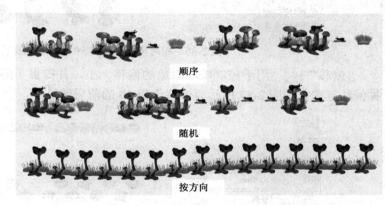

图 2-81 "喷涂样式"列表　　　　图 2-82 顺序、随机、按方向的喷涂效果

"添加到喷涂列表"：该按钮与"保存为艺术笔触"的原理相同，都是将任意矢量图形保存为笔刷文件，格式为.cmx。

"喷涂列表对话框"：该按钮可打开"创建播放列表"对话框，用于对当前喷涂的图形进行添加和删除等编辑操作，如图 2-83 所示。

"要喷涂对象的小块颜料/间距"：用于控制当前喷涂对象的密度大小和分布距离。上方数值越大，喷涂对象密度越大，反之密度越小，如图 2-84 所示为密度值取 1 和 3 时的喷涂效果；下方数值越大，喷涂对象分布的间距越大，反之分布间距越小，如图 2-85 所示为分布距离值取 15 和 30 时的喷涂效果。

图 2-83 "创建播放列表"对话框

　　图 2-84　密度值为 1（上）和　　　　　图 2-85　分布距离值为 15（上）和
　　　　　3（下）时的喷涂效果　　　　　　　　　　　30（下）的喷涂效果

　　"旋转" ：用于使喷涂对象按一定角度进行旋转，"相对于路径"是以当前喷涂对象的曲线路径为基准进行旋转，"相对于页面"是以当前页面为基准进行旋转。如图 2-86 所示为相对于路径旋转 90°的前后效果。

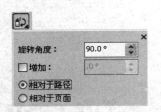

图 2-86　相对于路径旋转 90°的前后效果

　　"偏移" ：用于控制喷涂对象的偏移大小，并提供了随机、替换、左部和右部四种偏移方式。如图 2-87 所示为偏移值为 10 的前后效果。

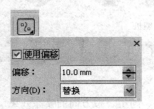

图 2-87　偏移值为 10 的前后效果

　　"重置值" ：用于取消当前执行的旋转和偏移命令。
　　（4）书法模式。书法模式可以绘制出类似书法笔的效果。单击属性栏中的"书法"按钮，出现"艺术笔书法"属性栏，如图 2-88 所示。在属性栏中可设置笔触的宽度、书法角度等。

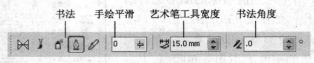

图 2-88　"艺术笔书法"属性栏

　　"手绘平滑" ：用于使绘制的线条平滑，如图 2-89 所示为手绘平滑值设置为 0 和 100 的对比效果。
　　"书法角度" ：用于设置笔触的倾斜角度，如图 2-90 所示为书法角度设置为 0 和 90 的对比效果。

　　图2-89　手绘平滑值设置为0（左）和　　　　图2-90　书法角度设置为0（左）和
　　　　　100（右）的对比效果　　　　　　　　　　　　90（右）的对比效果

　　（5）压力模式。压力模式主要用于通过压力感应笔或键盘来改变线条的粗细。单击"压力"按钮 ，"艺术笔压力"属性栏如图2-91所示，其中各选项功能如前所述。

图2-91　"艺术笔压力"属性栏

4. 钢笔工具

　　在CorelDRAW中也可以利用"钢笔工具"绘制直线和曲线，在很多地方，它和"贝塞尔工具"的作用是相同的，但绘制方法有些区别。

　　（1）使用"钢笔工具"绘制直线和连续折线。在工具箱中单击"钢笔工具"按钮 ，将鼠标移到绘图区中单击，确定直线的起点，再将鼠标移到直线的结束点后双击鼠标，也可在单击直线的结束点后按Esc键或空格键结束该直线的绘制。

　　在绘制直线的基础上依次单击即可绘制连续折线，在绘制折线的最后一个点处双击鼠标，或单击最后一个点后按键盘上的Esc键或空格键，即可完成该折线的绘制。绘制的折线如图2-92所示。

　　（2）利用"钢笔工具"绘制曲线。使用"钢笔工具"绘制曲线的方法与"贝塞尔工具"相似，不同的是在曲线最后一个节点处可以双击鼠标或按Esc键完成曲线的绘制。绘制效果如图2-93所示。

　　图2-92　使用"钢笔工具"绘制的折线　　　　图2-93　使用"钢笔工具"绘制的曲线

　　（3）"钢笔工具"属性栏。"钢笔工具"属性栏如图2-94所示，其部分内容与"手绘工具"属性栏相同。属性栏右侧的两按钮功能如下。

　　"预览模式" ：激活预览模式，可在当前起始节点和终止节点之间产生一条蓝色的引导线，这样可以使绘制更加直观，如图2-95所示。

　　"自动添加/删除" ：激活此按钮，可以在使用"钢笔工具"绘制曲线的过程中自动添加节点和删除已绘制的节点。

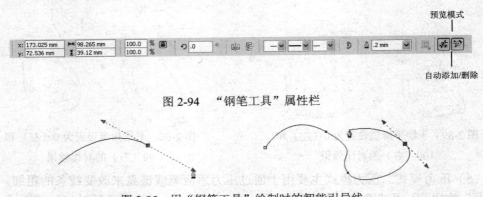

图 2-94　"钢笔工具"属性栏

图 2-95　用"钢笔工具"绘制时的智能引导线

▶ 5. 折线工具

使用"折线工具"也可以方便地绘制折线和曲线。

在工具箱中单击"折线工具"按钮 ，在绘图区中单击鼠标作为折线的起点，依次在折线的各转折处单击，并在折线的最后一个点处双击鼠标，即可完成折线的绘制，如图 2-96 所示。

使用"折线工具" ，拖动鼠标可以绘制连续曲线，双击结束曲线绘制，如图 2-97 所示。

图 2-96　使用"折线工具"绘制折线　　　　图 2-97　使用"折线工具"绘制曲线

▶ 6. 3 点曲线工具

使用"3 点曲线工具"可以通过 3 个点很方便地绘制出弧形曲线。

单击工具箱中的"3 点曲线工具"按钮 ，在绘图区曲线的起点处按下鼠标左键，拖动鼠标至曲线的结束点位置，然后松开鼠标，向曲线的一侧移动鼠标，达到所需要的弧度后再单击鼠标，即可完成圆弧的绘制，效果如图 2-98 所示。

图 2-98　使用"3 点曲线工具"绘制曲线

▶ 7. 交互式连线工具

"交互式连线工具" 可用于进行各种流程图的绘制工作，可以在两个对象之间创建连接线。该工具主要用来绘制流程图和组织图。

（1）"交互式连线工具"属性栏。"交互式连线工具"属性栏如图 2-99 所示，其中各选项功能如下。

图 2-99 "交互式连线工具"属性栏

"成角连接器" ：将对象以折线的方式连接。
"直线连接器" ：将对象以直线的方式连接。
"轮廓样式"：用于设置连线轮廓的宽度和样式。
（2）使用"交互式连线工具"。使用"交互式连线工具"的步骤如下。
步骤 1：在工具箱中单击"交互式连线"工具，并在其属性栏中单击"成角连接器"按钮。
步骤 2：在连接对象的中点处单击鼠标，作为连线的起点，拖动鼠标到目标位置的中点，即可绘制出一条折线的连接线，效果如图 2-100 所示。

绘制连线后，移动被连接的对象，则连线会随之变化，说明连接线与对象之间是有关联的，如图 2-101 所示。

图 2-100 使用"交互式连线工具"绘制连接线　　图 2-101 移动被连接对象的效果

▶ 8. 度量工具

在 CorelDRAW 中利用"度量工具"可以对图形进行垂直距离、水平距离和倾斜角度的测量，并会自动显示测量的结果。

（1）"度量工具"属性栏。"度量工具"属性栏如图 2-102 所示，其中各选项功能如下。

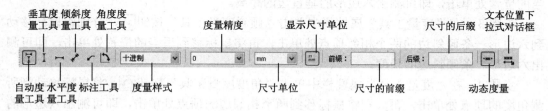

图 2-102 "度量工具"属性栏

"自动度量工具"：用于标注对象的水平距离和垂直距离。
"垂直度量工具"：用于标注对象的垂直距离。
"水平度量工具"：用于标注对象的水平距离。
"倾斜度量工具"：用于标注对象的倾斜距离。
"标注工具"：用于对当前图形进行引线文本标注。
"角度度量工具"：用于测量所定位的角度值。

"度量样式"：包含十进制、小数、美国工程、美国建筑学四种度量样式。度量样式对标注工具和角度度量工具不起作用。

"度量精度"：用于设置度量数值的精确度。

"尺寸单位"：用于设置标注的尺寸单位，包括英寸、米、毫米、千米、点、厘米等。

"显示尺寸单位"：用于显示或隐藏当前的尺寸单位。

"尺寸的前缀/后缀"：用于设置所标注尺寸的前缀/后缀文字。

"动态度量"：激活该按钮可标注尺寸，标注的尺寸会根据图形的改变而改变，在不激活该按钮的情况下，当前图形任意变化时，标注的尺寸还是原来的尺寸。建议在标注时激活该按钮。

"文本位置"：提供几种文本在标注时的显示位置，如图 2-103 所示。

（2）使用"度量工具"。利用"度量工具"对六边形进行如图 2-104 所示的各尺寸标注，操作步骤如下。

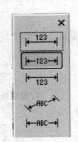

图 2-103 文本显示位置

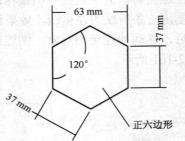

图 2-104 使用"度量工具"进行标注

步骤 1：在工具箱中单击"度量工具"按钮，并在"度量工具"属性栏中单击"水平度量工具"按钮，将鼠标移到六边形左上角顶点处单击，移动鼠标到六边形右上角顶点处单击，再将鼠标往上移动到适当的位置处单击，即可度量出六边形两顶点间的水平距离。

步骤 2：在"度量工具"属性栏中单击"垂直度量工具"按钮，将鼠标移动到六边形右下角顶点处单击，将鼠标移到六边形的右上角顶点处单击，再将鼠标往右移到适当的位置处单击，即可测出六边形的垂直边的距离。

步骤 3：在"度量工具"属性栏中单击"倾斜度量工具"按钮，分别将鼠标移动到六边形一条倾斜边的两个相邻顶点处单击，再将鼠标移到适当的位置处单击，即可测出六边形一条倾斜边的长度。

步骤 4：在"度量工具"属性栏中单击"角度度量工具"按钮，将鼠标移动到所测角度的顶点处单击，再分别将鼠标移到两个相邻边的顶点处单击，即可测出六边形的内角角度。

步骤 5：在"度量工具"属性栏中单击"标注工具"按钮，移动鼠标至标注引线的起点位置单击，并将鼠标移动到标注引线的终点处双击，则自动进入文本输入状态，输入"正六边形"文本，完成引线标注。

9. 智能绘图

"智能绘图工具"能对随意绘制的曲线进行识别和优化，自动将涂鸦的线条组织成圆形、矩形、箭头、菱形和梯形等形状最接近的矢量图形。

（1）"智能绘图工具"属性栏。"智能绘图工具"属性栏如图 2-105 所示，其中各选项功能如下。

图 2-105 "智能绘图工具"属性栏

"形状识别等级"：该下拉列表中含有"无、最低、低、中、高、最高"六项识别等级，识别等级越高，对象质量越高。

"智能平滑等级"：该下拉列表中含有"无、最低、低、中、高、最高"六项平滑等级，智能平滑等级越高，对象质量越高。

（2）使用"智能绘图工具"。"智能绘图工具"的使用方法如下。

单击工具箱中的"智能绘图工具"按钮，或按 Shift+S 组合键，当鼠标光标变为形状时直接在绘图区拖动鼠标绘制草图。绘制完成后，CorelDRAW 系统会自动将当前草图转换为边缘平滑的矢量图形，如图 2-106 所示。

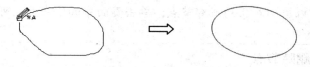

图 2-106 使用"智能绘图工具"绘图

技巧与提示

绘制过程中按住 Shift 键拖动鼠标，可擦除已绘制的草图。

2.2.3 编辑曲线对象

通常情况下绘制曲线并不能一次成型，需要对曲线进行精确调整才能达到所需效果。使用"形状工具"可直接对曲线的节点进行添加和删除、更改节点属性、闭合和断开等各项编辑操作，从而调整曲线形状。但对于矩形、椭圆、多边形等几何图形对象的形状调整，应该先执行"排列"菜单下的"转换为曲线"命令（或按 Ctrl+Q 组合键，或单击属性栏中的"转换为曲线"按钮），将几何图形对象转换成曲线对象。转曲后的几何图形对象已不具有其原来的属性，而变成了普通的曲线对象。

1. 节点的选择和移动

在 CorelDRAW 中的曲线是由节点和线段组成的，选择节点是对象造型的前提。节点的选取和移动的操作步骤如下。

步骤 1：单击工具箱中的"形状工具"按钮（或按快捷键 F10），单击曲线对象，对象的节点编辑状态如图 2-107 所示。使用"挑选工具"在曲线对象上双击鼠标也可以快速切换到"形状工具"的编辑状态。

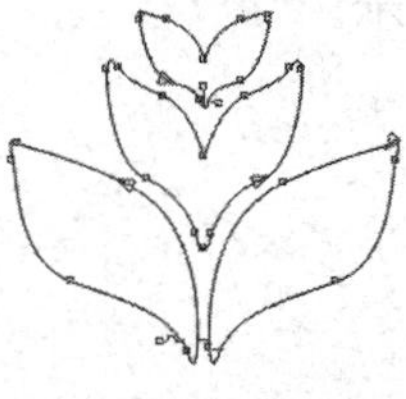

步骤 2：选取节点时，可以进行单击、框选、按住 Shift 键加选等操作，如图 2-108 所示为框选节点效果，所选的节点呈实心显示。

图 2-107 对象的节点编辑状态

步骤3：在节点被选取的状态下，直接拖动鼠标，即可对节点进行自由移动操作，如图2-109所示为移动节点后的效果。

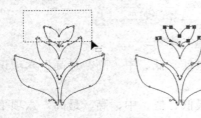
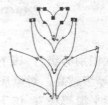

图2-108　框选节点效果　　　　　　　　　图2-109　移动节点后的效果

技巧与提示

在CorelDRAW中，曲线对象的起始节点和终止节点以 ▷ 显示，单击"形状工具"按钮，使对象进入节点编辑状态，按住Home键，可以直接选取对象的起始节点，按住End键，可以直接选取对象的最后一个节点；按住Shift+Ctrl组合键，单击对象上的任何一个节点，可以选中对象的所有节点；单击页面中的空白处，可以取消对对象中所有节点的选取。

2. 添加和删除节点

在CorelDRAW中可以随意添加节点和删除节点。单击工具箱中的"形状工具"按钮 （或按快捷键F10），选取对象节点后打开"形状工具"属性栏，如图2-110所示。

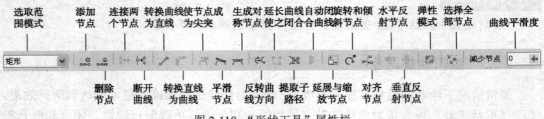

图2-110　"形状工具"属性栏

（1）添加节点。

步骤1：使用"椭圆形工具" 在绘图区绘制一个椭圆形，按Ctrl+Q组合键将椭圆形转换为曲线对象。

步骤2：单击工具箱中的"形状工具"按钮 （或按快捷键F10），将鼠标移到曲线上需要添加节点的位置单击，此时该曲线被单击的地方出现一个 ▲ 形状，表示需要添加节点的位置，然后单击属性栏中的"添加节点"按钮 ，即可完成节点的添加，如图2-111所示。

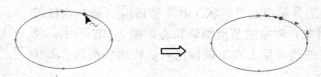

图2-111　添加节点

（2）删除节点。单击工具箱中的"形状工具"按钮 （或按快捷键F10），选择要删除的节点，然后单击属性栏中的"删除节点"按钮，即可将选中的节点删除，效果如图 2-112 所示。

图 2-112　删除节点

> **技巧与提示**
>
> 　　使用"形状工具"按钮直接在曲线轮廓上双击鼠标，可以添加新的节点；直接在节点上双击，可以删除该节点。

3. 直线与曲线的转换

（1）将曲线转换为直线。使用"转换曲线为直线"功能，可以将曲线转换为直线，其具体的操作步骤如下。

步骤 1：使用"形状工具"按钮（或按快捷键 F10）单击曲线对象。

步骤 2：单击鼠标以选取曲线的某一节点，再单击"形状工具"属性栏中的"转换曲线为直线"按钮，即可将该节点前一段曲线转换为直线，如图 2-113 所示。

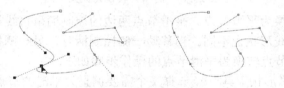

图 2-113　将曲线转换为直线

（2）将直线转换为曲线。使用"转换直线为曲线"功能，可以将直线转换为曲线，其具体的操作步骤如下。

步骤 1：使用"形状工具"按钮（或按快捷键 F10）单击曲线对象。

步骤 2：单击鼠标以选取直线段的某一节点，单击"形状工具"属性栏中的"转换直线为曲线"按钮，即可使该节点的前一线段上产生控制柄，用鼠标拖动控制柄可改变曲线的形状，如图 2-114 所示。

图 2-114　将直线转换为曲线

> **技巧与提示**
>
> 　　"形状工具"属性栏中的"反转曲线方向"按钮用于反转选定子路径的曲线方向，从而控制选定节点前段或后段的曲线和直线的转换。

▶ 4. 更改节点的属性

CorelDRAW 中的曲线节点分为三种类型,即尖突节点、平滑节点和对称节点。不同的节点可以在不同程度上影响曲线对象的形状,根据要求选择或转换节点的类型,有利于更好地调整曲线形状。

(1) 将节点转换为尖突节点。尖突节点两端的控制柄为相对独立的状态,当移动其中一侧控制柄时,另一侧控制柄的长度和方向均不受影响。将节点转换为尖突节点的操作步骤如下。

步骤1:使用"形状工具"选择某个需要调整为尖突的节点。

步骤2:单击属性栏中的"使节点成为尖突"按钮,该节点类型即转换为尖突节点,用鼠标拖动尖突节点任意一侧的控制柄时,节点一边曲线被调整,另一边曲线不受影响,如图 2-115 所示。

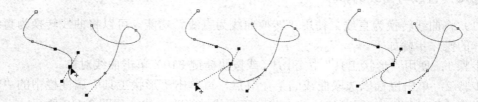

图 2-115 将节点转换为尖突节点

(2) 将节点转换为平滑节点。平滑节点两边的控制柄呈直线显示,但控制柄长度不同,节点两边的曲线形状也不同。当移动一侧控制柄时,另一侧控制柄也一起移动,从而使曲线平滑。将节点转换为平滑节点的操作步骤如下。

步骤1:使用"形状工具"选择某个需要调整为平滑的节点。

步骤2:单击属性栏中的"平滑节点"按钮,该节点类型即转换为平滑节点,用鼠标拖动平滑节点的一侧控制柄时,节点另一侧控制柄长度不变,但方向改变,如图 2-116 所示。

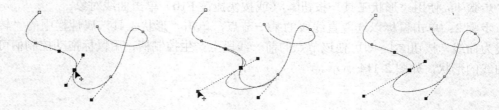

图 2-116 将节点转换为平滑节点

(3) 将节点转换为对称节点。对称节点是在平滑节点的基础上,使节点两边的控制柄长度相等,从而使平滑节点两边曲线的的曲率也相等。将节点转换为对称节点的操作步骤如下。

步骤1:使用"形状工具"选择某个需要调整为对称的节点。

步骤2:单击属性栏中的"生成对称节点"按钮,该节点类型即转换为对称节点,用鼠标拖动对称节点一侧控制柄时,节点另一侧控制柄的长度和方向一起变化,如图 2-117 所示。

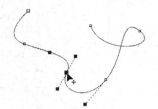 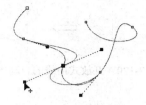 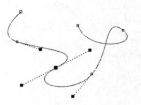

图 2-117 将节点转换为对称节点

▶ 5．断开和闭合曲线

（1）断开曲线。通过"断开曲线"功能，可以将曲线上的一个节点在原来的位置分离为两个节点，从而使闭合的曲线转为开放式曲线。断开曲线的操作步骤如下。

步骤 1：单击工具箱中的"形状工具"按钮 （或按快捷键 F10），选择曲线中需要断开的节点。

步骤 2：单击属性栏中的"断开节点"按钮，移动其中一个节点，可看到原闭合曲线已被断开，效果如图 2-118 所示。

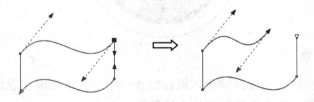

图 2-118 断开曲线效果

（2）闭合曲线。通过"连接两个节点"功能，可以将同一个对象上断开的两个相邻节点闭合成一个节点，从而使不封闭图形成为封闭图形。闭合曲线的操作步骤如下。

步骤 1：单击工具箱中的"形状工具"按钮，按住 Shift 键的同时选择断开的两个相邻节点。

步骤 2：单击属性栏中的"连接两个节点"按钮即可闭合曲线，如图 2-119 所示。

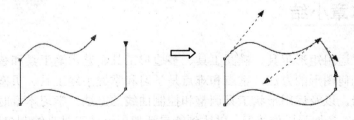

图 2-119 闭合曲线

▶ 6．自动闭合曲线

"自动闭合曲线"功能可使开放式曲线的起始节点和终止结点自动闭合，形成闭合曲线。操作步骤如下。

步骤 1：使用"形状工具"选择开放式曲线。

步骤 2：单击属性栏中的"自动闭合曲线"按钮即可闭合曲线，如图 2-120 所示。

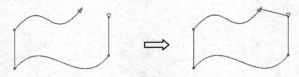

图 2-120　开放式曲线的自动闭合

2.3　项目实训

节水标志设计

▶1．任务背景

结合我国水资源缺乏的实际背景，设计制作一个节约水资源主题的标志，倡导人人参与保护和节约水源，从身边做起，从点滴做起。

▶2．任务要求

标志应能简洁明了地突出节水的主题，造型清晰耐看，能引起人们对水资源缺乏这一问题的关注，提高人们节约和保护水资源的意识。标志图形以基本形状工具、贝塞尔工具结合图形转曲工具等进行绘制。

2.4　本章小结

本章介绍了运用矩形工具、椭圆工具、多边形工具、艺术笔工具和智能绘图工具等基本工具绘制几何图形的方法，重点和难点是学习和掌握手绘工具、贝塞尔工具等曲线绘制工具的使用，以及运用形状工具调整和控制曲线的方法。学习本章时要注意知识要点与案例的结合，多加强操作练习，以达到能灵活使用这些工具来绘制出所需要的图形，提高绘图效率的目标。

2.5　技能考核知识题

1．下列（　　）不是 CorelDRAW 中的曲线节点。
　A．尖突节点　　　　　B．不对称平滑节点　　　　C．对称平滑节点　　　　D．角点

2. 在 CorelDRAW 中将曲线节点转换成为平滑节点的快捷键是（　　）。
A. Alt+D　　　　　B. Alt+C　　　　　C. S　　　　　D. C

3. 在 CorelDRAW 中将曲线节点转换成为尖突节点的快捷键是（　　）。
A. Alt+D　　　　　B. Alt+C　　　　　C. S　　　　　D. C

4. 绘制一个正圆形或正方形时，需要按住（　　）快捷键。
A. Shift　　　　　B. Alt　　　　　C. Ctrl　　　　　D. Esc

5. 在 CorelDRAW 中使用椭圆工具时，如果按住 Shift＋Ctrl 组合键，那么将可以绘制出（　　）。
A. 以起始点为圆心的椭圆形　　　　　B. 以工作区中心为圆心的椭圆形
C. 以起始点为圆心的圆形　　　　　　D. 以工作区中心为圆心的圆形

6. 按住（　　）键不放，用形状工具依次单击需要选取的节点即可同时选中多个节点。
A. Shift　　　　　B. Ctrl　　　　　C. Alt　　　　　D. Tab

7. 使用形状工具时要增加或删除对象上的节点，只需（　　）鼠标。
A. 单击　　　　　B. 双击　　　　　C. 右击　　　　　D. 右双击

8. 双击工具栏中的矩形工具，可实现（　　）。
A. 绘制出一个跟页面等大的矩形　　　B. 绘制出一个正方形
C. 绘制出一个无边框的矩形　　　　　D. 弹出"矩形"属性设置对话框

9. 使用 CorelDRAW 的复杂星形工具绘制星形，其边数最多可设置为（　　），最少可设置为（　　）。
A. 500、5　　　　B. 600、10　　　　C. 700、15　　　　D. 800、20

10. 图纸工具可绘制的最大网格数为（　　）。
A. 30×30　　　　B. 50×50　　　　C. 99×99　　　　D. 999×999

11. 若想使用形状工具随意调整选定对象的外轮廓，必须先（　　）。
A. 为对象填充颜色　　　　　　　　　B. 去除对象的外轮廓
C. 去除对象的填充色　　　　　　　　D. 将对象转换为曲线

12. CorelDRAW 中，用节点工具在直线段中间单击并拖动，线段会（　　）。
A. 随鼠标的位置变为弧线　　　　　　B. 无任何反应
C. 两端的节点距离不变，线段随鼠标移动　D. 两端节点随鼠标移动而发产生变化

13. 使用贝塞尔工具绘制图形时，如果想将当前节点绘制成尖突节点，则需要（　　）。
A. 双击当前节点，然后继续绘制曲线
B. 切换到形状工具，改变节点的属性后继续用贝塞尔工具绘制
C. 右键单击节点后继续绘制
D. 直接单击下一个节点

14. 关于矩形、椭圆形及圆角矩形工具的使用，下列叙述正确的是（　　）。
A. 在绘制矩形时，起始点为右下角，鼠标只需向左上角拖动到适当位置松开鼠标，便可绘制一个矩形
B. 如果以鼠标单击的起始位置为中心绘制矩形、椭圆形及圆角矩形，使用工具的同时按【Ctrl】键就可实现
C. 如果希望生成圆角矩形，可用"形状工具"往内拖动矩形边角的点，产生圆角矩形
D. 如果欲调整图形的中心点，首先确定图形处于选择状态，然后再利用"形状工具"移动选择对象的中心圆点，由此调整圆心的位置

15. 下列关于开放路径对象与闭合路径对象的说法中，正确的是（   ）。
    A. 开放路径的两个端点是不相交的
    B. 两个端点相连构成连续路径的对象称为封闭路径对象
    C. 开放路径对象既可能是直线，也可能是曲线
    D. 封闭路径对象是可以填充的，而开放路径对象则不能填充

第3章 图形的编辑

1. 熟悉各种选取图形对象的方法。
2. 掌握图形对象的变换、复制等操作。
3. 学会裁剪、修饰等编辑图形对象的技巧。

6 学时（理论 3 学时，实践 3 学时）

3.1 模拟案例

珠宝品牌宣传页设计

3.1.1 案例分析

1. 任务背景

品晶珠宝是一家经营钻石珠宝的珠宝首饰公司，主要经营两种风格的产品，第一种为夸张、个性、时尚款首饰，主要材质为纯银镀彩金搭配彩色宝石。第二种低调奢华，有贵族气质，材质为玫瑰金镶钻。消费群体为 20～50 岁的时尚品味女性。为配合品牌宣传，设计制作品牌宣传页。

2. 任务要求

构图流畅动感，设计风格简约大气，背景色采用紫色和香槟色，具有梦幻般的意境，达到品牌宣传效果。

3. 任务分析

本案例的设计通过手绘工具、形状工具配合切割、裁切等工具制作图形对象，利用复制、再制及旋转、缩放等变换功能，形成大小、方向各异的形状图形，然后将图形组合，得到宣传页的设计效果。

3.1.2 制作方法

1. 设计宣传页背景效果

（1）启动 CorelDRAW 软件系统，启动 CorelDRAW 并进入欢迎界面，单击"新建空白文档"选项，生成一个纵向的 A4 大小的图形文件。

（2）选择"挑选工具"，在属性栏设置"纸张方向"为横向，并分别输入纸张宽度 236mm 和高度 126mm，页面设置完成。

（3）单击工具箱中的"矩形工具"按钮，创建一个与页面大小相同的矩形。

（4）单击工具箱"填充工具"中的"渐变填充"按钮（或按快捷键 F11），在打开的"渐变填充"对话框中设置渐变类型为"射线"，设置从深蓝色（C：89、M：83、Y：51、K：71）到紫色（C：20、M：80、Y：0、K：20）的双色渐变。"渐变填充"对话框及射线渐变效果如图 3-1 所示。

图 3-1 "渐变填充"对话框及射线渐变效果

（5）单击工具箱中的"矩形工具"，在绘图区创建一个宽度为 236mm 和高度为 15mm 的矩形。

（6）单击工具箱"填充工具"中的"渐变填充"按钮（或按快捷键 F11），在打开的"渐变填充"对话框中设置渐变类型为"线性"，设置从黄色（C：2、M：21、Y：81、K：2）到棕黄色（C：52、M：65、Y：91、K：7）的渐变。"渐变填充"对话框及线性渐变效果如图 3-2 所示。

2. 绘制主题图形及编辑处理

（1）绘制花样饰物。

步骤 1：单击工具箱中的"贝塞尔工具"按钮，绘制如图 3-3 所示的花瓣形状，取消花瓣轮廓线。按快捷键 F11，在"渐变填充"对话框中设置渐变类型为"线性"，自定义 3 个渐变色分别为（C：25、M：31、Y：76、K：0）、（C：15、M：16、Y：55、K：0）、（C：5、M：0、Y：33、K：0），并作渐变填充。"渐变填充"对话框及线性渐变效果如图 3-4 所示。

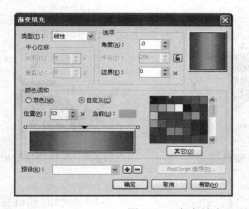

图 3-2 "渐变填充"对话框及线性渐变效果

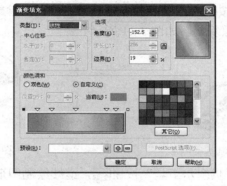

图 3-3 花瓣形状　　　　　　图 3-4 "渐变填充"对话框及线性渐变效果

步骤 2：按数字键区的"+"键复制花瓣，按住 Shift 键，拖动花瓣边角处，将再制花瓣向中心处缩小。按快捷键 F11，在打开的"渐变填充"对话框中设置渐变类型为"线性"，设置颜色为从（C：51、M：100、Y：29、K：15）到（C：35、M：95、Y：5、K：2）的渐变，效果如图 3-5 所示。

步骤 3：单击工具箱中"裁剪工具"按钮下的"橡皮擦工具"按钮 （或按快捷键 X），在属性栏中设置橡皮擦的大小及笔尖形状，在花瓣上拖动鼠标，如图 3-6 所示。

图 3-5 再制花瓣的线性渐变效果　　　　图 3-6 对花瓣进行擦除操作

步骤 4：按照以上方法，分别绘制出其他花瓣及叶子。绘制完成的花朵效果如图 3-7 所示。

步骤 5：框选花朵，按 Ctrl+G 组合键，将其群组。按 Ctrl+D 组合键，将花朵再制，单击再制的花朵，用鼠标拖动边角处的控制点，对花朵进行缩放。两次单击花朵，则进入旋转编辑状态，将鼠标移动到旋转控制箭头上，沿着控制箭头的方向拖动控制点，使花朵旋转，如图 3-8 所示。多次再制，并作相应旋转及缩放变换，得到的花样饰物效果如图 3-9 所示。

图 3-7　花朵效果　　　　　　图 3-8　旋转花朵　　　　　　图 3-9　花样饰物效果

（2）绘制圆纹基础图形。

步骤 1：单击工具箱中的"贝塞尔工具"按钮，绘制如图 3-10 所示的基础图形。

步骤 2：使用"挑选工具"选择图形对象，将鼠标指针移到对象左侧的控制柄，当其变为 ↔ 形状时，按住 Ctrl 键并向右拖动控制点，当对象右侧出现蓝色虚线框时可右击鼠标，完成水平镜像复制，如图 3-11 所示。

图 3-10　绘制基础图形　　　　　　　　　　图 3-11　水平镜像复制

步骤 3：单击"贝塞尔工具"按钮，继续绘制图形，并使用上面的方法，将图形编辑成如图 3-12 所示的效果。

步骤 4：框选图形，单击属性栏中的"焊接"按钮，将图形焊接成一个对象，如图 3-13 所示。

图 3-12　编辑图形效果　　　　　　　　　　图 3-13　焊接对象

步骤 5：取消图形轮廓线，并按快捷键 F11，在打开的"渐变填充"对话框中设置渐变类型为"线性"，自定义 3 个渐变色分别为（C：25、M：31、Y：76、K：0）、（C：15、M：16、Y：55、K：0）、（C：5、M：0、Y：33、K：0），"渐变填充"对话框及线性渐变效果如图 3-14 所示。

（3）圆纹图形变换。

步骤 1：两次单击前面所做的图形，进入旋转编辑状态。将鼠标指向旋转控制框中心的圆心标记，再将该旋转中心上移至合适位置，如图 3-15 所示。执行"排列"→"变换"→"旋转"命令（或按 Alt+F7 组合键），在"变换"泊坞窗中的"旋转"选项中将角度设置为"36"度，连续单击"应用到再制"按钮实现多次旋转再制，效果如图 3-16 所示。

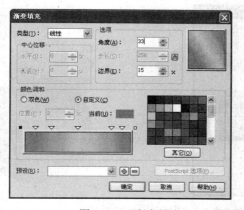

图3-14 "渐变填充"对话框及线性渐变效果

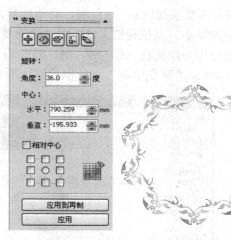

图3-15 改变旋转中心位置　　　　图3-16 "变换"泊坞窗及变换效果

步骤2：框选圆纹图形，按数字键区的+键，将其复制。再按住 Shift 键，拖动右上方的控制点，将图形从中心向外放大，如图3-17所示。

步骤3：同上方法，再做一个圆纹图形，对其实现5次复制和径向放大，如图3-18所示。

图3-17 圆纹图形　　　　　　　　图3-18 多层圆纹图形

（4）图形组合。

步骤1：单击工具箱中的"椭圆工具"按钮，绘制一个正圆形。取消该圆的轮廓线，并按快捷键F11，在"渐变填充"对话框中设置渐变类型为"线性"，自定义3个渐变色分别为（C：25、M：31、Y：76、K：0）、（C：15、M：16、Y：55、K：0）、（C：5、M：0、Y：33、K：0）。"渐变填充"对话框及线性渐变效果如图3-19所示。

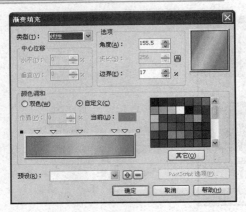 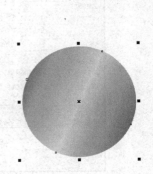

图 3-19 "渐变填充"对话框及线性渐变效果

步骤 2：按数字键区的"+"键，将该圆复制。再按住 Shift 键，拖动右上方的控制点，将圆向内缩小。按快捷键 F11，在"渐变填充"对话框中设置渐变类型为"射线"，设置渐变色分别为深蓝色（C：89、M：83、Y：51、K：71）和紫色（C：67、M：98、Y：35、K：25），"渐变填充"对话框及射线渐变效果如图 3-20 所示。

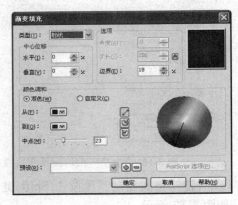 

图 3-20 "渐变填充"对话框及射线渐变效果

步骤 3：框选两个渐变圆，将其移至圆纹图形的中心，按住 Shift 键，拖动右上方的控制点，将其缩放至合适大小。按 Ctrl+D 组合键再制两个渐变圆，使用相同的方法将其移动至另一圆纹图形中心，如图 3-21 所示。

图 3-21 移动渐变圆至圆纹图形中心

步骤 4：框选大的圆纹图形，按 Ctrl+G 组合键将其群组。拖动右边的控制点，将图形水平放大，如图 3-22 所示。

步骤 5：单击工具箱中的"裁剪工具"按钮 ，拖动鼠标产生一个裁剪的矩形框，并在矩形区域内部双击鼠标，矩形区域外的图形对象被移除，如图 3-23 所示。

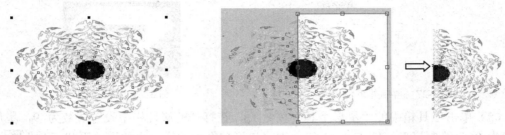

图 3-22　水平放大图形　　　　　　　图 3-23　裁剪图形

步骤 6：框选花样饰物，将其移动至另一个小圆纹图形处，并右键单击花样饰物，执行快捷菜单中的"顺序"→"置于此对象前"命令，单击圆纹图形的渐变圆，调整花样饰物与圆纹图形的前后顺序。快捷菜单及花样饰物与圆纹图形的组合效果如图 3-24 所示。

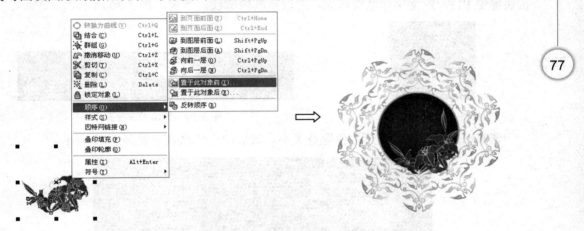

图 3-24　快捷菜单及花样饰物与圆纹图形的组合效果

3．绘制标志及输入文字

（1）单击工具箱中的"贝塞尔工具"按钮 ，绘制如图 3-25 所示的 4 个封闭图形。

（2）使用"挑选工具"选择封闭图形对象，将鼠标指针移到对象左侧的控制柄，当其变为 ↔ 形状时，按住 Ctrl 键并向右拖动控制点，当对象右侧出现蓝色虚线框时右击鼠标，完成水平镜像复制，形成钻石效果，如图 3-26 所示。

 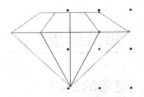

图 3-25　绘制 4 个封闭图形　　　　　图 3-26　水平镜像复制

（3）框选钻石图形，按 Ctrl+D 组合键再制，并将其缩小至合适大小，删除原钻石的 2 个封闭图形，将大小钻石组合成标志图形，如图 3-27 所示。

（4）框选钻石标志，单击调色板中的白色色标，对标志填充白色，再右键单击调色

板中的 ⊠ 色标，取消标志轮廓线，如图 3-28 所示。

图 3-27　再制并组合

图 3-28　标志效果

（5）单击工具箱中的"星形工具"按钮，在打开的属性栏中设置边数为 9，星形锐度为 96，绘制星形。按 Ctrl+Q 组合键将星形转换为曲线，再使用"形状工具"调整星形形状。对星形填充白色，并取消其轮廓线，效果如图 3-29 所示。

（6）单击工具箱中的"文字工具"按钮，单击绘图区，输入文字"品晶珠宝品味时尚经典"，单击"挑选工具"按钮确认输入。选择文本，在属性栏调整字号至合适大小。按快捷键 F11，对文字作渐变填充，并取消其轮廓线，效果如图 3-30 所示。

图 3-29　绘制星形

图 3-30　标志及文字效果

调整以上所做的各图形的位置及大小。最后的宣传页效果如图 3-31 所示。

图 3-31　宣传页效果

3.2　知识延展

3.2.1　对象的选取

编辑和处理图形对象的前提是必须先选取对象。

▶ 1．创建图形时对象的选取

默认情况下，图形在创建完成后，就会自动处于被选择状态，例如，使用"矩形工具"创建矩形后，矩形处于被选择状态。

2. 使用挑选工具直接选取

CorelDRAW 工具箱中的第一个工具就是"挑选工具"，利用该工具可直接选择页面中的图形对象。

（1）选择单个对象。单击工具箱中的"选择工具"按钮切换为挑选工具（按空格键可在当前工具与挑选工具间切换），在需要选择的对象上单击，被选择的对象周围会出现 8 个控制点，如图 3-32 所示，图形中心的"×"标记为图形的中心点。

（2）选择多个对象。在单击对象的同时，按住 Shift 键连续单击可选择多个对象，如图 3-33 所示。

图 3-32　选择单个对象　　　　　　　　图 3-33　选择多个对象

（3）框选图形对象。当需要选择的对象比较多时，使用框选对象的方法十分方便。在工具箱中单击"挑选工具"按钮，在需要选择的图形外按住鼠标左键不放并拖动，用出现的蓝色虚线框圈住需要选择的图形，然后松开鼠标，被完全框住的图形将被选择，如图 3-34 所示。如果按住 Alt 键拖动鼠标，则与选框交叉或完全框住的对象均被选中。

图 3-34　框选对象

（4）选择群组中的某个对象。当多个对象通过群组命令被组合成一个整体对象时，如果要选择整体对象中的某一个对象，可按住 Ctrl 键，单击该对象。

（5）选择重叠覆盖对象。如果要从重叠的对象中选择某一个被遮挡的对象，可以按住 Alt 键，单击被覆盖对象。或者，先选择最上层对象，然后按 Tab 键，系统将按自上而下的顺序依次选择每一层对象。按 Shift+Tab 组合键可选择当前对象上一层的对象。

3. 使用命令选择

在 CorelDRAW 中，除了使用"挑选工具"来完成图形的选取，还可通过相应的命令来选择图形，各命令如下。

"编辑"→"全选"→"对象"：选择当前页面中的所有对象，包括文本、辅助线和节点，或者按 Ctrl+A 组合键，或者双击"挑选工具"。

"编辑"→"全选"→"文本"：选择当前页面中所有的美术文本和段落文本对象。

"编辑"→"全选"→"辅助线"：选择当前页面中所有的辅助线。

"编辑"→"全选"→"节点":若使用"形状工具"选择了某个图形对象,则执行"编辑"→"全选"→"节点"命令时,可选择当前对象的所有节点,如图 3-35 所示。

图 3-35　全选节点

4．取消选取

(1)取消选择某一对象。按住 Shift 键,在已经选择的对象中单击不需要的对象,可取消该对象的被选择状态。

(2)取消选择全部对象。使用鼠标在绘图区的空白区单击左键或按 Esc 键取消全部对象的被选择状态。

3.2.2　对象的变换操作

在 CorelDRAW 中,可对已绘制的图形和文本进行位置、方向及大小等方面的变换操作,而不改变对象的基本形状及特征。

1．移动对象

在选择对象后,就可以对对象进行移动操作,移动对象的方法主要有鼠标法、方向键法和"变换"泊坞窗法。

(1)鼠标法。使用"挑选工具"选择对象,将鼠标指针移到选定对象内部,当光标呈双向箭头✥时,用鼠标左键拖动,在拖动的过程中,会有蓝色的轮廓跟着移动,到合适的位置后松开鼠标,即可完成对象的移动,如图 3-36 所示。

图 3-36　鼠标法移动对象

(2)方向键法

使用"挑选工具"选择对象,然后按键盘上的↑、↓、←、→方向键移动对象,操作如下。

每按一次方向键,图形对象默认移动的距离是 2.54mm(可在属性栏中设置,如

图 3-37（上）所示）。

按住 Ctrl 键的同时，按下键盘上的方向键，可按照"细微调"距离（微调距离/m）移动对象（m 可在"选项"对话框中设置，如图 3-37（下）所示）。

按住 Shift 键的同时，按下键盘上的方向键，可按照"精密微调"距离（微调距离的 n 倍数）移对对象（n 可在"选项"对话框中设置，如图 3-37（下）所示）。

微调距离可以在"挑选工具"下的属性栏中设置修改，也可以双击标尺，在打开的"选项"对话框的"标尺"页中设置移动的距离，如图 3-37（下）所示。

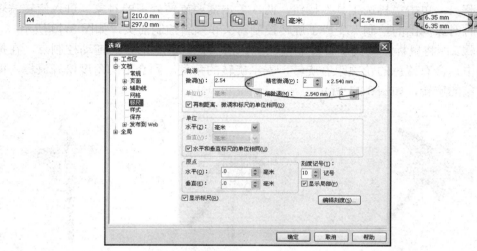

图 3-37　属性栏和"选项"对话框

（3）"变换"泊坞窗法。如果需要精确地移动图形对象，可通过以下的操作步骤来完成。

步骤 1：使用"挑选工具"选中对象，然后执行"排列"→"变换"→"位置"命令（或按 Alt+F7 组合键），打开"变换"泊坞窗，此时泊坞窗显示为"位置"选项，如图 3-38 所示。

步骤 2：在"水平"和"垂直"数值框中，输入将对象移动后的目标位置参数，并选择对象移动的相对位置，单击"应用到再制"按钮，可保留原来的对象不变，将设置应用到复制的对象上，如图 3-39 所示。

图 3-38　"变换"泊坞窗的"位置"选项　　　　图 3-39　应用到再制

> **技巧与提示**
>
> "移动"选项中的"相对位置",是指将对象或者对象副本,以原对象的锚点作为相对的原点,沿某一方向移动到相对于原位置指定距离的新位置上。

2. 旋转对象

(1) 鼠标法。

步骤 1:单击"挑选工具"按钮,两次单击需要旋转处理的对象,进入旋转编辑状态,同时对象周围的控制点变成了旋转控制箭头和倾斜控制箭头,如图 3-40 所示。

步骤 2:将鼠标移动到旋转控制箭头上,沿着控制箭头的方向拖动控制点,在拖动的过程中,会有蓝色的轮廓跟着旋转,表示旋转的角度,到合适的角度松开鼠标,即可完成对象的旋转,如图 3-41 所示。

图 3-40 旋转编辑状态

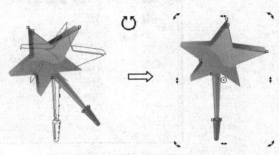

图 3-41 拖动旋转对象

旋转控制框中心的圆心为旋转的基点,移动圆心可以改变旋转的中心,如图 3-42 所示。

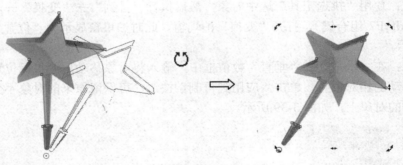

图 3-42 调整旋转中心的旋转

(2) 属性栏法。使用"挑选工具"选择对象,在属性栏中输入旋转角度,使图形对象以当前旋转基点(旋转泊坞窗旋转基点)转动一定的角度,属性栏设置如图 3-43 所示。

图 3-43 属性栏设置

(3) "变换"泊坞窗法。除了使用手动方式旋转对象外,还可通过"变换"泊坞窗,按指定的角度精确旋转对象。

步骤1：选取需要旋转的对象，单击"变换"泊坞窗中的"旋转"按钮 ⟳（或按 Alt+F8 组合键），将泊坞窗切换到"旋转"选项，如图 3-44 所示。

步骤2：对象自身的中心点即为默认的旋转基点，勾选相应的复选框设置旋转中心点，输入旋转角度，然后单击"应用"按钮，即可按所设置的参数完成对象的旋转操作，如图 3-45 所示。

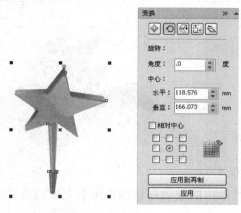
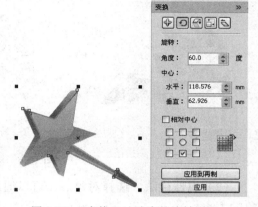

图 3-44　"变换"泊坞窗的"旋转"选项　　　　图 3-45　"变换"泊坞窗的旋转设置

选取需要旋转的对象，设置好旋转的角度和中心点的位置后，重复单击"应用到再制"按钮，可以在保留原对象的基础上，将设置应用到再制的对象上，如图 3-46 所示。

3. 缩放和镜像对象

（1）鼠标法。缩放对象：使用"挑选工具"选择对象，然后将鼠标移至控制框右上方的控制点，鼠标形状变成双向箭头形状，向箭头的右上方拖动鼠标，在拖动的过程中，会有蓝色的轮廓跟着移动，到合适的大小松开鼠标，即可完成对象的成比例放大；向箭头的左下方拖动鼠标，即可完成对象的成比例缩小，如图 3-47 所示。

图 3-46　旋转再制　　　　　　　　　图 3-47　鼠标法缩放对象

拖动控制点缩放对象时，按住 Shift 键，则以对象中心为对称轴进行对称缩放；按住 Ctrl 键，可以以原始大小的倍数缩放对象。

镜像对象：使用"挑选工具"选择对象，将鼠标指针移到对象左侧的控制柄，当其变为 ↔ 形状时，按住 Ctrl 键并向右拖动控制点，当对象右侧出现蓝色虚线框时释放鼠标，完成镜像变换，如图 3-48 所示。采用相似的方法还可进行垂直、对角方向的镜像。

> **技巧与提示**
>
> 如果不按住 Ctrl 键直接拖动控制点，可实现缩放镜像的效果。如果出现蓝色虚线框时右击鼠标，可实现镜像复制。

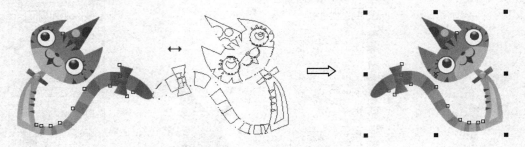

图 3-48　鼠标法镜像对象

（2）属性栏法。选择对象后，可以通过属性栏中的设置很精确地缩放对象或改变对象的大小。

缩放对象：使用"挑选工具"选择对象，在属性栏的"缩放比例"文本框中输入缩放的比率，如输入"50"后按 Enter 键即可将对象等比例缩小至 50%，属性栏如图 3-49 所示。

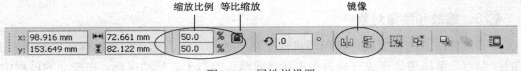

图 3-49　属性栏设置

属性栏中的"缩放"按钮呈 状态时，水平与垂直缩放比例为等比例调整状态。

缩放按钮呈 状态时，可分别输入水平与垂直缩放比例。可单击 按钮使其呈 状态，然后分别输入水平与垂直比例后即可实现非等比例缩放。

镜像对象：使用"挑选工具"选择对象，在属性栏中单击"水平镜像"按钮 ，或者单击"垂直镜像"按钮 ，实现图形对象的镜像操作。

（3）"变换"泊坞窗法。在"变换"泊坞窗中单击"缩放和镜像"按钮 （或按 Alt+F9 组合键），切换到"缩放和镜像"选项，如图 3-50 所示。

缩放：用于调整对象在宽度和高度上的缩放比例。

镜像：使对象在水平或垂直方向上翻转。单击 按钮，可使对象水平镜像；单击 按钮，可使对象垂直镜像。

不按比例：选中该复选框，在调整对象的比例时，对象将不按等比缩放；反之则按长宽等比缩放。要注意的是，在使对象按等比例缩放之前，需要选中"不按比例"复选框，将长宽百分比值调整为相同的数值，再取消"不按比例"复选框的选取，才能进行下一步的操作。

使用"变换"泊坞窗精确缩放和镜像对象的操作步骤如下。

步骤 1：选取需要变换的对象，在"缩放"选项中的"水平"数值框中输入对象宽度的缩放比例，然后单击 [ ] 按钮，使该按钮处于选中状态。

步骤2：在"位置"复选框中选择对象变换后的位置，然后单击"应用到再制"按钮。图形的缩放及水平镜像效果如图 3-51 所示。

图 3-50 "变换"泊坞窗的"缩放和镜像"选项　　　图 3-51 缩放及水平镜像效果

4. 改变对象的大小

（1）鼠标法。使用"挑选工具"选择对象，然后将鼠标移至控制点，拖动鼠标，在拖动的过程中，会有蓝色的轮廓跟着拖动，拖到合适的大小后松开鼠标，即可完成对象大小的改变。

拖动控制点缩放对象时，按住 Shift 键，则以对象中心为对称轴进行对称缩放；按住 Ctrl 键，可以以原始大小的倍数缩放对象。

（2）属性栏法。使用"挑选工具"选择对象，在如图 3-52 所示属性栏的"对象宽度和高度"文本框中分别输入宽度和高度值，按 Enter 键后可改变对象大小。

图 3-52 属性栏设置

属性栏中的"缩放"按钮呈 [ ] 按钮状态时，宽度和高度值为等比例调整状态。"缩放"按钮呈 [ ] 按钮状态时，可分别输入对象的宽度值和高度值。

（3）"变换"泊坞窗法。在"变换"泊坞窗中单击"大小"按钮 [ ]（可按 Alt+F10 组合键），切换到"大小"选项，如图 3-53 所示。在"水平"和"垂直"数值框中设置对象的宽度和高度，完成后单击"应用"按钮，即可调整对象的大小。

5. 倾斜对象

（1）鼠标法。单击"挑选工具"，两次单击需要倾斜处理的对象，当对象处于旋转状态时，在四条边的双向箭头上按住鼠标拖动即可进入倾斜编辑状态，在拖动的过程中，会有蓝色的轮廓跟着倾斜，表示倾斜的角度，在合适的角度松开鼠标，即可完成对象的倾斜，如图 3-54 所示。

图 3-53 "变换"泊坞窗的"大小"选项

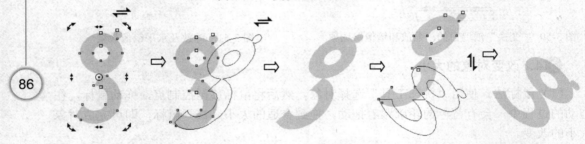

图 3-54 鼠标法倾斜对象

当对象处于倾斜的编辑状态时，控制框上的水平箭头用来控制水平方向的倾斜度，垂直箭头则用来控制垂直方向的倾斜度。

(2)"变换"泊坞窗法。单击"变换"泊坞窗中的"倾斜"按钮，能精确地对图形的倾斜度进行设置，操作如下。

选择需要倾斜的对象，在"变换"泊坞窗中单击"倾斜"按钮，"倾斜"选项如图 3-55 所示。在"水平"和"垂直"数值框中设置倾斜对象的参数值，然后单击"应用"按钮，完成对象的倾斜操作。

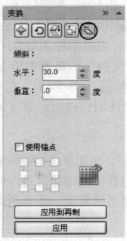

图 3-55 "变换"泊坞窗的"倾斜"选项

在"倾斜"选项中选中"使用锚点"复选框后,下面的复选框将被激活,选中不同位置的复选框后,单击"应用到再制"按钮,倾斜并再制后的对象将按指定位置与原对象对齐。

3.2.3 对象的复制、再制、克隆与删除

对绘图区中已有的图形对象,可以通过复制等操作来减少重复的绘制操作,也可以将不需要的图形对象删除,以避免影响正常的绘制。

▶1. 复制对象

选择对象以后,将对象复制的操作方法主要有以下几种。

方法一:按下小键盘的"+"键。

方法二:执行"编辑"→"复制"命令后,再执行"编辑"→"粘贴"命令。

方法三:按下 Ctrl+C 组合键将对象复制到剪贴板,再按下 Ctrl+V 组合键粘贴到文件中。

方法四:单击标准工具栏中的"复制"按钮,再单击"粘贴"按钮。

方法五:右键单击对象,在弹出的快捷菜单中选择"复制"选项,再选择"粘贴"选项。

方法六:使用"挑选工具"选择对象后,左键拖动对象到适当的位置,在释放鼠标左键之前按下鼠标右键,即可将对象复制到该位置。

▶2. 再制对象

再制对象是复制对象功能的扩展,与复制对象不同的是,再制的对象不仅仅是复制对象,而且还会复制对象的移动、旋转、缩放等属性,可通过以下两种方法实现再制:

方法一:使用"挑选工具"选择需再制的对象(如图 3-56 中边长为 10mm 的正方形),执行"编辑"→"再制"命令(或按 Ctrl+D 组合键)即可实现再制,效果如图 3-56 所示,图形分别向右和向上移动了 5mm 并复制了一个副本对象。

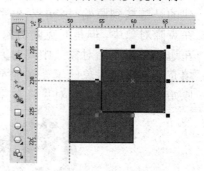

图 3-56 再制效果

间距 5mm 为默认的再制距离,在绘图窗口中无任何选取对象的状态下,可以通过属性栏调节默认的再制偏移距离。在属性栏上的"再制距离"数值框中输入 x、y 方向上的偏移值即可;也可按 Ctrl+J 组合键,打开"选项"对话框,在"文档|常规"选项中设置默认再制距离,如图 3-57 所示。

方法二:使用"挑选工具"选择对象,左键拖动对象至合适位置并单击右键,复制对象,执行"编辑"→"再制"命令(或按 Ctrl+D 组合键),此时再制距离为复制对象的移动距离,如图 3-58 所示。

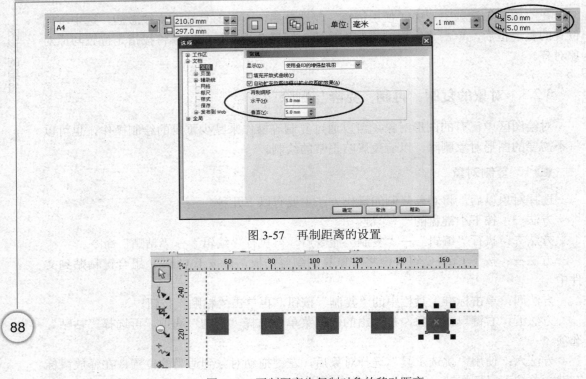

图 3-57 再制距离的设置

图 3-58 再制距离为复制对象的移动距离

▶3. 克隆对象

　　执行"编辑"→"克隆"命令可以对所选对象进行克隆。克隆对象也能像再制对象一样，将所选对象按再制距离进行移动复制。但克隆与再制的最大的区别在于，克隆创建的是链接到原始对象的对象副本，也就是说对原始对象所做的任何更改都会自动反映在克隆对象中，但是对克隆对象所做的更改不会自动反映在原始对象中。如图 3-59 所示，左边对象为原始对象，中间对象为再制对象，右边对象为克隆对象，当更改原始对象的填充时，再制对象的填充属性不变，而右边的克隆对象属性自动随之更改。通过还原为原始对象，可以移除对克隆对象所做的更改。

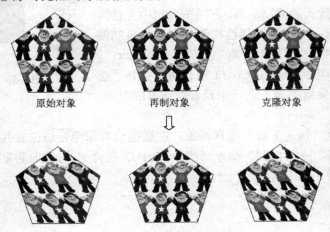

图 3-59 再制与克隆的比较

▶ 4．复制对象属性

在 CorelDRAW 中，复制对象属性是一种比较特殊、重要的复制方法，它可以快速地指定对象中的轮廓笔、轮廓色、填充和文本属性，通过复制的方法应用到所选对象中。

复制对象属性的具体操作步骤如下。

步骤 1：使用"挑选工具"选择需要复制属性的对象，如图 3-60 所示。

步骤 2：执行"编辑"→"复制属性"命令，系统将弹出如图 3-61 所示的"复制属性"对话框，在其中选择需要复制的对象属性，这里以选中"轮廓笔"、"轮廓色"、"填充"复选框为例，如图 3-61 所示。

图 3-60　选择复制属性的对象

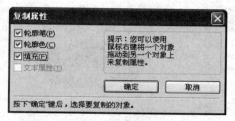
图 3-61　"复制属性"对话框

- 轮廓笔：应用于对象的轮廓笔属性，包括轮廓笔的宽度、样式等。
- 轮廓色：应用于对象轮廓线的颜色属性。
- 填充：应用于对象内部的颜色属性。
- 文本属性：只能应用于文本对象，可复制指定文本的大小、字体等文本属性。

步骤 3：单击"确定"按钮，当光标变为 ➡ 状态后，单击用于复制属性的源对象，如图 3-62 所示，该对象的属性按设置复制到所选择的对象上，如图 3-63 所示。

图 3-62　选择用于复制属性的源对象

图 3-63　复制属性结果

技巧与提示

用鼠标右键按住一个对象不放，将对象拖动至另一个对象上，释放鼠标后，在弹出的快捷菜单中选择"复制填充"、"复制轮廓"或"复制所有属性"选项，即可将源对象中的填充、轮廓或所有属性复制到所选对象上。

▶ 5．删除对象

用 CorelDRAW 绘制图形的过程中，若图形对象的效果不佳或有误时，可将这些对象删除。要删除对象，可在选取对象后执行"编辑"→"删除"命令，或按 Delete 键。

3.2.4 对象的裁剪、分割与擦除

1. 裁剪对象

通过裁剪可以移除对象中和导入图形中不需要的区域，而无须取消群组或将对象转换为曲线（可以裁剪矢量对象和位图）。操作方法如下：单击"裁剪工具"按钮，将鼠标指向绘图区需裁剪的区域，按下左键拖动，在鼠标释放处产生一个裁剪的矩形框，在矩形区域内部双击鼠标，矩形区域外的图形对象便被移除，完成裁剪。如果需要对指定对象进行裁剪，则应先选择该图形对象，再裁剪，如图 3-64 所示。

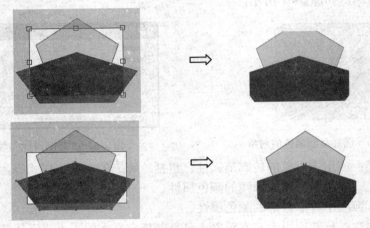

图 3-64 裁剪对象

2. 分割对象

使用"刻刀工具"可以把一个对象分成几个部分，需要注意的是，使用刻刀工具不是删除对象，而是将对象分割。

单击"裁剪工具"弹出式工具按钮中的"刻刀工具"按钮，与之相对应的属性栏如图 3-65 所示，各项功能如下。

图 3-65 "刻刀工具"属性栏

"保留为一个对象"按钮：单击该按钮，可以使分割后的对象成为一个整体。

"剪切时自动闭合"按钮：单击该按钮，可以将一个对象分成两个独立的对象。

同时单击"保留为一个对象"按钮和"剪切时自动闭合"按钮：不把对象分割，而是将对象连成一个整体。

使用"刻刀工具"分割对象的操作步骤如下。

（1）沿直线分割对象。

步骤 1：在工具箱中选择"刻刀工具"按钮，并在属性栏中单击"剪切时自动闭合"按钮。

步骤 2：将光标指向准备切割的对象，当光标变为垂直刻刀状态时单击对象，然后将光标移动到另一轮廓上再次单击对象，按此步骤可再作一次分割。

步骤 3：按下空格键切换到"挑选工具"状态，此时可将分割后的对象移开，效果

如图 3-66 所示。

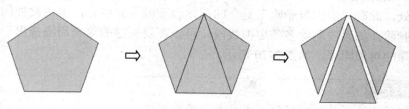

图 3-66 沿直线分割对象

（2）沿手绘线分割对象。单击"刻刀工具"按钮 ，在对象轮廓上按住鼠标左键拖动至轮廓另一处，释放鼠标即可沿鼠标拖动的轨迹切割对象，如图 3-67 所示。

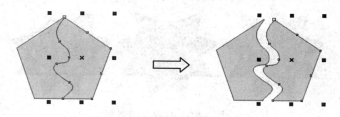

图 3-67 沿手绘线分割对象

3. 擦除对象

"橡皮擦工具"可以对选定的矢量图、位图进行全部或局部的擦除，但不能擦除群组对象。

单击"裁剪工具"弹出式工具按钮中的"橡皮擦工具"按钮 （或按快捷键 X），与之相对应的属性栏如图 3-68 所示。

擦除对象的操作方法如下。

选择要擦除的对象，单击"橡皮擦工具"按钮 ，在属性栏中设置橡皮擦的大小及笔尖形状，在所选对象上拖动鼠标即可擦除对象，擦除效果如图 3-69 所示。

图 3-68 "橡皮擦工具"属性栏 　　　图 3-69 擦除对象

擦除后的对象为整体对象，若要分离成单独对象，可执行"排列"→"打散曲线"命令（或按 Ctrl+K 组合键）。

技巧与提示

单击要开始擦除的位置，再单击要结束擦除的位置，可以以直线方式擦除。

4. 虚拟段删除

"虚拟段删除工具"可以删除相交对象中两个交叉点之间的线段，从而产生新的图形形状。该工具的操作方法如下。

单击"裁剪工具"弹出式工具按钮中的"虚拟段删除工具"按钮，移动光标到交叉的线段处，此时"虚拟段删除工具"的图标会变成竖立状态，单击此处的线段，即可将该线段删除。如果要删除多条虚拟线段，可以在要删除的对象周围拖出一个虚线框，框选要删除的对象即可，如图 3-70 所示。

> **技巧与提示**
>
> "虚拟段删除工具"对阴影、文本或图像等无效。

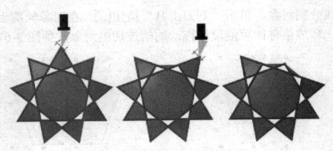

图 3-70　删除虚拟线段

3.2.5　对象的修饰

在编辑图形时，除了使用形状工具编辑图形形状和使用刻刀工具切割图形的方法外，还可以使用 CorelDRAW 中的涂抹笔刷、粗糙笔刷、自由变换工具对图形进行修饰，以满足不同的图形编辑需要。

▶ 1. 涂抹笔刷

使用"涂抹笔刷工具"可以创建更为复杂的曲线图形，该工具可在矢量图形边缘或内部任意涂抹，以达到使对象变形的效果。

单击"形状工具"弹出式工具按钮中的"涂抹笔刷工具"按钮，相应属性栏设置如图 3-71 所示，各项功能如下。

图 3-71　"涂抹笔刷工具"属性栏

- "笔尖大小"文本框：输入数值来设置涂抹笔刷的宽度。
- "在效果中添加水分浓度"文本框：可设置涂抹笔刷的力度。
- "为斜移设置输入固定值"文本框：用于设置涂抹笔刷、模拟压感笔的倾斜角度。
- "为关系设置输入固定值"文本框：用于设置涂抹笔刷、模拟压感笔的笔尖方位角。

使用"涂抹笔刷工具"的具体操作步骤如下。

步骤 1：使用"挑选工具"选取需要处理的对象。

步骤 2：单击"形状工具"弹出式工具按钮中的"涂抹笔刷工具"按钮，此时光标呈椭圆形状，然后在对象上按下鼠标左键并拖动鼠标，即可涂抹拖移处的部位。

涂沫修饰的方式有两种：如果笔尖中心位于图形外部，应该从图形外部向内部拖动鼠标；如果笔尖中心位于图形内部，则应该从图形内部向外部拖动鼠标，如图3-72所示，太阳光线与叶片造型为外部涂抹，云纹造型为内部涂抹。

技巧与提示

使用"涂抹笔刷工具"修饰的图形应为手绘图形或转曲后的基本图形。

图3-72　涂抹笔刷效果

2. 粗糙笔刷

"粗糙笔刷工具"可以使对象的轮廓出现锯齿状的效果，与"涂抹笔刷工具"一样，"粗糙笔刷"只适用于曲线对象，因此在使用"粗糙笔刷工具"修饰图形前也应将基本图形转为曲线。

单击"形状工具"弹出式工具按钮中的"粗糙笔刷工具"按钮，相应属性栏设置如图3-73所示。

图3-73　"粗糙笔刷工具"属性栏

使用"粗糙笔刷工具"的具体操作步骤如下。

步骤1：使用"挑选工具"选取需要处理的对象。

步骤2：单击"形状工具"弹出式工具按钮中的"粗糙笔刷工具"按钮，在其属性栏中设置"笔尖大小"、"尖突频率"等参数，单击鼠标左键并在对象边缘拖动鼠标，即可使对象产生粗糙的边缘变形效果，如图3-74所示。

图3-74　粗糙笔刷效果

▶3. 自由变换

使用"自由变换工具"可以将对象自由旋转、自由角度镜像、自由调节和自由扭曲。在"形状工具"弹出式工具按钮中单击"自由变换工具"按钮 ，相应的属性栏如图 3-75 所示，各项功能如下。

图 3-75 "自由变换工具"属性栏

- "自由旋转工具"按钮：选中该按钮，可以将对象以自由角度旋转。
- "自由角度镜像工具"按钮：选中该按钮，可以将对象以自由角度镜像。
- "自由调节工具"按钮：选中该按钮，可以将对象自由缩放。
- "自由扭曲工具"按钮：选中该按钮，可以将对象自由扭曲。
- "应用到再制"按钮：选中该按钮，可在旋转、镜像、调节和扭曲对象的同时再制对象。
- "相对于对象"按钮：选中该按钮，在"对象位置"文本框中输入需要的参数，然后按下 Enter 键，可以将对象移动到指定的位置。

"自由变换工具"的操作方法如下（以自由镜像操作为例）：

使用"挑选工具"选择对象，然后单击"自由变换工具"按钮，并在其属性栏中单击"自由角度镜像工具"按钮，然后在对象底部按住鼠标左键拖动产生镜像轴线，镜像轴线的倾斜度可以决定对象的镜像方向，镜像轴线方向确定后松开左键，即可完成镜像操作。自由镜像效果如图 3-76 所示。

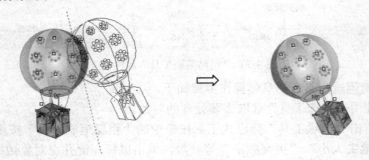

图 3-76 自由镜像效果

3.2.6 操作的撤销、重做与重复

CorelDRAW 也和其他大型软件一样提供了操作的撤销、重做操作，并且提供了重复操作。

▶1. 撤销

执行"编辑"→"撤销"命令（或按 Ctrl+Z 组合键），可将绘图区中上一步或前面已执行的多步操作撤销，并返回至操作前的状态。而重做操作是对撤销操作的恢复操作。

2. 重做

执行"编辑"→"重做"命令（或按 Ctrl+Shift+Z 组合键），可对所做的撤销操作进行恢复。

3. 重复

执行"编辑"→"重复"命令（或按 Ctrl+R 组合键），可以重复进行某些已应用于对象的操作，如填充、移动、旋转和缩放等。

3.3 项目实训

珠宝品牌宣传页系列设计

1. 任务背景

为配合"品晶珠宝"品牌的宣传，制作系列宣传页，规格为 236mm×126mm。

2. 任务要求

品晶珠宝宣传页的构图要求简约大气，背景色彩以香槟色及咖啡色渐变，风格沉稳。制作时利用对象的复制、再制、变换等功能，形成方向各异的形状图形，将图形组合后得到宣传页的设计效果。

3.4 本章小结

本章主要介绍矢量图形的编辑和修改，其中包括图形对象的选择、删除、移动、复制、再制、变换、裁剪和修饰操作方法，项目案例中主要涉及这些工具的具体用法。通过本章的学习，我们应该牢固掌握图形对象的编辑技巧，从而更快捷、高效地绘制出高质量的图形。

3.5 技能考核知识题

1. CorelDRAW 中再制命令的快捷键是（　　）。

A. Ctrl+R　　　　　B. Ctrl+G　　　　　C. Ctrl+D　　　　　D. Ctrl+K

2. 双击"挑选工具"按钮等于按（　　）组合键。
   A．Ctrl+A   B．Ctrl+F4   C．Ctrl+D   D．Alt+F2
3. 使用鼠标单击并拖动旋转控制柄旋转对象时，如果按住 Ctrl 键，将会以（　　）的倍数进行旋转操作。
   A．30°   B．15°   C．45°   D．90°
4. 使用"挑选工具"选定群组对象中隐藏的对象时，需按住的快捷键是（　　）。
   A．Shift+Alt   B．Ctrl+Alt
   C．Shift+Ctrl   D．Shift+Backspace
5. 如果一个对象已经过旋转、缩放、位置移动、拉斜变形操作，则选择"排列"→"清除变换"命令后，无法恢复的是对象的（　　）操作。
   A．旋转属性   B．位置属性   C．缩放属性   D．拉斜变形属性
6. 下列选项中不可应用"交互式变形工具"制作变形效果的对象是（　　）。
   A．位图图像   B．图形   C．美术字文本   D．段落文本
7. 要选取多个对象时，需按住（　　）键不放，再连续单击需要选取的对象即可。
   A．Shift   B．Ctrl   C．Alt   D．Tab
8. 关于步长和重复命令，下列说法正确的是（　　）。
   A．步长和重复命令用来设置对象的长度值
   B．步长和重复命令用来删除重复的对象
   C．步长和重复命令通过设置水平．垂直偏移和份数来复制原对象
   D．步长和重复命令通过设置对象的长度和宽度来复制对象
9. 选定对象后，按小键盘上的+键可以（　　）。
   A．对对象进行变换操作   B．对对象进行填充操作
   C．对对象进行原地复制   D．将对象的边框去除
10. 关于裁剪工具裁剪之后的文本对象，说法正确的是（　　）。
    A．不产生任何变化
    B．裁剪后的对象被转换为曲线
    C．被裁剪框切断的文本会变为曲线，裁剪框之内的文本不产生任何改变
    D．艺术文本才能被裁剪，段落文本无法被裁剪
11. 若想迅速复制另一个对象的填充到目标对象，最快速的方法是（　　）。
    A．执行"编辑"→"复制属性自"→"复制填充"命令
    B．将目标对象选中后再选取另一个对象结合，然后拆分
    C．用滴管拾取要复制的填充属性，再用"颜料桶工具"为目标对象填充
    D．按住 Shift 键和鼠标右键，拖动到目标对象上，松开鼠标按键
12. 若想迅速复制另一个对象的轮廓属性到目标对象，最快速的方法是（　　）。
    A．执行"编辑"→"复制属性自"→"复制轮廓"命令
    B．将目标对象选中后再选取另一个对象结合，然后拆分
    C．用滴管拾取要复制的轮廓属性，再用"颜料桶工具"为目标对象设置轮廓
    D．按住 Alt 键和鼠标右键，拖动到目标对象上，松开鼠标按键
13. 能够断开路径并将对象转换为曲线的工具是（　　）。
    A．形状工具   B．橡皮擦工具

C. 刻刀工具   D. 交互式轮廓图工具

14. 可以使用裁剪工具裁剪的对象有（   ）。

A. 矢量图形   B. 位图   C. 美术字文本   D. 段落文本

15. 裁剪工具不能裁剪的对象有（   ）。

A. 应用阴影的对象   B. CorelDRAW 内部生成的条形码

C. 外部导入的 Word 文档   D. 调和对象

轮廓线编辑与图形填充

1. 熟悉 CorelDRAW 的颜色设置及管理。
2. 掌握图形轮廓线的设置。
3. 学会各种填充工具的使用方法并灵活运用。

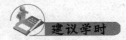

6 学时（理论 3 学时，实践 3 学时）

4.1 模拟案例

"艺术节摄影展"宣传海报设计

4.1.1 案例分析

▶ 1. 任务背景

为了丰富校园文化艺术活动，活跃全校师生课余文化生活，现举办校园艺术节摄影展，促进摄影知识普及，并为广大摄影爱好者提供一个交流学习的平台，以达到共同进步的目的。现为本届校园艺术节摄影展设计宣传海报。

▶ 2. 任务要求

摄影展宣传海报的设计要求主题鲜明，风格大方，色彩高雅，富有视觉感染力，并能融入摄影的相关元素。

▶ **3．任务分析**

本案例中制作的数码相机图形，整体以蓝灰色色调为主，体现数码产品的时尚感。在制作方法上多次使用了渐变填充工具，通过色彩渐变来表现镜头外壳不同程度的明暗效果及镜头的反光效果，从而增强镜头的真实感和立体感。

4.1.2　制作方法

▶ **1．创建矩形背景**

（1）启动 CorelDRAW，生成一个纵向的 A4（210mm×297mm）大小的图形文件，在属性栏中设置"纸张方向"为横向。

（2）双击工具箱中的"矩形工具"按钮，创建一个与页面大小相同的矩形。单击工具箱"填充工具" 中的"均匀填充"按钮 （或按 Shift+F11 组合键），打开"均匀填充"对话框，如图 4-1 所示。设置填充颜色，单击"确定"按钮，填充矩形。

（3）右键单击矩形，在弹出的快捷菜单中单击"锁定对象"选项，效果如图 4-2 所示。

图 4-1　"均匀填充"对话框

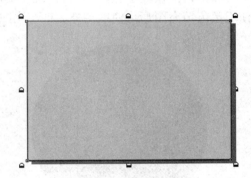
图 4-2　锁定矩形对象

▶ **2．绘制相机效果**

（1）单击工具箱中的"椭圆形工具"按钮 （或按快捷键 F7），按住 Ctrl 键在绘图区拖动鼠标，绘制一个宽度和高度均为 160mm 的正圆形。

（2）选择圆形对象，单击工具箱"填充工具" 中的"渐变填充"按钮 （或按快捷键 F11），在打开的"渐变填充"对话框中分别设置渐变类型为"圆锥"、角度为"−70"，设置颜色调和方式为"自定义"。通过在色带上双击添加 5 个色标，并依次将这5 个色标的颜色设置为浅蓝色（C：27、M：20、Y：15、K：0）、深灰色（C：83、M：72、Y：71、K：77）、蓝灰色（C：71、M：60、Y：49、K：6）、深灰色（C：83、M：71、Y：67、K：51）、灰色（C：63、M：53、Y：47、K：4），并调整色标的位置。"渐变填充"对话框如图 4-3 所示，单击"确定"按钮，即可看到渐变填充的效果，如图 4-4所示。

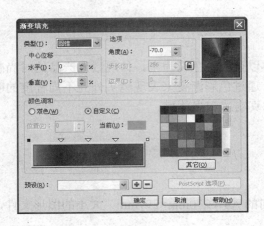

图 4-3 "渐变填充"对话框

图 4-4 渐变填充的效果

(3) 选择圆形,在属性栏中的"选择轮廓宽度或输入新宽度"输入框 1.39 mm 中输入"1.39mm",以确定圆形轮廓线的宽度。

(4) 确定圆被选择的状态,按数字键区的"+"键,复制圆,选择圆副本,并在属性栏的"对象大小"参数栏内输入圆的宽度及高度值为"139mm",在"旋转角度"参数栏中输入"45",同时右键单击调色板中的 ⊠ 按钮,取消该圆的轮廓,该圆效果如图 4-5 所示。

(5) 再次按数字键区的"+"键,复制圆,并将宽度和高度均设置为"133mm",并使用黑色填充图形,使镜头外边框产生凹槽,该圆效果如图 4-6 所示。

图 4-5 139mm 圆的填充效果

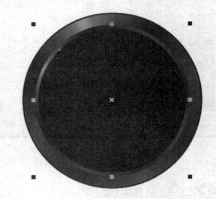

图 4-6 133mm 圆的填充效果

(6) 再次复制一个宽度和高度均为"125mm"的圆形,单击工具箱"轮廓" 中的"轮廓笔"按钮 轮廓笔… (或按快捷键 F12),打开"轮廓笔"对话框,将轮廓笔颜色设置为深蓝色(C:87、M:79、Y:65、K:53),轮廓线宽度设置为"1.5mm"。再使用"渐变填充"工具填充图形,使渐变颜色由灰色和不同明度的蓝色组成。该圆的"轮廓笔"及"渐变填充"对话框设置及效果如图 4-7 所示。

(7) 同上操作,再次复制一个宽度和高度均为"115mm"的圆形,将轮廓线设置为深蓝色(C:81、M:75、Y:67、K:51),轮廓线宽度设置为"1mm"。再单击工具箱"填充工具" 中的"渐变填充"按钮,弹出"渐变填充"对话框。在对话框中设置渐变类型为"线性",角度为"-53",边界为"33",颜色调和为"双色",并设置从深蓝色(C:85、M:73、Y:66、K:50)到灰色(C:46、M:35、Y:35、K:1)的线性渐变，该圆的"渐变填充"对话框设置及效果如图4-8所示。

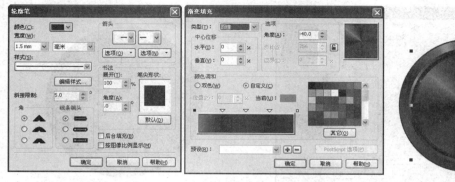

图4-7 125 mm 圆的"轮廓笔"及"渐变填充"对话框设置及效果

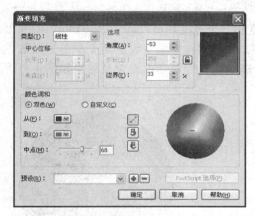

图4-8 115mm 圆的"渐变填充"对话框设置及效果

（8）同上操作，再次复制一个宽度和高度均为"97mm"的圆形，将轮廓线设置为深蓝色（C：83、M：73、Y：69、K：73），将轮廓线宽度设置为"3 mm"，然后使用"渐变填充"工具设置圆锥渐变，使渐变颜色由灰色和不同明度的蓝色组成，该圆的"渐变填充"对话框设置及效果如图4-9所示。

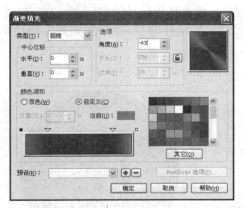

图4-9 97mm 圆的"渐变填充"对话框设置及效果

（9）再次复制一个宽度和高度均为"80mm"的圆形，右键单击调色板中的☒按钮，取消该圆的轮廓。并填充从深蓝色（C：83、M：73、Y：66、K：51）到灰色（C：57、M：

44、Y：39、K：2）的线性渐变。该圆的"渐变填充"对话框设置及效果如图 4-10 所示。

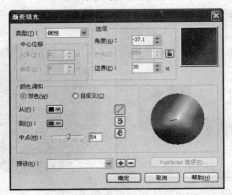 

图 4-10 80mm 圆的"渐变填充"对话框设置及效果

（10）绘制镜头光圈图形：同上操作，复制一个宽度和高度均为"76 mm"的圆形，设轮廓线颜色为黑色，轮廓线宽度为"1.5mm"。并使用圆锥渐变设置渐变颜色为天蓝色、绿色、黄色、绿色、蓝色、红色等，该圆的"渐变填充"对话框设置及效果如图 4-11 所示。

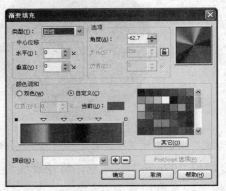 

图 4-11 76mm 圆的"渐变填充"对话框设置及效果

（11）同上操作，复制一个宽度和高度均为"71 mm"的圆形，设轮廓线颜色为黑色，轮廓线宽度为"1.5mm"。并使用线性渐变填充，设置从黑色（C：0、M：0、Y：0、K：100）到灰色（C：78、M：73、Y：75、K：51）的线性渐变。"渐变填充"对话框设置及效果如图 4-12 所示。

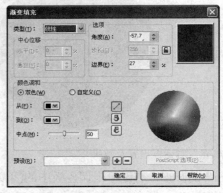 

图 4-12 71mm 圆的"渐变填充"对话框设置及效果

（12）同上操作，复制一个宽度和高度均为"67 mm"的圆形，右键单击调色板中的⊠按钮，取消该圆的轮廓。并使用线性渐变填充，设置相应的角度值，使该圆与上一步骤中的圆形渐变明暗相反，形成镜头内部的倒角边。该圆的"渐变填充"对话框设置及效果如图4-13所示。

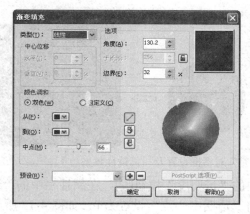

图4-13　67mm圆的"渐变填充"对话框设置及效果

（13）选择步骤（10）绘制的76mm圆形，使用Ctrl+C和Ctrl+V组合键原地复制圆形，复制的圆形将自动移至所有图形的最顶层。将该圆形的宽度和高度均设为"53mm"，并取消轮廓线。单击工具箱中"交互式特效工具"中的"透明度"按钮，在属性栏中"透明度类型"下拉列表中选择"标准"选项，将"开始透明度"数值设置为50，该圆效果如图4-14所示。

图4-14　53mm圆的透明设置及效果

（14）同上操作，复制多个圆，并将圆的尺寸分别设为49mm、40mm、36mm，取消轮廓线，并对各圆作相应的渐变填充。将三个圆中心对齐的效果如图4-15所示。

图4-15　49mm、40mm、36mm三个渐变填充圆的中心对齐效果

（15）同上操作，复制圆，将圆的尺寸设为"31mm"，取消该圆的轮廓，并对该圆作射线渐变，"渐变填充"对话框设置及相机镜片效果如图4-16所示。

（16）绘制镜片上的光晕效果。绘制一个宽度和高度分别为17mm、32mm的椭圆，取消该图形的轮廓线,将其填充为深灰色(C:71、M:63、Y:91、K:39),并将该圆旋转至如图4-17所示角度。

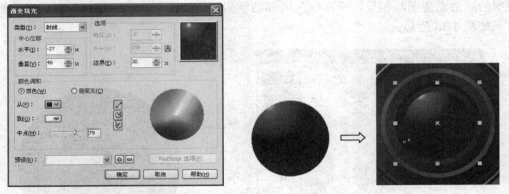

图4-16 31mm圆的"渐变填充"对话框设置及相机镜片效果

单击工具箱"交互式特效工具"按钮中的"透明度"按钮,在属性栏中的"透明度类型"下拉列表中选择"射线"选项,将"透明中心点"设置为0,如图4-17所示。

图4-17 绘制椭圆、椭圆的透明效果设置及透明效果

单击工具箱"交互式特效工具"按钮中的"阴影"按钮,在属性栏中将"预设"项设置为"平面左上",将"阴影颜色"设为浅灰色(C:62、M:53、Y:67、K:7)。单击阴影图形,按Ctrl+K组合键,使阴影和图形分离,并调整图形大小及位置,得到的镜头光晕效果如图4-18所示。使用相同方法,在镜头处绘制其他光晕图形,如图4-19所示。

图4-18 镜头光晕效果   图4-19 其他光晕效果

(17)绘制镜片上的高光效果。如图4-20所示,分别绘制两个同心正圆,大圆宽度和高度均为62 mm,小圆宽度和高度均为36mm。再绘制一个宽度为1.5mm、高度为75mm的矩形,将该矩形分别按60°和70°旋转再制。框选5个图形对象,单击属性栏中的"修剪"按钮,并移动修剪后的图形。单击工具箱中的"形状工具"按钮(或按快捷键F10),删除其他形状对象,形成高光图形区域。

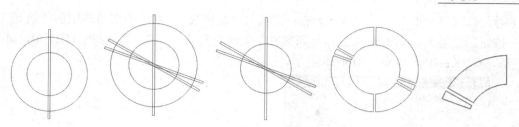

图 4-20　绘制高光图形区域

选择高光图形区域，右键单击调色板中的 ⊠ 按钮，取消高光区域轮廓。单击工具箱"填充工具" ◇ 中的"渐变填充"按钮 ■ 渐变填充…（或按快捷键 F11），在"渐变填充"对话框中设置"线性"渐变及渐变颜色和边界，使高光区域产生由白色到绿色的渐变效果。单击工具箱"交互式特效工具"按钮中的"透明度"按钮 ⊻ ，在属性栏中的"透明度类型"下拉列表中选择"射线"选项，调整参数，使高光区域图形产生半透明效果。"渐变填充"对话框设置和高光区域图形的半透明效果如图 4-21 所示。

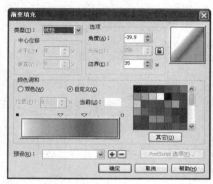  

图 4-21　"渐变填充"对话框设置和高光区域图形的半透明效果

▶3. 制作海报背景图像及创建文字

（1）单击工具箱中的"贝塞尔工具"按钮 ✎ ，绘制如图 4-22 所示的 3 个飘带图形。

图 4-22　绘制三个飘带图形

（2）选择左边的两个飘带图形，取消轮廓线，并单击工具箱"填充工具" ◇ 中的"渐变填充"按钮（或按快捷键 F11），在弹出的"渐变填充"对话框中设置渐变类型为"射线"，并设置从酒绿色（C：40、M：0、Y：100、K：0）到白色的渐变。"渐变填充"对话框设置及射线填充效果如图 4-23 所示。再选择右边的飘带图形，单击工具箱"填充工具" ◇ 中的"底纹填充"按钮 ▨ 底纹填充…，在"底纹填充"对话框中的"底纹库"、"底纹列表"中选择一款需要的底纹图案，并在"样式名称"栏中修改图案的参数。"底纹填充"对话框设置及填充效果如图 4-24 所示。

（3）创建海报文字：单击工具箱中的"矩形工具"按钮 □（或按快捷键 F6），绘制一个矩形，取消其轮廓线并填充绿色。单击工具箱中的"文本工具"按钮 字（或按快捷键 F8），输入"艺术节"后按 Enter 键，再输入"摄影展"，并单击工具箱中的"挑选工具"按钮确认输入，同时设置字体及调整文字大小，对文字填充绿色绿色（C：40、M：0、Y：96、K：0），效果如图 4-25 所示。

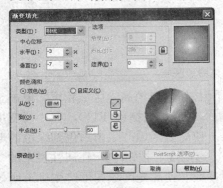

图 4-23 "渐变填充"对话框设置及射线填充效果

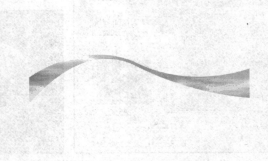

图 4-24 "底纹填充"对话框设置及填充效果

图 4-25 海报文字效果

调整以上各图形对象的位置及大小，并组合成形。最终的摄影展宣传海报效果如图 4-26 所示。

图 4-26 摄影展宣传海报效果

4.2 知识延展

4.2.1 使用调色板和颜色

颜色设置是对图形对象轮廓上色和图形填充的前提，可通过使用调色板和"颜色"泊坞窗进行颜色的设置。

1. 使用调色板

在调色板颜色色块上单击左键或右键，可以分别为所选图形对象或者轮廓着色，但如果没有选中图形而单击颜色色块，将会弹出"均匀填充"或者"轮廓颜色"对话框，在对话框中勾选所需选项，将为新建对象设置默认的填充色和轮廓色，如图 4-27 所示。该设置也可通过单击调色板上方的 ▶ 按钮，在弹出菜单中选择"设置轮廓色"或"设置填充颜色"选项来实现。

（1）编辑调色板。在 CorelDRAW 中，编辑调色板可以使用"调色板编辑器"。执行"工具"→"调色板编辑器"命令，或者单击调色板上方的 ▶ 按钮，在弹出菜单中执行"排列图标"→"调色板编辑器"命令，即可开启"调色板编辑器"对话框，如图 4-28 所示。该对话框中显示了当前调色板中的所有色标，并可执行"编辑颜色"、"添加颜色"、"删除颜色"及"将颜色排序"等操作。

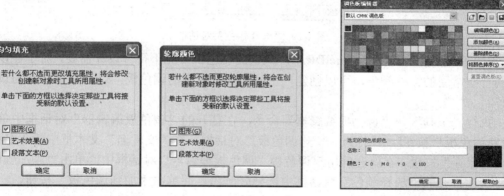

图 4-27　填充色及轮廓色的默认设置　　　图 4-28　"调色板编辑器"对话框

单击"编辑颜色"按钮可对当前选定色标进行颜色编辑。

单击"添加颜色"按钮，可在编辑颜色的同时将颜色加至调色板，打开的"选择颜色"对话框如图 4-29 所示，其中包含"模型"、"混合器"、"调色板"三个选项卡。

在"模型"选项卡中，可以直接在"拾色器"中选择新的颜色，也可以在"组件"中输入数值，或拖动色值滑块来设置新的颜色。在"混合器"选项卡中，"模型"用于选择色彩模式，"色度"可以选择在色相环中出现的取色点方式，"变化"用于设置取色点向其他颜色过渡的方式，"大小"滑块用于设置过渡的色块数量，转动色相轮中的黑色主控点可以选色，转动色相轮中的白色被控点可以改变取色框的形状，每个取色点的颜色在下方的色盘中列出，可在色盘中选取所需颜色。在"调色板"选项卡中，可以选择其他调色板的颜色，单击"调色板"用于选择其他调色板，并在色盘中选择颜色即可。

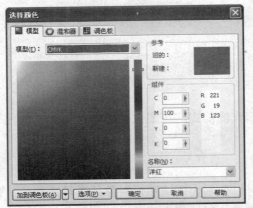
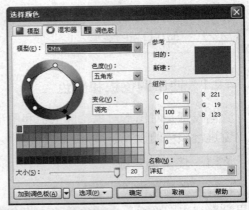

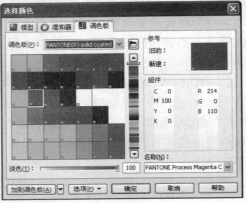

图 4-29 "选择颜色"对话框

（2）创建用户调色板。CorelDRAW 默认的调色板可能不符合设计需要，对于在设计中的一些常用的特殊颜色，可以创建一个属于自己专用的调色板，以让它更好地为设计服务。

执行"工具"→"调色板编辑器"命令，在打开的"调色板编辑器"对话框中单击"新建调色板"按钮，打开"新建调色板"对话框，在"文件名"文本框中输入名称，单击"保存"按钮，在新建的用户调色板"调色板编辑器"对话框中，单击"添加颜色"按钮，在打开的"选择颜色"对话框中选择好颜色，并单击"加到调色板"按钮，一个自定义颜色即可添加至自定义调色板中，如图 4-30 所示。

（3）调用用户调色板。执行"窗口"→"调色板"→"调色板浏览器"命令，在弹出的"调色板浏览器"泊坞窗中展开"用户的调色板"，并勾选所需打开的用户调色板即可调用，如图 4-31 所示。

2. 使用"颜色"泊坞窗

（1）使用"颜色"泊坞窗设置颜色。执行"窗口"→"泊坞窗"→"颜色"菜单命令，可打开"颜色"泊坞窗，其中右上角的"滑块设置"按钮、"拾色器设置"按钮、"调用调色板"按钮提供了设置颜色的三种方式，如图 4-32 所示。设置好颜色后，直接单击"填充"、"轮廓"按钮可以为所选图形对象或轮廓着色。如果要将所设置的颜色添加至用户调色板，则将"新建颜色"色标拖动至调色板中即可。

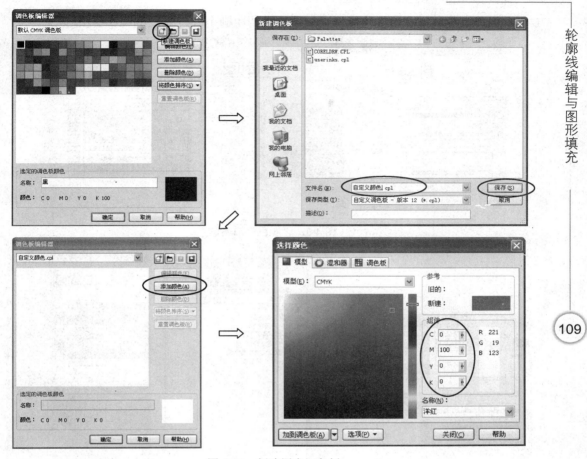

图 4-30 创建用户调色板

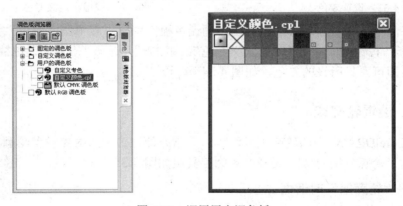

图 4-31 调用用户调色板

(2) 使用"颜色"泊坞窗设置专色。专色是指在印刷中基于成本或者特殊效果的考虑而使用的专门油墨。颜色是设计专色的要素之一,设计时需将每一种专门的油墨或者工艺设置一种专色,每一种专色都只能得到一张菲林片。

在"颜色"泊坞窗中,选择 CMYK 颜色模式,设置好任意的 CMYK 数值,单击泊坞窗右上角的 ▶ 按钮,在弹出的快捷菜单中选择"添加到自定义专色"选项,如图 4-33 所示。"新建颜色"色标由四色 ■ 变成为专色 ■,单击"填充"或"轮廓"按钮即可用专色对图形上色，只有这样才能保证后期输出和印刷不会将专色错误地印刷成四色。

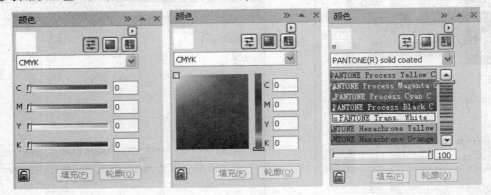

图 4-32 "颜色"泊坞窗

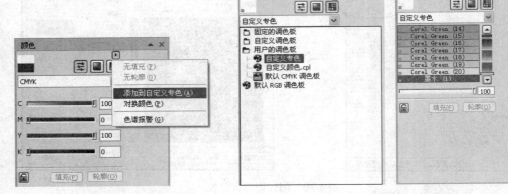

图 4-33 设置专色　　　　　　　　图 4-34 调用自定义专色

设置好的专色都被自动添加至"用户的调色板"中，直接单击"颜色"泊坞窗中的"调用调色板"按钮，并单击"自定义专色"下拉按钮，选择"用户的调色板"中的"自定义专色"即可看见所设的专色，如图 4-34 所示。

4.2.2 编辑轮廓线

运用 CorelDRAW 中的轮廓工具，可以非常方便地为图形对象设置轮廓效果。单击工具箱中的"轮廓"按钮，展开的轮廓工具组如图 4-35 所示。

▶ 1."轮廓笔"对话框

单击工具箱"轮廓"按钮下的"轮廓笔"按钮（或按快捷键 F12），可打开 CorelDRAW 的"轮廓笔"对话框，如图 4-36 所示，该对话框用于对所选对象的轮廓颜色、宽度、样式、起始箭头、终止箭头样式等进行设置，各选项功能如下。

"轮廓颜色设置"：用于设置所选对象轮廓的颜色，如图 4-37 所示。

"轮廓宽度" .2mm：用于设置所选对象轮廓线的宽度值，可以通过直接输入数值来设置宽度。

图 4-35 轮廓工具组

图 4-36 "轮廓笔"对话框

"宽度单位设置" 毫米 ：用于设置所选对象轮廓线的度量单位值。该下拉列表中包括英寸、毫米、像素、英尺、厘米、米和千米等单位。

"轮廓样式" ：用于设置所选对象轮廓线的样式，包括虚线、点线、长虚线和短虚线等，单击该下拉列表，在弹出的下拉菜单中可以进行选择，如图 4-38 所示。单击该下拉列表下面的"编辑样式"按钮，可以对现有的线条样式进行编辑或替换，如图 4-39 所示。

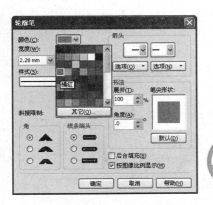

图 4-37 轮廓颜色设置

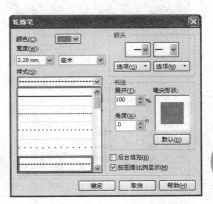

图 4-38 轮廓样式

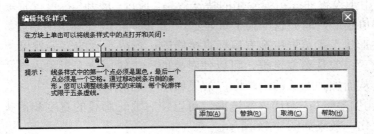

图 4-39 编辑线条样式

"轮廓角样式"：用于设置所选对象轮廓线的转角样式，包括尖角、圆角和平角 3 种角样式，如图 4-40 所示。一般配合"线条端头"进行轮廓调节。

"线条端头":用于设置所选对象轮廓线的线条端头的样式,有平头、圆头和扩展平头三种端头样式,如图4-41所示。

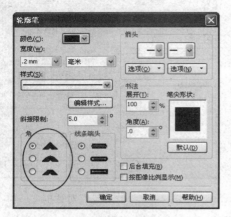
图4-40 轮廓角样式

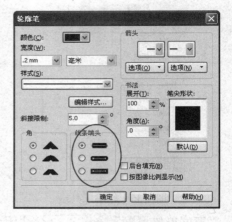
图4-41 线条端头样式

"轮廓起始/终止箭头设置" :用于设置开放式曲线两端的箭头样式,左边的下拉列表可以设置曲线起始箭头的样式,右边的下拉列表可以设置曲线终止箭头的样式,如图4-42所示。通过箭头下面的"选项"按钮,可以对箭头样式进行对换、新建、编辑和删除操作。

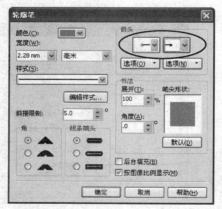

图4-42 轮廓起始/终止箭头设置

"书法":用于设置曲线粗细变化的特殊效果。通过"展开"栏可设置笔尖大小,100%为正常大小,值越低,笔尖越呈扁平状显示。"角度"可改变笔头的角度。也可以直接在右侧的"笔尖形状"预览框中拖曳鼠标直接修改,形成不同的笔尖效果。

"后台填充":勾选该复选框,可以使对象的一半轮廓位于对象内部,另一半轮廓位于对象边缘,从而加强对象的清晰度,效果如图4-43所示。

"按图像比例显示":勾选该复选框,可以使对象轮廓线的宽度和箭头大小随对象的缩放而相应变化,效果如图4-44所示。

2. "轮廓颜色"对话框和"颜色"泊坞窗

单击工具箱"轮廓"按钮下的"轮廓颜色"按钮(或按Shift+F12组合键)或者"颜色"按钮,即可在弹出的"轮廓颜色"对话框或"颜色"泊坞窗中设置所选对象的轮廓线颜色，如图 4-45 所示。

正常填充　　　　　后台填充

图 4-43　后台填充效果

不按比例缩放

按比例缩放

图 4-44　按比例显示效果

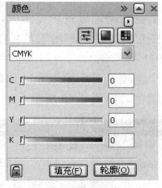

图 4-45　"轮廓颜色"对话框和"颜色"泊坞窗

3. 轮廓宽度

在工具箱"轮廓"按钮的下拉列表中已经设置好了一些默认的轮廓线的宽度，可以用来快速设置所选对象的轮廓宽度，如图 4-46 所示。

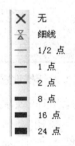

图 4-46　轮廓宽度

4.2.3　填充图形

CorelDRAW 不仅可以快速地编辑所选对象的轮廓，还可以对所选对象的内部进行各种各样的填充。系统提供的用于填充的工具主要有填充工具组、交互式填充工具、网状填充工具、智能填充工具及滴管、颜料桶工具等，其中填充工具组包括了均匀填充、渐变填充、图样填充、底纹填充、PostScript 填充等。工具箱中的各填充工具如图 4-57 所示。

1. 均匀填充

"均匀填充"用于对所选图形进行单色填充，它是 CorelDRAW 最常用的一种简便快捷的填充方式。通常的操作方法是使用"挑选工具"选择图形对象后，直接在调色板的任意颜色色块上单击鼠标左键，所选图形对象即被填充为相应颜色。

图 4-47　填充工具

如果要更精确地设置填充颜色，可通过"均匀填充"对话框来实现。操作方法如下：选择图形对象后，单击工具箱"填充工具"中的"均匀填充"按钮（或按 Shift+F11 组合键），在打开的"均匀填充"对话框中，通过"模型"、"混合器"、"调色板"三个选项卡对所要填充的颜色进行精确定位，单击"确定"按钮后图形对象被填充为所选颜色，如图 4-48 所示。

图 4-48　"均匀填充"对话框设置及均匀填充效果

默认状态下，CorelDRAW 只能对封闭的曲线填充颜色。如果要使开放的曲线也能填充颜色，可单击标准工具栏中的"选项"按钮（或按 Ctrl+J 组合键），打开"选项"对话框，在其中展开"文档|常规"，如图 4-49 所示。选中"填充开放式曲线"复选框，然后单击"确定"按钮，即可对开放式曲线填充颜色，如图 4-50 所示。

2. 渐变填充

"渐变填充"是指用渐变色进行图形的填充，由于渐变色可以逼真地模拟出各种自然光泽，所以渐变填充也是填充工具组中使用最频繁的工具之一。

选择图形对象后，单击工具箱"填充工具"中的"渐变填充"按钮（或按快捷键 F11），在打开的"渐变填充"对话框中分别设置渐变类型、角度和颜色等，单击"确定"按钮即可看到渐变填充的效果。"渐变填充"对话框如图 4-51 所示，其中各选项功能如下。

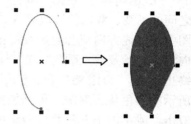

图 4-49 "填充开放式曲线"设置　　　　图 4-50 开放式曲线填充效果

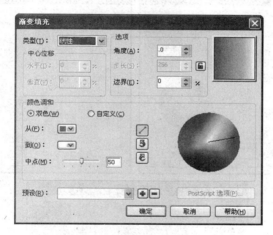

图 4-51 "渐变填充"对话框

"类型":用于渐变类型的选择,包括线性渐变、射线渐变、圆锥渐变和方角渐变,其效果如图 4-52 所示。

图 4-52 四种渐变效果

"中心位移":用水平和垂直的百分比来控制渐变的中心点。也可直接在右侧的预览框中拖曳来控制中心点位置。

"选项":用于角度、步长和边界的调整。"角度"表示渐变分界线的角度,可选范围为-360~360;"步长"表示渐变颜色的层次,默认值是 256,单击右侧的 按钮可调整步长值;"边界"表示设定渐变边缘的边界厚度,可选变化范围为 0~49,数值越大,其渐变颜色的边缘越明显。设置不同角度、步长、边界的对比效果如图 4-53 所示。

角度为0　　　　角度为120　　　　步长为256　　　　步长为10　　　　边界为0　　　边界为49

图 4-53　设置不同角度、步长、边界的对比效果

"颜色调和"：包括"双色"及"自定义"两种调和方式。"双色"调和用于两种颜色之间的渐变。双色的过渡有 3 种方式，如图 4-54 所示，单击 按钮可以在圆形颜色循环图中按直线方向混合起始及终止颜色，单击 按钮可以在圆形颜色循环图中按逆时针方向混合起始及终止颜色，单击 按钮可以在圆形颜色循环图中按顺时针方向混合起始及终止颜色。"自定义"调和方式用于两种或两种以上颜色之间进行渐变调和，在如图 4-55 所示的颜色条上双击，可添加颜色，同时在右侧的颜色库中选择颜色。直接在小三角上双击，或单击小三角并按 Delete 键，可删除所选颜色。

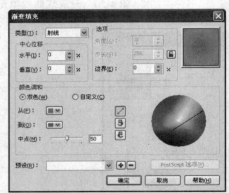 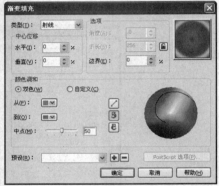

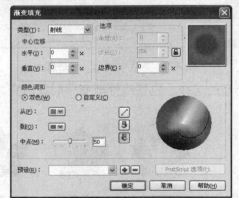

图 4-54　双色调和的直线混合、逆时针混合、顺时针混合效果

"预设":该选项提供了丰富的渐变样式,可直接选择并应用,如图4-56所示。单击右侧的 ➕ 按钮可将当前设置的渐变添加到"预设"列表中,单击 ➖ 按钮可删除"预设"列表中的选定样式。

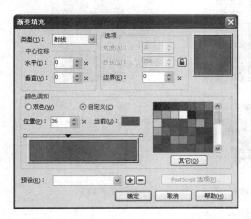

图4-55 自定义调和的颜色设置

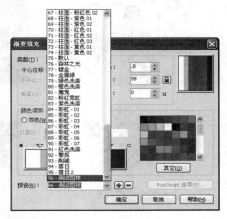

图4-56 "预设"渐变

3. 图样填充

"图样填充"是将CorelDRAW中预设或创建的双色图样、全色图样、位图图样填充到图形对象中。

选择图形对象后,单击工具箱"填充工具" 中的"图样填充"按钮 图样填充 ,在打开的"图样填充"对话框中分别设置图样填充类型、大小、变换角度和行/列位移等,单击"确定"按钮即可看到图样填充的效果。三种"图样填充"对话框如图4-57所示,其中各选项功能如下。

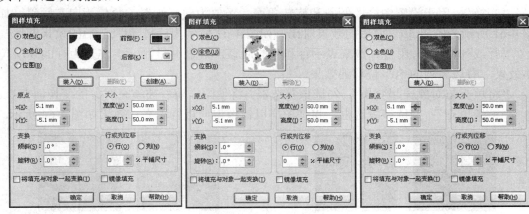

图4-57 三种"图样填充"对话框

"双色、全色、位图":CorelDRAW预设了双色图样库、全色图样库、位图图样库,可以直接选择使用,还可单击"装入"按钮,从外部装入图形或图像进行应用,也可通过"删除"命令对装入的图样进行删除。除此之外,"双色"图样填充状态还能对选定的双色图样进行修改,如改变"前部"、"后部"颜色,还可以单击"创建"按钮创造一个新图案。各图样库及填充效果如图4-58所示。

"原点":用于设置第一个图案的填充位置,分别用x和y来表示相对于填充对象的水平和垂直距离。如图 4-59 所示为原点 x、y 分别为 0（左）和 x、y 分别为 10（右）时的全色图样填充效果。

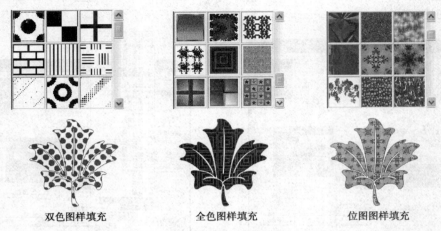

双色图样填充　　　　　　全色图样填充　　　　　　位图图样填充

图 4-58　图样库及图样填充效果

"大小"：用于控制填充图样的大小，分别用"宽度"和"高度"来表示。如图 4-60 所示为图样"宽度"、"高度"均为 10（左）和均为 20（右）的全色图样填充效果。

图 4-59　不同的原点效果　　　　　图 4-60　不同的大小效果

"变换"：用于设置图样的倾斜和旋转角度，正值为向左倾斜，负值为向右倾斜，如图 4-61 所示为倾斜 30°前后的效果对比。如图 4-62 所示为旋转 30°前后的效果对比。

"行或列位移"：用百分数来表示行和列的后移，如图 4-63 所示，左边为行的 50%位移效果，右边为列的 50%位移的效果。

"将填充与对象一起变换"：勾选该复选框，将使图样随着被填充对象的变换而变换。

"镜像填充"：勾选该复选框，将使图样以镜像方向进行填充，效果如图 4-64 所示。

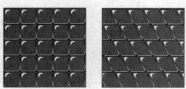 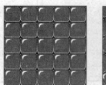

图 4-61　倾斜效果对比 　　　　　　图 4-62　旋转效果对比

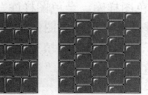  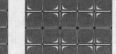

图 4-63　行、列位移效果　　　　　图 4-64　镜像填充效果

4. 底纹填充

"底纹填充"可以在对象中添加模仿自然界物体的材质纹理效果，使填充效果更具有立体感。

选择图形对象后，单击工具箱"填充工具" 中的"底纹填充"按钮 ，在打开的"底纹填充"对话框的"底纹库"、"底纹列表"中选择一款需要的底纹图案，并在"样式名称"栏中修改图案的参数，设置完成后单击"确定"按钮，底纹图案即被填充到图形对象中。"底纹填充"对话框设置及底纹填充效果如图 4-65 所示。

图 4-65 "底纹填充"对话框设置及底纹填充效果

5. PostScript 填充

PostScript 填充是一种特殊的图案填充方式，它可以在对象中添加半色调挂网的效果。使用 PostScript 填充的图案只有在"增强"或"使用叠印增强"视图模式下才能显示出来，且只能在具有 PostScript 解释能力的打印机中才能被打印出来。

选择图形对象后，单击工具箱"填充工具" 中的"PostScript"按钮 ，在"PostScript 底纹"填充对话框中选择一款需要的底纹，需要的话还可以在"参数"栏中修改底纹参数，设置完成后单击"确定"按钮，底纹即被填充到图形对象中。"PostScript 底纹"填充对话框设置及 PostScript 填充效果如图 4-66 所示。

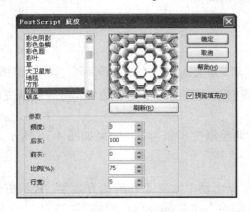
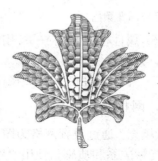

图 4-66 "PostScript 底纹"填充对话框设置及 PostScript 填充效果

6. 交互式填充

"交互式填充工具"是将前面所述的各种填充方式进行集成，并通过属性栏来调整填充类型，设置填充参数，使图形对象能同步地显示填充效果，也使填充变得更加直观。使用"交互式填充工具"的操作步骤如下。

步骤 1：单击工具箱中的"交互式填充工具"按钮（或按快捷键 G），并选择已填充的图形对象，即在该图形对象上根据填充的不同类型出现相应控制点，如图 4-67 所示。

步骤 2：在"交互式填充工具"属性栏中设置填充的类型，如"射线"，如图 4-68 所示。

 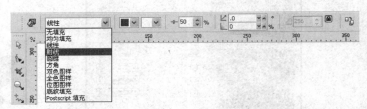

图 4-67 交互式填充对象　　　　　　　图 4-68 "交互式填充工具"属性栏

步骤 3：分别单击对象上的渐变起始色标和终止色标，并将属性栏的填充颜色调整为所需的渐变颜色，效果如图 4-69 所示。

步骤 4：在对象上拖动起始色、终止色色标，可调整渐变色位置，效果如图 4-70 所示。

步骤 5：在对象上拖动滑块，可改变渐变填充中心点位置，效果如图 4-71 所示。

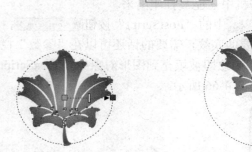  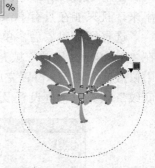

图 4-69 调整渐变颜色　　　图 4-70 调整渐变色位置　　　图 4-71 调整渐变填充中心点

步骤 6：属性栏中的　　用于调整渐变颜色的角度和边界，将射线渐变的边界设置为 20%，效果如图 4-72 所示。

步骤 7：单击属性栏中的　按钮，调整渐变步长为 6，效果如图 4-73 所示。

7. 网状填充

"网状填充"通过设置网格为图形对象添加丰富而柔和的填充效果，能很好地表现图形对象的光影关系和质感。使用"网状填充"工具的操作步骤如下。

步骤 1：使用"挑选工具"选择一个图形对象，如图 4-74 所示。

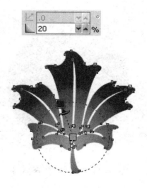 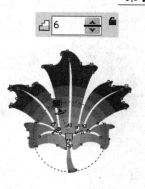

图 4-72　调整渐变边界　　　　　图 4-73　调整渐变步长

步骤 2：单击工具箱中的"交互式网状填充工具"按钮▦（或按快捷键 M），选择的对象将被网状填充线分割，如图 4-75 所示。

图 4-74　选择图形对象　　　　　图 4-75　对象被网状填充线分割

步骤 3：在如图 4-76 所示的"交互式网状填充工具"属性栏中可以指定网格的列数和行数，现将网格列数设置为 4。

图 4-76　"交互式网状填充工具"属性栏

步骤 4：选择其中的一个或多个节点，拖动鼠标以调整网格节点的位置，效果如图 4-77 所示。

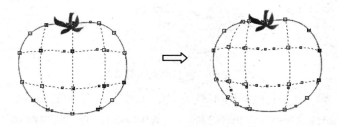

图 4-77　调整网格节点

步骤 5：选择对象上的各个网格节点，填充不同的颜色。如果单击属性栏中的"节点调整"按钮，可以增减节点及改变节点的属性。各网格节点的填充如图 4-78 所示。

步骤 6：使用"挑选工具"选择图形，将已填充对象设置为无轮廓，网状填充效果如图 4-79 所示。

图 4-78　各网格节点的填充　　　　　图 4-79　网状填充效果

▶8. 智能填充

"智能填充工具"能自动寻找出对象中具有相对封闭的填充区域，并以该填充区域为轮廓创建一个新的对象，大大提高了绘图效率，一些需要执行"相交"等造型命令才能填充的区域，现在只需一步简单的操作即可轻松完成。

"智能填充工具"的使用方法很简单，单击工具箱中的"智能填充工具"按钮，并将鼠标移动到轮廓相对封闭的区域内，单击鼠标即可获得一个新的对象，通过属性栏的填充颜色设置或单击调色板色标就可以方便地对区域进行填充。如果在图形外的空白绘图区单击，CorelDRAW 会自动在图形或图像的边缘创建一层边界，每单击一次，都会创建一层边界。"智能填充工具"的使用效果如图 4-80 所示。

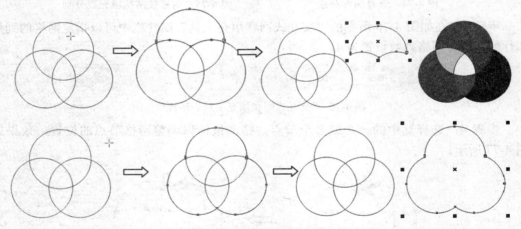

图 4-80　智能填充工具效果

"智能填充工具"的属性栏如图 4-81 所示，其中各选项功能如下。

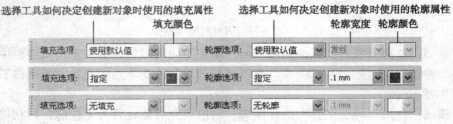

图 4-81　"智能填充工具"属性栏

"选择工具如何决定创建新对象时使用的填充属性"：该项用于设

置智能填充的填充属性,包括"使用默认值"、"指定"和"无填充"三个选项。在 "使用默认值"选项下,创建的对象可以按默认设置的填充色进行填充;在"指定"选项下,创建的对象将按属性栏中指定的"填充颜色"进行填充;如果选择"无填充",使用"智能填充工具"时将不进行填充。

"选择工具如何决定创建新对象时使用的轮廓属性" :该项用于设置智能填充的轮廓属性,包括"使用默认值"、"指定"和"无轮廓"三个选项。在"使用默认值"选项下,创建的对象采用默认设置的轮廓颜色和轮廓宽度;在"指定"选项下,创建的对象将采用属性栏中指定的"轮廓宽度"和"轮廓颜色";如果选择"无轮廓",使用"智能填充工具"创建的对象轮廓将无颜色和宽度。

9. 使用滴管和颜料桶工具填充

使用"滴管工具"和"颜料桶工具"对图形对象进行填充也是常用的方法。"滴管工具"主要用于吸取矢量图、位图及桌面上任何位置的颜色,"颜料桶工具"则用于将吸取的颜色填充到目标对象中。

首先单击工具箱中的"滴管工具"按钮 ,将如图4-82所示的"滴管工具"属性栏中的"选择是否对对象属性或颜色取样"设置为"示例颜色",将鼠标移动至需要吸取颜色的位置,然后单击工具箱中的"颜料桶工具"按钮 (或按住Shift键),并将鼠标移动到需要填充的目标对象上,将吸取的颜色填充至该对象上,效果如图4-83所示。

图4-82 "滴管工具"属性栏

图4-83 滴管和颜色桶工具的填充效果

> **技巧与提示**
>
> 单击属性栏中的"从桌面选择"按钮后,就可以吸取绘图页面以外的颜色进行填充了。如果将属性栏中的"选择是否对对象属性或颜色取样"设置为"对象属性",则还可吸取图形对象的属性、变换及效果进行填充。

4.3 项目实训

"迎春花卉展"宣传海报设计

1. 任务背景

"迎春花卉展"是以品种繁多、色彩斑斓悦目的杜鹃花为主题花的花卉展览，为该花卉展制作宣传海报。

2. 任务要求

迎春花卉展海报设计应紧扣"春日花语"主题，构图简洁大气，清新自然。花卉元素的绘制以贝塞尔工具结合交互式网状填充工具来完成，通过丰富的色彩变化，真实、自然地表现对象的立体效果和质感。

3. 任务素材

4.4 本章小结

图形对象轮廓线着色和填充是颜色应用的两大方面。CorelDRAW 中颜色应用的功能非常强大，可以使用各种标准调色板、颜色泊坞窗来选色并创建颜色，同时通过编辑图形轮廓和对图形内部进行各种不同方法的填充，使图形对象体现出不同的光和影的效果。

4.5 技能考核知识题

1. 使用智能填充工具时，当在目标对象之外应用填充时，得到的结果是（　　）。
   A. 没有结果　　　　　　　　　　　　　B. 有部分图形应用填充
   C. 工作区内所有对象都应用填充　　　　D. 程序出错
2. 当使用智能填充工具在一个对象上单击时，我们将得到（　　）的结果。
   A. 这个对象被填充为默认的颜色
   B. 这个对象被填充为"填充工具"属性栏指定的颜色
   C. 这个对象填充为背景色
   D. 产生一个新的对象，并填充为"填充工具"属性栏指定的颜色
3. 当使用智能填充工具填充一个位图时，得到的结果是（　　）。
   A. 一个新的矩形填充对象　　　　　　　B. 操作无法完成
   C. 得到一个轮廓图　　　　　　　　　　D. 得到一个透明的对象

4. 下列（　　）渐变填充类型不是 CorelDRAW 具备的。
   A．线性　　　　　　B．射线　　　　　　C．椭圆
   D．方角　　　　　　E．圆锥
5. 在滴管工具和颜料桶工具之间切换的快捷键是（　　）。
   A．Shift　　　　　B．Alt　　　　　C．Ctrl　　　　　D．Ctrl+Shift
6. 在 CorelDRAW 默认状态下，对象的填充色均预设为（　　）。
   A．白色　　　　　B．黑色　　　　　C．蓝色　　　　　D．无色
7. 将颜色板上的颜色与当前对象填充色按接近 10%的比例进行混合，应该按（　　）键的同时单击颜色板中的颜色。
   A．Alt　　　　　B．Ctrl　　　　　C．Shift　　　　　D．Tab
8. 使用（　　）工具可以获取任意目标的颜色。
   A．手绘　　　　　B．涂抹笔刷　　　　　C．橡皮擦　　　　　D．滴管
9. 智能填充命令，可以在选定对象周围创建（　　）边界。
   A．立体　　　　　B．渐变　　　　　C．彩色　　　　　D．新
10. 在 CorelDRAW 中，默认状态下使用的是（　　）调色板。
    A．RGB　　　　　B．标准色　　　　　C．PANTONE 印刷色　　　　　D．CMYK
11. 若想将当前物件的色彩直观地递增为调色板中另一个色彩，可以在单击色块的同时按（　　）键。
    A．Shift　　　　　B．Alt　　　　　C．Ctrl　　　　　D．空格
12. 轮廓笔对话框可以设置（　　）。
    A．轮廓色彩和填充色彩　　　　　　B．轮廓色彩、轮廓宽度和样式
    C．轮廓笔笔尖形状和线条端头形状　　D．箭头形状
13. 在 CorelDRAW 中将线转换成形状的方法是（　　）。
    A．执行"排列"→"将轮廓转换成对象"命令
    B．按 Ctrl+Shift+Q 组合键
    C．按 Ctrl+Q 组合键
    D．按 Shift+Q 组合键
14. 关于智能填充工具，下列说法错误的是（　　）。
    A．智能填充工具可以方便快捷地完成任何闭合对象的颜色和轮廓的填充
    B．智能填充工具可以方便快捷地完成任何对象的颜色和轮廓的填充
    C．使用智能填充工具填充的区域会生成新的对象
    D．使用智能填充工具填充的区域不会生成新的对象
15. 对一群组对象进行渐变填充后取消群组，结果是（　　）。
    A．整体填充效果不变
    B．每一个对象的填充属性都与原群组对象相同
    C．所有对象的填充属性为无
    D．所有对象的填充属性为单色

文本应用及版式设计

1. 掌握文本的创建方法。
2. 学会设置文本格式及制作文本效果。
3. 掌握图文混排的应用及版面设计方法。

6学时（理论3学时，实践3学时）

5.1 模拟案例

《车友》报纸版面设计

5.1.1 案例分析

▶ 1. 任务背景

为配合宣传第十一届杭州西博车展，制作一份《车友》报纸版面，内容定位为浙江汽车品牌调查。印刷介质为铜版纸，规格为545mm×393mm，颜色模式为四色印刷。

2. 任务要求

报纸版面简洁大气，以蓝色调为主，富有创意；并注重艺术欣赏性。

3. 任务分析

制作本案例首先要进行版面设置，规划出报纸的页眉、版心位置及上、下、左、右边距，并进一步设计出报头和刊头的效果，然后根据内容绘制出版面框架，进行内容填充，最终完成设计工作。

5.1.2 制作方法

1. 版面设置

报纸版面设置包括刊头和报头设计。操作步骤如下。

（1）启动CorelDRAW，在默认的属性栏中设定页面尺寸为545mm×393mm。

（2）一般报刊的上边距为2cm，下边距为1.8cm，左边距为2cm，右边距为2cm，中间间距为3cm，刊头高为4.5cm，报头高为1.5cm。按要求设置辅助线，如图5-1所示。

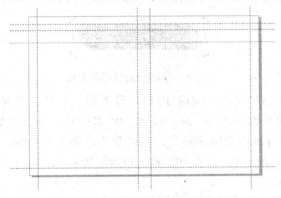

图 5-1 设置辅助线

运用"矩形工具"结合"对齐与分布"命令进行设置，设置后的效果如图5-2所示。

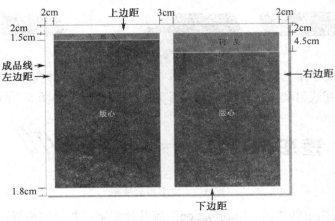

图 5-2 版面设置效果

（3）刊头设计。使用"矩形工具"在刊头区域绘制矩形，并填充颜色（C：3、M：23、Y：65、K：0），并绘制粗细两条蓝色直线，如图 5-3 所示。

图 5-3　刊头背景

（4）运用"文字工具"输入文字"车友"，修改字体为"方正综艺体"，按 Ctrl+Q 组合键，将文字转曲，运用"形状工具"调节字的形状，使"车"与"友"结合，如图 5-4 所示。

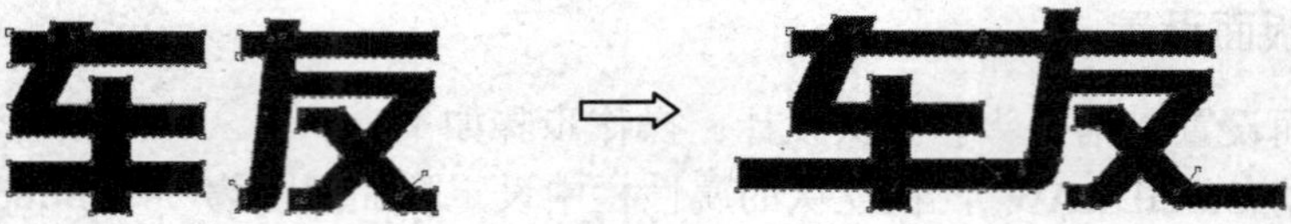

图 5-4　字体设计效果

（5）运用"矩形工具"绘制圆角矩形，并对其进行扭曲，如图 5-5 所示。

图 5-5　绘制圆角矩形并扭曲

（6）运用"渐变填充"（按快捷键 F11），设置圆角矩形的渐变填充（从（C：100、M：100、Y：0、K：0）到（C：0、M：0、Y：0、K：0），角度为 122°，边界为 15%）。

（7）按 Ctrl+D 组合键再制圆角矩形，将再制矩形缩小至 85%，并设置圆角矩形的渐变填充（从（C：100、M：100、Y：0、K：0）到（C：0、M：0、Y：0、K：0），角度为 50°，边界为 18%）。

（8）框选大、小两个圆角矩形，分别按快捷键 C（水平居中）和 E（垂直居中）快捷键，将两个圆角矩形叠加，如图 5-6 所示。

图 5-6　渐变填充和叠加

（9）运用"文字工具"输入文字"汽车 AUTO"，修改字体为"方正综艺体"，单击工具箱中的"交互式封套"按钮，使文字进行封套变形，如图 5-7 所示。

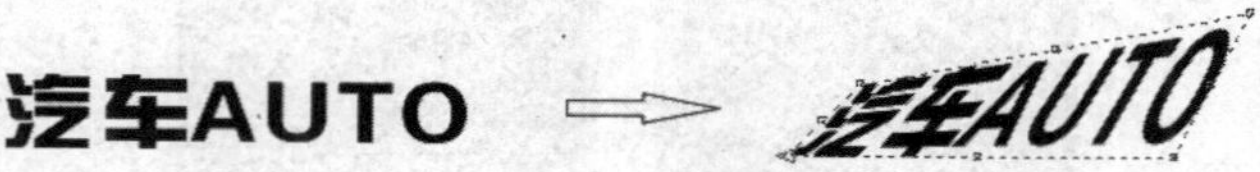

图 5-7　文字封套变形

（10）输入刊头上的"Car Information"等其他文字，并排列位置，完成刊头制作，如图 5-8 所示。刊头的高度不要超过 4.5cm。

图 5-8 完成刊头制作

（11）根据上面的方法完成报头设计，如图 5-9 所示。

图 5-9 报头设计

2. 绘制版式框架

完成了版面设置、刊头、报头的设计之后，接下来要进入最核心的版面设计部分，如图 5-10 所示。

图 5-10 中 TEXT 为美术文本区，虚线框内为段落文本区，实线框内为图形区。

（1）按图 5-10 所示，使用"矩形工具"分别在绘图窗口适当位置绘制出矩形的图形区。

（2）按图 5-10 所示，使用"文本工具"分别在绘图窗口适当位置拖动，生成段落文本区。

（3）段落文本区的变形处理：选择某段落文本，单击工具箱中的"交互式封套"按钮，单击属性栏中的"封套的双弧模式"按钮，单击段落文本框的控制节点，拖动产生填充封套变形效果，如图 5-11 所示。用相同方法分别调整相应段落文本框的外形轮廓。

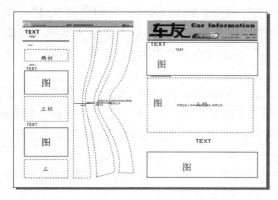

图 5-10 版式框架

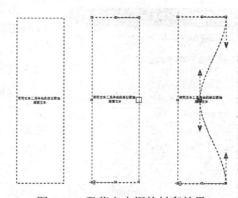

图 5-11 段落文本框的封套效果

3. 段落文本框分栏及链接

（1）使用"文字工具"单击段落文本框，执行"文本"→"栏"命令，在打开的"栏设置"对话框中，设置好分栏数及合适的栏间距，并勾选"栏宽相等"和"保持当前的图文框宽度"复选框，单击"确定"按钮，分栏结果如图 5-12 所示，按相同方法将版面中其他三个文本框分成三栏。

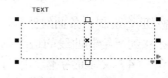

图 5-12 文本框分栏

(2) 选择链接起始文本框（图中 1），如图 5-13 所示，鼠标指向文本框下方的控制按钮 ▼，光标呈垂直双向箭头时，移动鼠标至下一个段落文本框（图中 2）内，并单击。用相同方法依次链接各段落文本框。

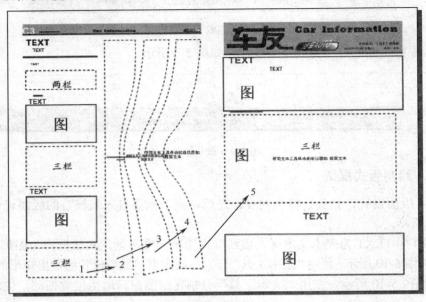

图 5-13　文本框的链接

▶ 4．文字处理

（1）对于大段的文字，一般情况的处理方法是先在 Word 或记事本中进行编辑，然后在 CorelDRAW 中贴入或导入 Word 或记事本文本。导入时有以下两种方法。

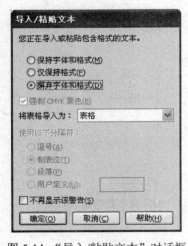

方法一：在 Word 或记事本中复制所需文本，在 CorelDRAW 中使用"挑选工具"双击段落文本框（或使用"文字工具"单击段落文本框），并使用"粘贴"命令贴入文本。

方法二：在 CorelDRAW 中，执行"文件"→"导入"命令（或按 Ctrl+I 组合键）导入文档，并在"导入/粘贴文本"对话框中单击"摒弃字体和格式"单选按钮，如图 5-14 所示。

（2）对于少量的单行文本，使用"文本工具"单击绘图窗口适当位置，输入文本。

图 5-14　"导入/粘贴文本"对话框

（3）沿路径排列文字：使用"文本工具"单击绘图窗口适当位置，输入文本"汉兰达　逍客　途观　宝马 3 系　雅阁　帝豪 ……"。使用工具箱中的"贝塞尔工具"按钮 ✎ 绘制一条曲线路径。选择文本，执行"文本"→"使文本适合路径"命令，将光标移到所绘制曲线的边缘单击，文本即呈路径形状排列，如图 5-15 所示。

（4）文本的字体、字号等字符格式设置。使用"文本工具"（或"挑选工具"）选择文本，在属性栏中设置所选文本的整体字体、字号，正文字号一般设置为 8 磅。如果设置局部文本的格式属性,则需单击文本(使用"挑选工具"双击文本区),并拖动鼠标反向选择文本,再设置字体、字号。反向选择文本的前提下,执行"文本"→"字符格式化"命令(或按 Ctrl+T 组合键),在弹出的"字符格式化"泊坞窗中设置字符的位移。

图 5-15　沿路径排列文字

(5)文本的对齐、间距等段落格式设置。使用"文本工具"(或"挑选工具")选择文本,执行"文本"→"段落格式化"命令,在弹出的"段落格式化"泊坞窗中设置段后间距为 200%。

5. 图文编排

(1)执行"文件"→"导入"命令(或按 Ctrl+I 组合键),在绘图区合适区域拖入各个位图,导入的位图需转换成 CMYK 模式(也可以在 Photoshop 中转换色彩模式后,再导入),效果如图 5-16 所示。

图 5-16　导入位图效果

(2)调整位图透明效果:选择位图,单击工具箱中的"交互式透明度"按钮,属性栏设置"线性"透明方式,在位图中拖动鼠标调整透明中心及角度,产生位图的透明效果,如图 5-17 所示。

图 5-17　位图的透明效果

(3)选择位图,单击属性栏中"段落文本换行"按钮下的"轮廓图 跨式文本"按钮,实现位图与文本的混排效果,如图5-18所示。

轮廓图跨式文本

图 5-18 图文混排效果

6. 印前工作

(1)将文字转换为曲线。在确认设计内容之后,应将文字转换为曲线,转换为曲线的文字不可以进行文字的输入修改,操作步骤如下。

步骤1:执行"编辑"→"全选"→"文本"命令,选择当前文件中的所有文本对象。

步骤2:按Ctrl+Q组合键,使文本转换为曲线。

(2)查看文档信息。查看文档信息是印前工作最关键的一环,文档信息里详细列出了当前文件的一些属性,包括文档属性、位图属性、填充属性等,操作步骤如下。

步骤1:右键单击工作区,在弹出的快捷菜单中选择"文档属性"选项,打开"文档属性"对话框,如图5-19所示。

步骤2:在"文档信息"对话框中查看"文本统计"、"位图对象"、"效果"、"填充"、"轮廓"等属性。

- 文本统计:如果显示"文档中无文本对象",则是全部文本转曲后的正确提示。在这里没有出现这种提示,是因为图形中存在两个群组对象("汽车 AUTO"),群组对象中的文本是不能被"全选文本"命令选择出来的,所以有两个文本未转曲,应查找文本并继续转曲。
- 位图对象:此列表显示了位图的属性,印刷用色是CMYK,如果是RGB的,一律转换为CMYK。
- 效果:如果对象应用了阴影和透明度处理,在这里会显示出来,应用阴影效果后,一定要将阴影分离出来,并单独将阴影转为CMYK位图。
- 填充:主要看填充色有无RGB,如果有,必须改为CMYK。
- 轮廓:主要看轮廓色有无RGB,如果有,必须改为CMYK。

(3)使用"查找对象"命令查找文本对象,并转曲。

步骤1:执行"编辑"→"查找和替换"→"查找对象"命令,打开"查找向导"对话框1,如图5-20所示,在该对话框中确定搜索类型,选中"开始新的搜索"单选按钮，单击"下一步"按钮。

图 5-19 "文档属性"对话框

图 5-20 "查找向导"对话框 1

步骤 2：打开"查找向导"对话框 2，如图 5-21 所示，在该对话框中确定查找对象的类型，选中"文本"复选框，单击"下一步"按钮。

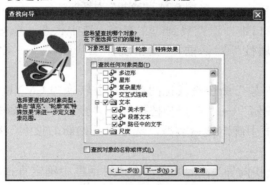

图 5-21 "查找向导"对话框 2

步骤 3：打开"查找向导"对话框 3，如图 5-22 所示，在该对话框中确定查找对象的属性，如果不需要设置，直接单击"下一步"按钮。

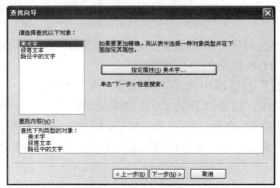

图 5-22 "查找向导"对话框 3

步骤 4：打开"查找向导"对话框 4，如图 5-23 所示，在该对话框中确认查找对象类型，并单击"完成"按钮，即可进行文本的全面搜索。

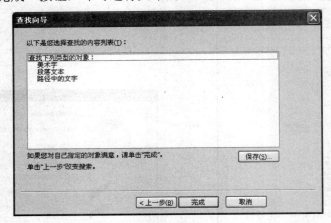

图 5-23 "查找向导"对话框 4

步骤 5：在"查找"对话框中单击"查找全部"按钮，如图 5-24 所示。

图 5-24 "查找"对话框

步骤 6：在绘图窗口中，已查找到的文本处于选中状态，按 Ctrl+Q 组合键转曲。

再次查看"文档属性"对话框，"文本统计"项显示"该文档中无文本对象"，如图 5-25 所示。

（4）使用"查找对象"命令查找位图对象，并转换为 CMYK 色。

步骤 1：执行"编辑"→"查找和替换"→"查找对象"命令，打开"查找向导"对话框 1，在该对话框中确定搜索类型，选中"开始新的搜索"单选按钮，再单击"下一步"按钮。

步骤 2：打开"查找向导"对话框 2，在该对话框中确定查找对象的类型，选中"位图"复选框，单击"下一步"按钮。

步骤 3：打开"查找向导"对话框 3，在该对话框中确定查找对象的属性，单击"指定属性 位图"按钮，在"指定的位图"对话框中，选中"位图类型"复选框，并在列表中选择"RGB 色（24 位）"，如图 5-26 所示，单击"确定"按钮返回上一级对话框，单击"下一步"按钮。

步骤 4：打开"查找向导"对话框 4，在该对话框中确认查找对象类型，并单击"完成"按钮，即可进行 RGB 位图的全面搜索。

步骤 5：在"查找"对话框中单击"查找下一个"按钮。

步骤 6：绘图窗口中，已查找到的 RGB 位图处于选中状态，执行"位图"→"模式"→"CMYK 模式（32 位）"命令，转换为 CMYK 模式。依次单击"查找下一个"按钮，重复执行"位图"→"模式"→"CMYK 模式（32 位）"命令，将全部位图转换为 CMYK 模式。

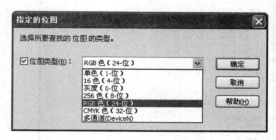

图 5-25 验证全部文本转曲　　　　图 5-26 指定位图类型

再次查看"文档属性"对话框,"位图对象"项显示位图为 CMYK 模式,如图 5-27 所示。

同时查看"填充"、"轮廓"项的色彩模式,确认无 RGB 模式,如图 5-27 所示。如果存在 RGB 模式的填充或轮廓色,可使用"替换对象"命令替换填充及轮廓对象的色彩模式。

(5)添加角线和色标。在确认当前文件中无任何 RGB 对象后,即可给报纸的四角添加角线。在报纸设计中,角线主要用于四色印刷中的定位操作,以确保套印无误。操作步骤如下。

步骤 1:双击"矩形工具"按钮,CorelDRAW 会自动按页面大小绘制一个矩形框,此矩形框主要用来辅助绘制角线。

步骤 2:单击工具箱中的"手绘工具"按钮(或按快捷键 F5),在绘图窗口空白处绘制一条 3mm 的水平直线,轮廓宽度为默认设置。在属性栏中设置"微调/偏移"值为 3mm,经复制、移动操作,形成角线,如图 5-28 所示。

步骤 3:全选角线,按 Ctrl+L 组合键组合角线。再按 F12 键,将轮廓笔颜色设为 CMYK 四色模式(C:100、M:100、Y:100、K:100)。

步骤 4:使用"挑选工具"选择绘制好的角线,并按住 Shift 键同时选择步骤 1 中绘制的矩形,单击"排列"→"对齐和分布"→"对齐和分布"命令(也可单击属性栏中的"对齐和分布"按钮),打开"对齐与分布"对话框进行设置,其对话框设置及效果如图 5-29 所示。

步骤 5:选择角线,使用方向键调整位置,如图 5-30 所示。将角线复制三份,旋转角线,并分别移动至矩形框四周。

步骤 6:使用"文本工具"添加 CMYK 色标,字体选择粗体,高度不要超过角线高度,并为 4 个字母分别填充青色(C:100、M:0、Y:0、K:0)、洋红(C:0、M:100、Y:0、K:0)、黄色(C:0、M:0、Y:100、K:0)、黑色(C:0、M:0、Y:0、K:100)四种填充色,按 Ctrl+Q 组合键将文字转换为曲线,如图 5-31 所示。

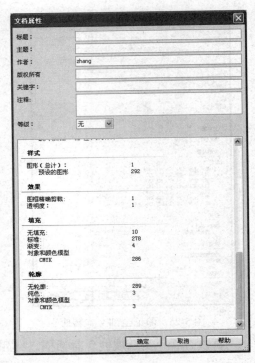

图 5-27 验证对象的色彩模式

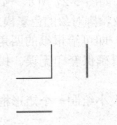

图 5-28 绘制角线

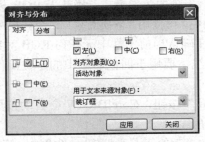

图 5-29 "对齐与分布"对话框设置及效果

完成印前准备工作。

图 5-30 调整角线位置

图 5-31 添加 CMYK 色标

5.2 知识延展

图形、色彩和文字是平面设计创作中最基本的三大要素,文字的作用是其中任何元素都不能替代的。在 CorelDRAW 中，文本是一种具有特殊属性的图形对象。文本的类型包括美术文本和段落文本。

5.2.1 创建文本

1. 美术文本的创建

美术文本是 CorelDRAW 中最常用的文本类型，适合制作文字较少的文本对象，如海报、宣传单中的广告语等。美术文本在平面设计中应用非常广泛。在设计中，美术文本作为一个单独的图形对象来使用，具有可调节性且自由度较高。

单击"文本工具"按钮 字（或按快捷键 F8），在属性栏中单击"水平文本/垂直文本"按钮，单击绘图窗口中的适当位置，出现闪动的插入光标时，即可直接输入美术文本，结束时单击工具，即可完成文字输入。按 Enter 键，可以另起一行再输入文字，结束后，两行文字作为一个整体显示，如图 5-32 所示。

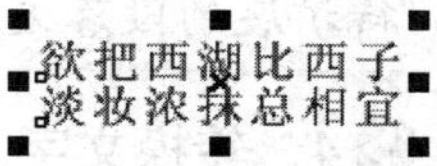

图 5-32　美术文本

2. 段落文本的创建

段落文本主要用于创建大段文本，如报纸、杂志、产品说明等，与 Word 软件中的图文框很相似，可自动换行、将文本分栏编排等。要创建段落文本，必须先绘制一个文本框，然后才能输入文本，步骤如下。

步骤 1：单击工具箱中的"文本工具"按钮 字（或按快捷键 F8），在绘图窗口中的适当位置单击并拖动鼠标形成一个矩形的虚线框，松开鼠标后会出现一个段落文本框，文本框中出现插入文字的光标。

步骤 2：在段落文本框中输入所需的文本即可。

默认情况下，无论输入多少文字，文本框的大小都会保持不变，超出文本框范围的文字将会被自动隐藏，此时文本框下方居中的控制点变为 形状，如图 5-33 所示。

步骤 3：要让文字全部显示，可移动鼠标至"隐藏"按钮 ，当光标呈上下双向箭头时，向下拖动鼠标，直至文字全部显示。或者，在选择文本框后，执行"文本"→"段落文本框"→"文本适合框架"命令，文本框将自动调整文字的大小，以使文字在文本框内完全显示，如图 5-34 所示。

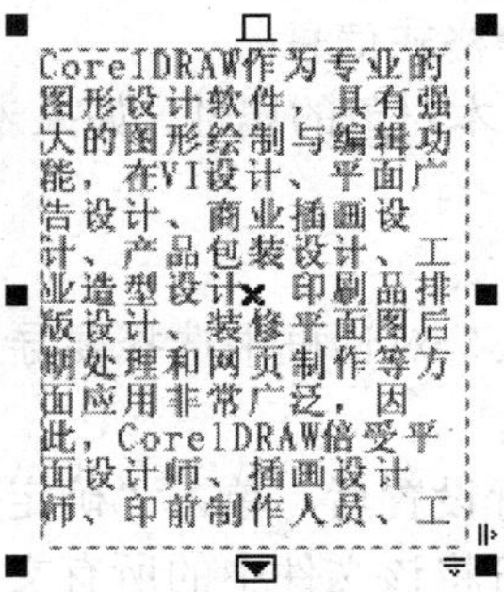

图 5-33　含有隐藏文本的段落文本框　　　图 5-34　按文本框大小显示文字

3. 美术文本和段落文本间的转换

美术文本是指没有文本框限制的文字，一般适合文字比较少的情况，可以对其使用文本命令和图形命令。而段落文本是指具有文本框限制、能够自动换行的文本。两种文本可相互转换。

步骤1：单击选择工具，选择文本（文字工具激活时不能转换）。

步骤2：执行"文本"→"转换到段落文本/转换到美术字"命令（或按 **Ctrl+F8** 组合键）。

技巧与提示

待扩展的段落文本需在文字完全显示时，才可转化为美术字。

4. 转换文字方向

步骤1：使用挑选工具选择文本。

图 5-35　垂直方向的文本

步骤2：单击属性栏中的"将文本更改为垂直方向"按钮 ▥ 或"将文本更改为水平方向"按钮 ≡，文本的方向即变为纵向或横向，如图 5-35 所示。

5. 贴入或导入外部文本

如果需在 CorelDRAW 中加入其他文字处理程序（如 Word）中的文字时，可以采用贴入或导入的方式来完成。

（1）贴入文本。

步骤1：在其他文字处理程序中选择文字，按 **Ctrl+C** 组合键复制。

步骤2：切换到 CorelDRAW 中，使用"文字工具"（或按快捷键 **F8**）在绘图窗口单击或拖动（创建美术文本或创建一个段落文本框），并按 **Ctrl+V** 组合键粘贴，此时将弹出"导入/粘贴文本"对话框。

在"导入/粘贴文本"对话框中，启用下列选项之一。

保持字体和格式：保持字体和格式可以确保导入和粘贴的文本保留其原来的字体类型，并保留项目符号、栏、粗体与斜体等格式信息。

仅保持格式：只保留项目符号、栏、粗体与斜体等格式信息。

摒弃字体和格式：导入或粘贴的文本将采用选定文本对象的属性，如果未通过对象，则采用默认的字体与格式属性。

（2）导入文本。

步骤1：执行"文件"→"导入"命令，在"导入"对话框中选择要导入的文本文件，并单击"导入"按钮。

步骤2：在弹出的"导入/粘贴文本"对话框中进行设置后，单击"确定"按钮。当光标变为标尺状态时，在绘图窗口中单击并拖动，即可将该文件中的所有文字以段落文本的形式导入到当前绘图窗口中。

6. 插入特殊符号和图形符号

（1）在文本中插入符号和图形。在文本中插入符号和图形可以增强文本的表现效果。在文本中输入文本符号和图形符号时，符号的大小都会自动匹配文本的字体大小，步骤如下。

步骤1：单击工具箱中的"文本工具"按钮后，输入文字。

步骤2：单击文本中需插入图形符号的位置。

步骤3：执行"文本"→"插入符号字符"命令，开启"插入字符"泊坞窗，如图5-36所示。选择好字体和代码页（插入字符图形，字体可用Wingdings，但在某些代码页中Wingdings字体不可用）及需插入的图形符号，单击"插入"按钮或双击选取符号。

（2）在绘图窗口插入符号作为图形对象。

步骤1：在绘图窗口直接执行"文本"→"插入符号字符"命令。

步骤2：选择所需符号，单击"插入"按钮，即可插入作为图形对象的特殊符号，如图5-37所示。

图5-36 "插入字符"泊坞窗

图5-37 图形对象的特殊符号

5.2.2 选择文本

与图形的编辑处理一样，在对文本进行编辑时，必须首先对文本进行选择。用户可选择绘图窗口的全部文本、单个文本或一个文本对象中的部分文字。

1. 选择全部文本

执行"编辑"→"全部"→"文本"命令，可选择当前绘图窗口中所有的文本对象。

2. 选择单个文本和多个文本

选择单个文本的操作方法与选择图形对象相似，只需使用"挑选工具"单击文本对象，则单个文本中的全部文字被选中。按住Shift键的同时单击文本，可选择多个文本。

3. 选择部分文字

在编辑对象时，如果只对一个文本对象中的部分文字进行编辑修改，则只能选择这部分文字后再进行编辑。选择部分文字的方法是：选择"文本工具"，将鼠标指向文本中需要选择的部分文字处拖动。

> **技巧与提示**
>
> 使用"挑选工具"在文本上双击,可以快速地从"挑选工具"切换到"文本工具"。

5.2.3 设置文本格式

在实际创作中,需要对输入的文本进行更进一步的编辑,以达到突出主题的目的,这就需要了解文本的基本属性。文本的基本属性包括文本的字体、字体大小、颜色、间距及字符效果等。

▶1. 字符格式设置

字符格式设置主要针对于美术文本和段落文本的字体、字体大小、颜色、间距及字符效果等文本属性设置。

(1)"字符格式化"命令。通过字符格式化,可以很方便地为文本设置字体、字号,添加上画线、下画线,删除画线,改变文字的大小写、上标和下标,改变选定文本的水平和垂直方向位置等。

使用"挑选工具"选择文本,执行"文本→字符格式化"命令,或单击属性栏中的 按钮或按 Ctrl+T 快捷键,均可打开"字符格式化"泊坞窗进行设置,如图 5-38 所示。

字符间距调整:调整两个字之间的距离,主要通过"形状工具"选择文本,并选择需要调整的两个字的节点,并输入数值。

字符效果:为美术文本和段落文本添加画线,改变大小写和设置上标或下标。

字符位移:运用"形状工具"进行文字的角度、水平位移和垂直位移调整。运用"形状工具"直接拖动文字的节点也可以达到水平移动和垂直移动的效果。

> **技巧与提示**
>
> "脚本"设置是一个非常实用的命令,这个设置类似于排版软件的复合字体。使用"挑选工具"选择文本,脚本设置为"亚洲",在字体栏中将字体设成"华文行楷";再将脚本设为"拉丁文",在字体栏设置任何一种英文字体,这样所选文本中的中文和英文字体分别变成了刚才的设置,如图 5-39 所示。如果脚本设为"全部语言",则文本中所有文字均为同一字体。

图 5-38 "字符格式化"泊坞窗

图 5-39 脚本设置

(2) 属性栏设置。选取文本后,属性栏选项设置如图 5-40 所示。

图 5-40 设置文本属性

设置字体:单击"挑选工具"按钮,选择文本,单击字体列表设置字体。

设置字号:单击"挑选工具"按钮,选择文本,单击字号列表,或调整属性栏中的对象大小区域。

设置下画线:单击"挑选工具"按钮,选择文本,单击"下画线"按钮。

设置颜色:单击"挑选工具"按钮,选择文本,单击调色板中某色标,或按下 F11 键,打开"渐变填充"对话框,设置渐变填充效果,如图 5-41 所示。

设置镜像:单击"挑选工具"按钮,选择文本,单击"水平镜像/垂直镜像"按钮,会使文字水平翻转或垂直翻转,如图 5-42 所示。

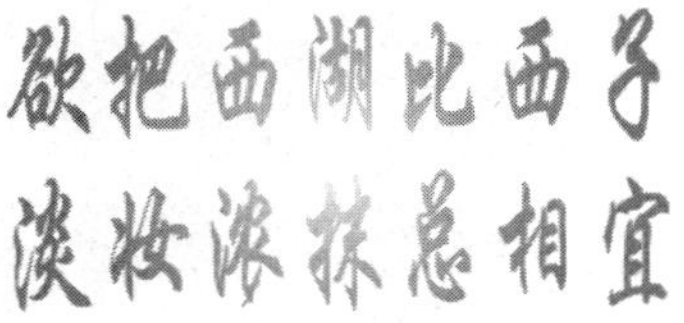

图 5-41 文本填充效果 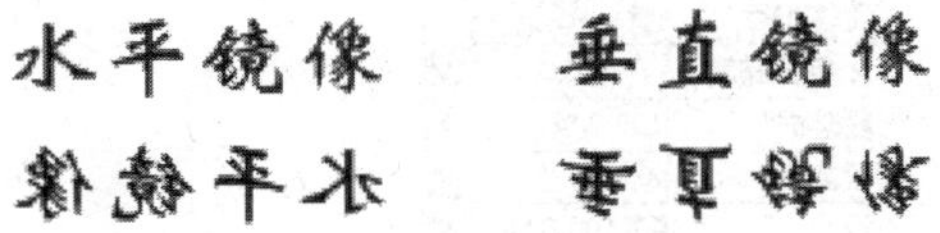　　　　图 5-42 文本的水平镜像和垂直镜像

技巧与提示

在文本修改状态下,设置粗体与斜体字按钮为灰色,不可使用。要对文本设置粗体和斜体,应该在单击"文本工具"时设置。

(3) "对象属性"泊坞窗设置。右击文本,单击"属性"选项(或按 Alt+Enter 组合键),打开"对象属性"泊坞窗进行设置,如图 5-43 所示。

(4) "编辑文本"对话框。单击"挑选工具"按钮,选择文本,执行"文本"→"编辑文本"命令,或单击属性栏中的"编辑文本"按钮,或按 Ctrl+Shift+T 组合键,打开"编辑文本"对话框,进行设置,如图 5-44 所示。

图 5-43 "对象属性"泊坞窗

图 5-44 "编辑文本"窗口

▶ 2. 段落格式设置

段落格式设置主要针对于美术文本和段落文本的对齐方式、行间距、文本方向及段落文本的段落间距、段落缩进的设置。

要对美术文本和段落文本的对齐、间距、缩进进行精确调整，可通过"段落格式化"泊坞窗来完成，操作步骤如下。

步骤 1：单击"挑选工具"按钮，选择文本，执行"文本"→"段落格式化"命令，打开"段落格式化"泊坞窗，如图 5-45 所示。

步骤 2：文本对齐设置：在展开的"段落格式化"泊坞窗中选择"对齐"选项，可进行水平及垂直方向上的对齐设置，如图 5-46 所示。

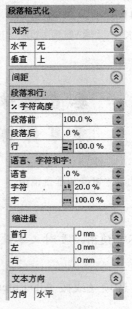

图 5-45 "段落格式化"泊坞窗

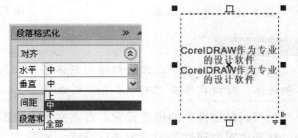

图 5-46 水平与垂直方向上的对齐设置

技巧与提示

文本对齐的属性栏设置：选择文本，单击属性栏中的"对齐"图标 ，单击对齐方式列表中的"水平对齐"按钮，如图 5-47 所示。

文本对齐的快捷键设置：使用"文本工具"在段落文本框中单击，将光标插入到文本框中，可以通过以下快捷键控制段落文本的对齐方式。

- 左对齐：Ctrl+L
- 右对齐：Ctrl+R
- 居中对齐：Ctrl+E
- 全部调整：Ctrl+J
- 强制调整：Ctrl+H

步骤 3：文本间距设置：单击"间距"选项右侧的 按钮，展开该选项进行设置。

垂直间距的设置：如果选取的文本是段落文本，可设置"段落前"、"段落后"、"行"间距；如果选取的是美术文本，只能设置"行"间距，如图5-48所示。

图5-47 "水平对齐"按钮

图5-48 "段落格式化"泊坞窗

水平间距的设置：设置"字符"或"字"间距值。

CorelDRAW 对"字符"和"字"有其自己的定义，"段落格式化"中的"字符"是指汉字、字母、数、标点或其他符号；而"字"是指字母组成的英文单词。因此"间距"中的"字调整"是调整英文单词之间的间距，"字"适用于英文排版。

技巧与提示

文本间距也可使用"形状工具"调整，步骤如下。

使用"形状工具"按钮（可按快捷键 F10）或"挑选工具"按钮单击段落文本（美术文本必须用"形状工具"选取），文字处于节点编辑状态，每一个字符左下角的空心小方块（鼠标选中时为实心方块）为该字符的节点，如图5-49所示。

拖动文字外右下侧的控制图标，用来调整文字的水平间距，如图5-50所示。
拖动文字外左下侧的控制图标，用来调整文字的垂直间距，如图5-51所示。

图5-49 "形状工具"调整文本间距 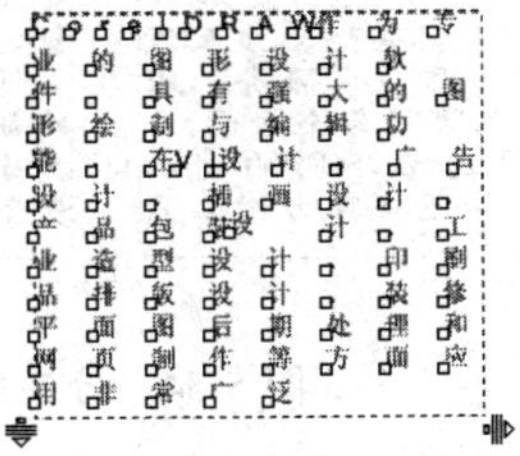　　图5-50 调整水平间距 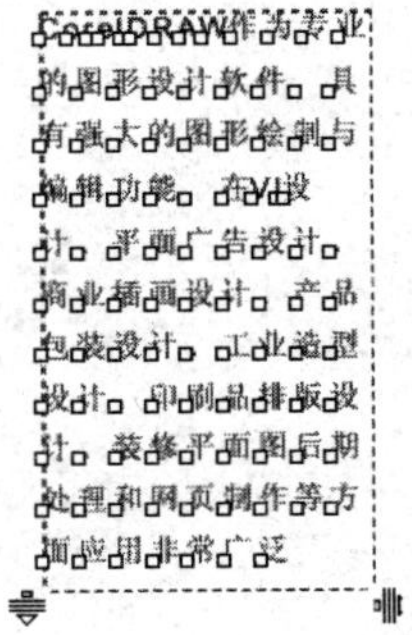　　图5-51 调整垂直间距

文字处于节点编辑状态时，每一个字符左下角的空心小方块（鼠标选中时为实心方块）为该字符的节点，拖动单个文字左下方的节点，可以改变单个字符的水平和垂直方向位置，如图5-52所示。

图 5-52　单个文字的间距调整

步骤4：段落文本缩进设置：单击"缩进"选项右侧的 按钮，展开该选项进行设置。

分别进行首行缩进、左缩进和右缩进的设置。如图5-53所示分别是首行缩进7mm，左缩进和右缩进分别为10mm的对比效果。

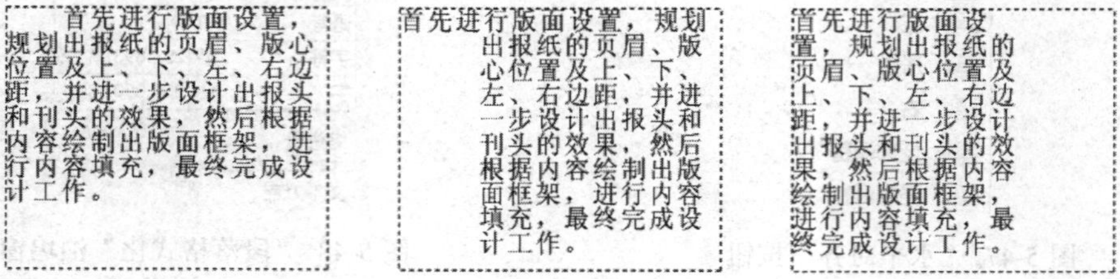

图 5-53　首行缩进、左缩进、右缩进对比

步骤5：文本方向设置：用于设置文本方向，作用与属性栏中的"将文本更改为垂直方向"按钮 和"将文本更改为水平方向"按钮 相同。

5.2.4　设置文本效果

1. 段落文本分栏

对于大篇幅段落文本的排版，可以设置分栏方便读者阅读。设置分栏的步骤如下。
步骤1：使用"挑选工具"选择该段落文本。
步骤2：执行"文本"→"分栏"命令，弹出"栏设置"对话框。
步骤3：输入"宽度"和"栏间宽度"的数值，单击"确定"按钮。分栏效果如图5-54所示。

图 5-54　分栏效果

此外，使用"文本工具"拖动段落文本框，可以改变栏和装订线的大小，也可选用手柄的方式来进行调整。

2. 设置段落文本项目编号

CorelDRAW 为用户提供了丰富的项目符号样式，通过对项目符号进行设置，就可以在段落文本的句首添加各种项目符号。操作步骤如下。

步骤1：选择需要添加项目编号的段落文本。

步骤2：执行"文本"→"项目符号"命令，打开"项目符号"对话框，勾选"使用项目符号"复选框，如图5-55所示。

步骤3：设置"字体"、"符号"、"大小"、"基线位移"等数值，单击"确定"按钮，效果如图5-55所示。

图5-55 "项目符号"对话框设置及效果

对话框中的"文本图文框到项目符号"选项用于设置文本框与项目符号之间的距离，"到文本的项目符号"选项用于设置项目符号与后面的文本之间的距离。

3. 设置段落文本的首字下沉

在段落中应用首字下沉功能可以放大句首字符，以突出段落的句首，操作步骤如下。

步骤1：使用"挑选工具"选择段落文本。

步骤2：执行"文本"→"首字下沉"命令，打开"首字下沉"对话框，勾选"使用首字下沉"复选框，如图5-56所示。

步骤3：设置"下沉行数"及"首字下沉后的空格"等数值，单击"确定"按钮，效果如图5-56所示。

图5-56 "首字下沉"对话框设置及效果

技巧与提示

单击属性栏中的"显示/隐藏首字下沉"按钮也可以设置与取消段落文本的首字下沉效果。

4. 段落文本框的显示与隐藏

执行"文本"→"段落文本框"→"显示文本框"命令（或"工具"→"选项"→"工作区"→"文本"→"段落"中的"显示文本框"）。

5. 段落文本框的链接

在 CorelDRAW 中，可以通过链接文本的方式，将一个段落文本分离成多个文本框链接。文本框链接可移动到同个页面的不同位置，也可以在不同页面中进行链接，它们之间始终是互相关联的。段落文本也可以与开放或闭合的对象链接，但不能与美术文本链接。

（1）多个文本框的链接。如果段落文本中的文字过多，超出了绘制的文本框所能容纳的范围，此时可将隐藏的文字链接到其他文本框中。创建链接文本的操作步骤如下。

步骤 1：使用"挑选工具"选择文本对象。

步骤 2：链接到新建文本框：单击当前段落文本框上端或下端中间的按钮，光标呈链接标志，此时在页面上的其他位置按下鼠标拖出一个新的段落文本框时，上一文本框中被隐藏的文字将自动转移到新创建的链接文本框中。

步骤 3：链接到其他文本框：单击当前段落文本框上端或下端中间的按钮，光标呈链接标志，将光标移动到其他段落文本框，并且出现"➡"时单击，完成两个文本框的链接，如图 5-57 所示。

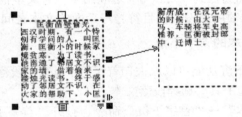

图 5-57　段落文本框的链接

（2）文本框与图形对象的链接。

步骤 1：使用"挑选工具"选择文本对象。

步骤 2：单击当前段落文本框上端或下端中间的按钮，光标呈链接标志，将光标移动到其他图形对象，并且出现"➡"时单击，完成文本框与图形对象的链接，如图 5-58 所示。

图 5-58　链接文本到图形对象

> **技巧与提示**
>
> 用于链接的图形对象必须是封闭图形，如果是开放的曲线，被隐藏的文本将沿路径排列。

（3）解除文本框的链接。要解除文本框的链接，有两种情况的不同操作。

取消所有链接：选取所有的链接对象，执行"文本"→"段落文本框"→"断开链接"命令，如图 5-59 所示。

图 5-59　取消所有链接

解除某个链接：可以在选取某个相链接的文本框对象后，按下 Delete 键。解除某个链接后，其他链接关系保持不变，如图 5-60 所示。

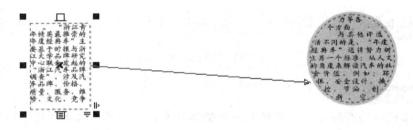

图 5-60　解除某个链接

5.2.5　图文混排

在版面设计中，经常要同时对图形图像和文字进行编排。怎样通过排版处理，在有限范围内使图形图像与文字达到规整、有序的排版效果，是专业排版人员必须掌握的技能。图文混排通常要用到以下这几种方法。

1. 沿路径排列美术字

运用文本适合路径功能可以让文本沿路径排列，形成特殊的文字效果。该功能可以很轻松地绘制出波浪状文字或弧形文字，但它只适用于美术文本。

（1）使文字沿路径输入，操作步骤如下。

步骤 1：使用工具箱中的"贝塞尔工具"绘制一条曲线路径。

步骤 2：使用"文本工具"，将光标移动到路径边缘，当光标变为 I 形状时，单击绘制的曲线路径，出现输入文本的光标时输入文字，所输入的文字沿路径排列，如图 5-61 所示。

（2）文本沿路径排列。将已有文本沿路径排列，操作步骤如下。

步骤1：选择文本。

步骤2：执行"文本"→"使文本适合路径"命令，并在路径的适当位置单击，如图 5-62 所示，文本即沿路径排列。

图 5-61 输入的文字沿路径排列　　　　图 5-62 使文本适合路径

技巧与提示

沿路径排列后的文本仍具有文本的基本属性，可以添加或删除文字，也可更改字体、字号等文本属性。

（3）路径文本属性设置。选择沿路径排列的文字与路径，可以在如图 5-63 所示的"路径文本"属性栏中修改其排列属性，以改变文字沿路径排列的方式。

图 5-63 "路径文本"属性栏

技巧与提示

沿路径排列后的文本与路径为一个整体对象，如果要将文本保留沿路径排列的形状，并与路径分离，可执行"排列"→"打散在一路径上的文本"命令（或按 Ctrl+K 组合键，效果如图 5-64 所示。

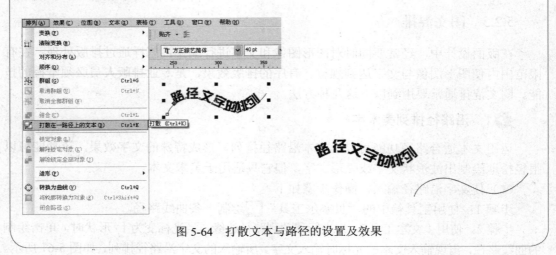

图 5-64 打散文本与路径的设置及效果

▶2. 将文本转换为曲线

当设计好一个平面作品，需要拿给客户看或者是定稿后需要出菲林时，就有可能需要将文件复制到其他计算机上进行操作。如果其他的计算机中没有该设计作品中所用的字体，则文字将不能正常显示，只能替换为其他字体。为了避免这种情况，在完成平面作品设计出菲林前都应将文字转换为曲线。

文本转曲是非常重要的功能，转曲后就不能再设置字体、字号等文本属性，但可对其节点进行编辑，从而得到特殊的艺术造型处理。文本转曲的操作步骤如下。

步骤1：选择文本。

步骤2：执行"排列"→"转换为曲线"命令 （或按 Ctrl+Q 组合键）。

步骤3：使用"形状工具"，对转曲文字的节点进行编辑，效果如图 5-65 所示。

图 5-65　转曲文字的处理

▶3. 设置内置文本

内置文本是指在封闭路径内置入文本，置入的文本将随封闭路径的外形自动调整位置。内置文本可以是美术文本，也可以是段落文本。置入文本时可在封闭路径中直接输入文本，也可将已经存在的文本添加到封闭路径中，操作方法如下。

（1）在封闭路径（或者封闭的图形对象）中输入文本。

步骤1：绘制封闭路径或图形。

步骤2：单击工具箱中的"文本工具"按钮，将鼠标移到封闭路径或图形的边缘，当鼠标变成为 I 光标形状时单击鼠标，输入文本，效果如图 5-66 所示。

> **技巧与提示**
>
> 当鼠标移到封闭路径或图形的边缘时，鼠标的光标形状不同，产生的文字效果也不同。如果当鼠标呈 I 光标时单击，输入的文字是沿封闭路径排列的外置文本，如图 5-67 所示。

图 5-66　在封闭图形中输入文本　　　　图 5-67　沿封闭路径排列文本

（2）将文本内置于封闭路径或图形。

步骤1：绘制封闭路径或图形。

步骤2：选择文本，按住鼠标右键拖动文本到封闭图形或路径内释放鼠标，在弹出的快捷菜单中选择"内置文本"选项。

▶ 4. 文本绕图

在用 CorelDRAW 排版时，为了让读者更容易理解所讲的知识，可以给文字配图，给版面增加美观与协调感。文本绕图是指图文混排时文字围绕图形排列，而不会遮盖图片或被图片遮盖，一般在报纸和杂志的排版中较常见。

使文本绕图的操作步骤如下。

步骤1：将图形对象拖入到需要执行"文本绕图"命令的段落文字中，此时图形与文本是重叠的，如图5-68所示。

图5-68 图形与文本重叠

步骤2：选择图形，单击属性栏中的"段落文本换行"按钮，该按钮将弹出八种文本绕图方式可供选择，如图5-69所示。

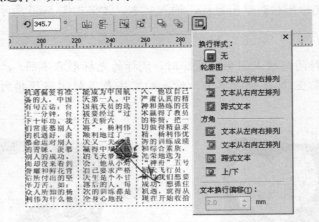

图5-69 文本绕图方式

步骤3：选择"轮廓图"下的"跨式文本"选项，并设置"文本换行偏移"项数值（用于控制文本和图像之间的距离），并单击绘图窗口区。设置好的文本绕图效果如图5-70所示。

其他文本绕图方式效果如图5-71所示：

图 5-70　轮廓图 跨式文本绕图效果

轮廓图　文本从左向右排列

轮廓图　文本从右向左排列

方角　上/下

方角　文本从左向右排列

方角　文本从右向左排列

方角　跨式文本

图 5-71　文本绕图方式

5.3　项目实训

"美丽孕季"服饰品牌宣传册版面设计

▶ 1. 任务背景

为配合"美丽孕季"服装品牌的宣传,制作一份品牌宣传册的版面设计,规格为286mm×216mm,颜色模式为四色印刷。

▶ 2. 任务要求

本案例制作的是服装品牌宣传单,版面设计的重点在于文字的造型和色彩的搭配,注重突出品牌说明文字与实物图片搭配,使文字与图片相辅相成,简洁大气,富有创意。

▶ 3. 任务素材

5.4 本章小结

文本是 CorelDRAW 作品中不可或缺的重要元素。CorelDRAW 具备了专业文字处理软件和专业彩色排版软件的强大功能,如何应用 CorelDRAW 处理文本,是我们必须掌握的基本技能。通过本章的学习,我们应该掌握美术文本及段落文本的创建与编辑、文本的属性和文本格式的设置,以及段落文本的版式编排等内容,从而更好地传达作品信息。

5.5 技能考核知识题

1. 美术字文本的换行方式是( )。
    A. 到达文本框的边框自动换行　　　B. 到达绘图页面的边框自动换行
    C. 按 ESC 键换行　　　　　　　　D. 用 Enter 手动换行
2. 对美术文本使用封套效果,结果是( )。
    A. 美工文本转为段落文本　　　　　B. 文字转为曲线
    C. 文字形状改变　　　　　　　　　D. 没有作用
3. 在进行文本转换时,下列说法正确的是 ( )。
    A. 美术字文本可以转换化为段落文本,但段落文本不可转换为美术字文本
    B. 段落文本可以转换化为美术字文本,但美术字文本不可转换为段落文本

C. 美术字文本和段落文本可以相互转换
D. 美术字文本和段落文本不可以相互转换

4. 将美术字文本字母"O",转为曲线后再拆分曲线,会得到的效果是（ ）。

A. 转为曲线后无法打散,所以此操作不可行
B. 会得到一个实心的"O"
C. 会得到两个大小不等的实心"O"
D. 会得到一个曲线化的"O"

5. 输入的美术字在使用了"拆分美术字"命令后将得到的效果是（ ）。

A. 删除 B. 填充颜色
C. 编辑字体 D. 拆分为单个独立对象

6. 使文本适合路径命令,可以让文本（ ）。

A. 随意改变颜色 B. 按指定的路径排列、分布
C. 不可编辑 D. 不可删除

7. 下列对于字符位移的设置,说法错误的是（ ）。

A. 在进行字符位移设置时必须先将文字刷取
B. 美术字文本和段落文本都可以进行字符位移的设置
C. 字符位移不仅可以设置字符的颜色还可以设置字符的角度
D. 字符位移可以设置刷取文字的角度,水平及垂直位移量

8. （ ）可以精确调整段落文本的字距行距。

A. 调用字符格式化
B. 节点工具推拉文本框右下角的弹簧
C. "文本"菜单/"段落格式化"
D. 拆分后手工调整

9. 段落文本无法转换成美术文本的情况有（ ）。

A. 文本被设置了间距 B. 运用了交互式封套
C. 文本被填色 D. 文本框内未能显示出完整的文本内容

10. 对于从泊坞窗中插入到绘图窗口的符号字符对象,能对它进行的操作有（ ）。

A. 旋转 90 度 B. 更改填充
C. 添加交互式阴影 D. 用"形状工具"编辑其节点

11. 下列关于 CorelDRAW 文字的描述正确的是（ ）。

A. 可将某些文字转换为图形,然后可执行图形的有关操作
B. 文字可沿路径进行水平或垂直排列
C. 文字是不能执行绕图操作的
D. 文字可在封闭区域内进行排列

12. 在 CorelDRAW 中输入文本的方法有（ ）。

A. 使用文本工具输入文本 B. 使用剪贴板输入文本
C. 使用导入命令导入文本 D. 使用打开命令打开文本文件

13. 下列关于首字下沉命令,说法正确的是（ ）。

A. 首字下沉命令只适用于段落文本
B. 首字下沉命令适用于任何文本

C. 在使用首字下沉命令时，必须先将首字刷取

D. 在使用首字下沉命令时，在对话框中进行适当的参数设置即可

14. 下列命令中，只适用于段落文本的是（   ）。

A. 制表位　　　　　　　B. 栏　　　　　　　　C. 项目符号　　　　　　　D. 断行规则

15. 下列关于CorelDRAW的文本编辑叙述正确的是（   ）。

A. 将美术字文本转换成段落文本后就不再是图形，不能再进行特殊效果的制作

B. 将段落文本转换成美术字文本后，将会失去段落文本的缩进、字体等格式设置

C. 文本的颜色填充同其他图形的操作方法相同

D. 如果增大了段落文本的字符间距或行距，使部分文字不可见，可以拉大文本框将其显示出来

第6章
图形对象的排列与组合

1. 熟悉对象的排序、对齐和分布的快捷操作方法。
2. 掌握对象的群组、结合等组合方式的应用。
3. 学会对象的焊接、修剪、相交等造形处理技巧。

6学时（理论3学时，实践5学时）

6.1 模拟案例

"COCO爱宠屋"宠物物品店插画广告设计

6.1.1 案例分析

1. 任务背景

插画广告设计在现代设计领域中是最具表现意味的，是现代商业广告中的一个重要组成部分。本案例是宠物物品店的插画广告设计，"COCO爱宠屋"是一家以经营宠物食品、宠物服装、宠物玩具为主的网店，设计插画广告以招徕顾客。

2. 任务要求

确定插画所要表达的意图进行构思定位，使人物和宠物形象可爱生动，色彩搭配清新亮丽，画面效果富有活力。

3. 任务分析

本案例利用贝塞尔工具和椭圆等工具和渐变填充绘制图形，通过排序、对齐等命令调整各图形对象的堆叠顺序和位置关系，配合焊接、修剪等造形，编辑及群组、图框剪裁完成插画。

6.1.2 制作方法

1. 绘制插画背景

（1）启动 CorelDRAW 软件系统，启动 CorelDRAW 并进入欢迎界面后，单击"新建空白文档"选项，生成一个纵向的 A4 大小的图形文件。

（2）选择"挑选工具"，在属性栏设置"纸张方向"为横向。

（3）单击工具箱中的"矩形工具"按钮，在绘图区拖动创建一个矩形，在属性栏输入宽度285mm，高度195mm。

（4）执行"排列"→"对齐和分布"→"在页面居中"命令（或按快捷键P），使矩形居中于页面，如图6-1所示。

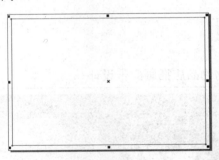

图6-1　矩形居中于页面

（5）选择矩形，按 Shift+F11 组合键打开"均匀填充"对话框，在其中设置颜色为酒绿色（C：40、M：0、Y：100、K：0），填充矩形。

（6）单击工具箱中的"椭圆工具"按钮，绘制大小不同的多个圆形并调整成如图6-2所示的效果。框选所有圆形，单击属性栏中的"焊接"按钮，焊接结果如图6-3所示。

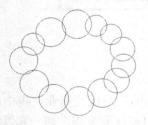
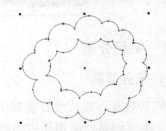

图6-2　绘制多个圆形效果　　　　　图6-3　多个圆的焊接结果

（7）按 F10 键切换至"形状工具"状态，按住 Shift+Ctrl 组合键，单击内部子路径上的任一节点可以选择子路径上所有节点，如图6-4所示，按 Delete 键，删除子路径，效果如图6-5所示。

图 6-4　选择子路径上所有节点　　　　图 6-5　删除子路径后的图形效果

（8）选择图形，按 Shift+F11 组合键打开"均匀填充"对话框，在其中设置颜色为青色（C：76、M：5、Y：2、K：0），填充图形。再右键单击调色板中的⊠按钮，取消该图形的轮廓线。按数字键区的"+"键，复制图形，并按住 Shift 键，拖动右上角的控制点，向内缩小图形，并将图形填充成浅蓝色（C：15、M：0、Y：0、K：0），填充效果如图 6-6 所示。

（9）框选两图形，按 Ctrl+G 组合键，将其群组。执行"效果"→"图框精确剪裁→"放置在容器中"命令，此时光标变为➡形状，将光标移动至绿色矩形内单击鼠标，完成剪裁。右键单击矩形内对象，选择快捷菜单中的"编辑内容"选项，然后拖动图形将其移动至绿色矩形的右边位置，再次在对象上右击，从快捷菜单中选择"结束编辑"选项。剪裁后的背景图形效果如图 6-7 所示。

图 6-6　填充图形效果　　　　　　　图 6-7　插画背景效果

（10）右键单击背景图形，选择快捷菜单中的"锁定对象"选项，锁定插画背景图形。

2．制作标志及创建背景文字

（1）在工作区绘制大小不同的两个正圆和一个矩形，如图 6-8 所示。

图 6-8　绘制正圆和矩形

（2）同时选定两个正圆，按快捷键 E，使两圆水平居中对齐；再按快捷键 C，使两圆垂直居中对齐（也可以单击属性栏中的"对齐与分布"按钮，在打开的如图 6-9 所示的"对齐与分布"对话框的"对齐"选项卡中分别勾选水平方向上的"中"和垂直方向上的"中"复选框，然后单击"应用"按钮）。两圆的居中对齐效果如图 6-10 所示。

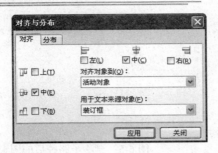

图6-9 "对齐与分布"对话框   图6-10 居中对齐效果

（3）选择小圆，执行"排列"→"造形"→"造形"命令，打开"造形"泊坞窗，在泊坞窗下拉列表中选择"修剪"选项，并确认"来源对象"和"目标对象"复选框均未被选中，如图6-11所示，单击"修剪"按钮后移动鼠标光标至大圆上，单击鼠标对其执行修剪并生成环形，效果如图6-12所示。

图6-11 "造形"泊坞窗   图6-12 用小圆修剪大圆效果

（4）选定矩形和圆环，按快捷键E，使两图形水平居中对齐；再按快捷键L，使矩形相对于圆环左对齐（也可以单击属性栏中的"对齐与分布"按钮，在打开的如图6-13所示的"对齐与分布"对话框的"对齐"选项卡中分别勾选水平方向上的"左"和垂直方向上的"中"复选框，然后单击"应用"按钮）。两图形的左对齐效果如图6-14所示。

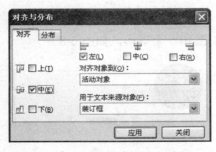

图6-13 "对齐与分布"对话框   图6-14 左对齐效果

（5）选择矩形，在"造形"泊坞窗中单击"修剪"按钮，移动鼠标至圆环上，单击鼠标对其进行修剪，效果如图6-15所示。

（6）水平镜像复制修剪后的圆环，如图6-16所示，调整两圆环的相对位置。

图 6-15　用矩形修剪圆环效果　　　　图 6-16　水平镜像复制

（7）框选两圆环，单击属性栏中的"修剪"按钮，左圆环被修剪。执行"排列"→"拆分曲线"命令（或按 Ctrl+K 组合键），使左圆环拆分为 3 个扇形对象，单击其中一个扇形图形，按 Delete 键将其删除。选择左圆环修剪后的图形，左移至合适位置，效果如图 6-17 所示。

图 6-17　左圆环修剪后效果

（8）选择图形，按 Ctrl+D 组合键再制，并移动至合适位置，形成标志图形。将该标志图形填充橘红色，并取消其轮廓线。标志图形效果如图 6-18 所示。

（9）输入标志文字"爱宠屋"，设置相应的字体、字号，为文字填充紫色。将文字与标志图形进行组合，效果如图 6-19 所示。

图 6-18　标志图形效果　　　　图 6-19　标志图形与文字组合效果

（10）在插画背景中的合适位置创建文字"COCO！"，设置相应的字体、字号，为文字填充浅黄色，如图 6-20 所示。按 Ctrl+D 组合键再制，并为再制后文字填充青色。执行"排列"→"顺序"→"向后一层"命令（或按 Ctrl+PgDn 组合键），将再制文字移至原文字的后面，效果如图 6-21 所示。

图 6-20　输入文字　　　　图 6-21　再制文字

▶ 3．绘制人物及小狗插画

（1）绘制女孩。

步骤 1：单击工具箱中的"贝塞尔工具"按钮，绘制出女孩脸部图形，如图 6-22 所示，对脸部图形作"射线"渐变填充，颜色为（C：3、M：9、Y：11、K：0）到（C：

3、M：0、Y：9、K：0），并取消轮廓线。

步骤2：单击工具箱中的"贝塞尔工具"按钮![],绘制出女孩头顶的头发图形，填充颜色为黑色，如图6-23所示。

图6-22 脸部图形

图6-23 头顶头发

步骤3：单击工具箱中的"贝塞尔工具"按钮![],绘制出女孩左边的头发图形，填充颜色为黑色。右键单击头发，执行"顺序"→"置于此对象后"命令，并单击脸部图形，将头发排列到脸部图形的后面，如图6-24所示。用相同方法绘制女孩右边的头发图形，填充颜色为黑色，排列到脸部图形的后面，如图6-25所示。

图6-24 左边头发

图6-25 右边头发

步骤4：单击"椭圆工具"按钮![],绘制交叉椭圆。框选两圆，单击属性栏中的"修剪"按钮![],将椭圆修剪成形，并填充为蓝色（C：70、M：63、Y：30、K：1），如图6-26所示。

图6-26 绘制椭圆并修剪

步骤5：单击"椭圆工具"按钮![],绘制多个椭圆，从后到前依次填充颜色。第1个椭圆形填充为白色，第2个椭圆形填充为从（C：93、M：69、Y：11、K：2）到（C：40、M：33、Y：2、K：0）的射线渐变，第3个椭圆形填充为从（C：26、M：28、Y：11、K：0）到（C：88、M：63、Y：19、K：2）的射线渐变，第4个圆形填充为（C：58、M：31、Y：3、K：0）。再在椭圆中绘制一个月牙形，填充从白色到蓝色的线性渐变，即为女孩眼睛效果如图6-27所示。

图 6-27　眼睛效果

步骤 6：单击"椭圆工具"按钮，在女孩脸上绘制两个椭圆形，填充颜色为淡粉色（C：5、M：23、Y：5、K：0），取消轮廓线。单击"贝塞尔工具"按钮，绘制出女孩嘴巴图形，填充颜色为从（C：7、M：69、Y：18、K：1）到（C：0、M：37、Y：5、K：0）的射线渐变，取消轮廓线，如图 6-28 所示。

步骤 7：单击"贝塞尔工具"按钮，绘制出如图 6-29 所示的头发高光部分，填充图形颜色为（C：0、M：0、Y：0、K：23）。

图 6-28　嘴巴效果　　　　　　　　　图 6-29　头发高光效果

步骤 8：单击工具箱中的"基本形状工具"按钮，单击属性栏上的"完美形状"按钮，选择心形，然后在女孩头发上绘制一个心形图形，并填充红色（C：20、M：100、Y：98、K：0）。在心形发夹上绘制出高光图形，对其作线性填充，颜色从左至右分别为（C：2、M：89、Y：91、K：0）、（C：13、M：92、Y：92、K：5）、（C：23、M：96、Y：92、K：11），填充后取消轮廓线。单击"贝塞尔工具"按钮，绘制出发夹的飘带图形，填充颜色红色后取消其轮廓线。发夹效果如图 6-30 所示。

步骤 9：单击"贝塞尔工具"按钮，绘制围巾形状，并填充为藏青色（C：100、M：100、Y：40、K：0）后取消围巾轮廓线。单击"椭圆工具"按钮，在围巾上绘制一些圆形，填充颜色为粉红色（C：0、M：50、Y：0、K：0）后取消圆形轮廓线。选择围巾和圆形，按 Ctrl+G 组合键将其群组，并单击右键，执行"顺序"→"置于此对象后"命令，将围巾移至头发图形的后面，如图 6-31 所示。

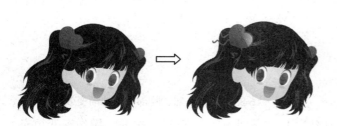

图 6-30　发夹效果　　　　　　　　　图 6-31　围巾效果

步骤 10：单击"贝塞尔工具"按钮，绘制衣服图形及矩形，分别对其填充橘红色和紫色,并取消轮廓线。绘制出衣服的褶皱图形,填充颜色为香蕉黄(C:0、M:0、Y:60、K:20),并取消轮廓线。选择衣服,按Ctrl+G组合键将其群组,并单击右键,执行"顺序"→"置于此对象后"命令,将衣服移至头发图形的后面,如图6-32所示。

步骤11:单击"贝塞尔工具"按钮,绘制出女孩的衣袖图形,填充为橘红色并设置轮廓宽度为1.2mm,在衣袖上绘制出黄色的衣服条纹及黑色的衣袖轮廓线,如图6-33所示。

图6-32 衣服效果　　　　　　　　　图6-33 衣袖效果

步骤12:框选女孩图形,按Ctrl+G组合键,将女孩图形群组。

(2)绘制小狗。

步骤1:单击"椭圆工具"按钮,在工作区绘制多个椭圆形,经移动、旋转及大小缩放等变换后得到小狗轮廓图形,如图6-34所示。

步骤2:选择小狗头部的椭圆,按F11键,渐变填充该椭圆,线性渐变的颜色从左到右依次为(C:0、M:0、Y:0、K:10)、(C:0、M:0、Y:0、K:5)、(C:0、M:0、Y:0、K:0)。选择小狗脸部的椭圆,按F11键,渐变填充该椭圆,线性渐变的颜色左到右依次为(C:0、M:0、Y:0、K:20)、(C:0、M:0、Y:0、K:5)、(C:0、M:0、Y:0、K:0)。执行"排列"→"顺序"→"置于此对象后"命令,将脸部椭圆置于头部椭圆之后,如图6-35所示。使用相同方法分别填充小狗的耳、嘴等形状,并调整前后位置,效果如图6-36所示。

图6-34 小狗轮廓图形　　　　　　图6-35 小狗头部、脸部图形的渐变效果

步骤3:单击"贝塞尔工具"按钮,绘制小狗足部形状,按F11键做渐变填充,并调整足部与身体的前后位置,效果如图6-37所示。

图 6-36　小狗图形渐变效果　　　　图 6-37　小狗足部图形

步骤 4：单击"椭圆工具"按钮 ○，分别绘制两个交叉椭圆，框选交叉椭圆，单击属性栏中的"修剪"按钮，将椭圆修剪成形，并填充为褐色（C：50、M：85、Y：100、K：0），如图 6-38 所示。

图 6-38　绘制椭圆并修剪

步骤 5：单击"椭圆工具"按钮 ○，绘制多个大小不同的椭圆。单击"贝塞尔工具"按钮，绘制小狗嘴部形状。对小狗的眼、鼻、嘴作相应填充，并调整上下的位置关系，形成的小狗头部效果如图 6-39 所示。

图 6-39　小狗头部效果

步骤 6：选择小狗图形，取消其轮廓线。

（3）分别将小狗和女孩图形移动至插画背景内，如图 6-40 所示。

（4）右键单击小狗身体，执行"顺序"→"置于此对象后"命令，将小狗身体移至女孩手臂后面，如图 6-41 所示。

图 6-40　移动图形　　　　图 6-41　将小狗身体置于女孩手臂后

（5）右键单击插画背景，选择"解除锁定对象"选项，将之前锁定的背景解锁。

（6）选择女孩和小狗图形，执行"效果"→"图框精确剪裁"→"放置在容器中"命令，将光标 ➡ 移动至插画背景内单击鼠标，效果如图 6-42 所示。右键单击剪裁后的图形，选择快捷菜单中的"编辑内容"选项，调整好女孩和小狗图形相对于插画背景的位置，再次在对象上右击，选择"结束编辑"选项。完成的插画效果如图 6-43 所示。

图 6-42 图框精确剪裁效果

图 6-43 插画效果

6.2 知识延展

6.2.1 对象的叠放

CorelDRAW 中绘制的对象存在重叠关系，即在绘制对象或导入对象时，最后绘制或导入的对象将在最上层，而最先绘制或导入的对象将在最底层。当两个对象重叠时，上一对象将遮住与下一层对象重叠的部分。要改变对象的上下叠放顺序，可通过以下两种方法来调整。

1. 使用排序命令

方法一：选择需调整叠放顺序的图形，执行"排列"→"顺序"菜单命令，在弹出的"顺序"子菜单中选择相应的选项即可，如图 6-44 所示。

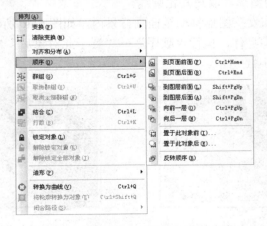

图 6-44 "排列"→"顺序"菜单命令

- 选择"到页面前面"或"到页面后面"选项，可将所选对象调整到当前页面中所有对象的前面或后面。
- 选择"到图层前面"或"到图层后面"选项，可将对象调整到当前图层中所有对象的前面或后面。
- 选择"向前一层"或"向后一层"选项，可将对象调整到当前图层的上一层或下一层。
- 选择"置于此对象前"或"置于此对象后"选项，当光标变为 ➡ 形状时，单击目标对象，即可将所选对象调整到目标对象的上一层或下一层。
- 选择所有需要反转排列顺序的所有对象，选择"反转顺序"选项，即可将多个对象的顺序按与原来相反的顺序排列，如图 6-45 所示。

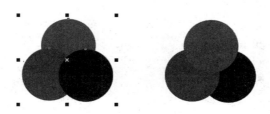

图 6-45　反转顺序效果

方法二：右键单击需调整叠放顺序的图形，单击快捷菜单中"顺序"选项下相应的级联菜单命令。

方法三：选择需调整叠放顺序的图形，按相应的快捷键来调整，快捷键如下。
- 到页面前面：Ctrl+Home 组合键
- 到页面后面：Ctrl+End 组合键
- 到图层前面：Shift+PageUp 组合键
- 到图层后面：Shift+PageDown 组合键
- 向前一层：Ctrl+PageUp 组合键
- 向后一层：Ctrl+PageDown 组合键

2. 使用对象管理器

执行"窗口"→"泊坞窗"→"对象管理器"命令，在展开的"对象管理器"泊坞窗中，选择需调整顺序的对象，按下鼠标左键将对象拖动到目标位置，即可更改图形的叠放顺序，如图 6-46 所示。

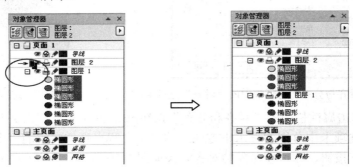

图 6-46　在"对象管理器"泊坞窗中调整图形的叠放顺序

6.2.2 对象的对齐与分布

在 CorelDRAW 中可以准确地排列、对齐对象，以及使各个对象按一定的方式进行分布。选择需要对齐的所有对象以后，执行"排列"→"对齐和分布"菜单命令，如图 6-47 所示，然后在展开的下一级子菜单中选择相应的选项，即可使所选对象按一定的方式对齐和分布。

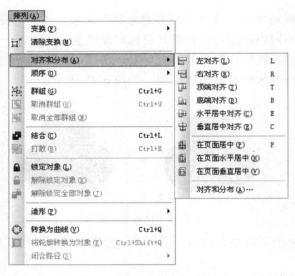

图 6-47 "对齐和分布"菜单命令

▶ 1. 对齐对象

选择需要对齐的所有对象，单击属性栏中的"对齐和分布"按钮 ，（或执行"排列"→"对齐和分布"→"对齐和分布"命令，将弹出如图 6-48 所示的"对齐与分布"对话框，其中默认为"对齐"选项卡，在该选项卡中可以设置对象的对齐方式。

对象指定方式对齐的操作步骤如下：

步骤 1：使用"挑选工具"选择需要对齐的所有对象，如图 6-49 所示。

图 6-48 "对齐与分布"对话框中的"对齐"选项卡　　图 6-49 选择全部对象

步骤 2：单击属性栏中的"对齐和分布"按钮 ，在弹出的"对齐与分布"对话框中的"对齐"选项卡中分别勾选水平方向上的"中"和垂直方向上的"上"复选框，然后单击"应用"按钮，即可使对象的对齐效果如图 6-50 所示。

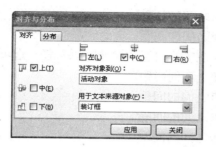

图 6-50　对齐方式的设置及其效果（一）

步骤 3：按 Ctrl+Z 组合键，撤销上一步的操作，然后打开"对齐与分布"对话框，在该对话框中同时选中水平和垂直方向上的"中"复选框，再单击"应用"按钮，即可使对象的对齐效果如图 6-51 所示。

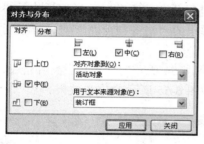

图 6-51　对齐方式的设置及其效果（二）

技巧与提示

用来对齐左、右、顶端或底端边缘的参照对象，是由对象创建的顺序或选择顺序决定的，如果在对齐前已经框选对象，则最下层的对象将成为对齐其他对象的参考点；如果通过单击选择多个对象，则最后选定的对象将成为对齐其他对象的参考点。

2. 分布对象

在"对齐与分布"对话框中单击"分布"选项卡，切换到"分布"选项设置，如图 6-52 所示。在"分布"选项卡中，可以选择所需的分布方式，也可以组合选择分布参数。选择"选定的范围"或"页面的范围"单选项后，可使对象按指定的范围进行分布。

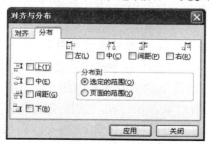

图 6-52　"对齐与分布"对话框中的"分布"选项卡

水平分布所选对象，应该从对话框右上方的水平选项中选择以下任一选项。
- "左"选项：平均设置对象左边缘之间的间距。
- "中"选项：平均设置对象中心点之间的间距。

- "间距"选项：平均设置选定对象之间的间隔。
- "右"选项：平均设置对象右边缘之间的间距。

垂直分布所选对象，应该从对话框左侧的垂直选项中选择以下任一选项。

- "上"选项：平均设置对象上边缘之间的间距。
- "中"选项：平均设置对象中心点之间的间距。
- "间距"选项：平均设置选定对象之间的间隔。
- "下"选项：平均设置对象下边缘之间的间距。

指示分布对象的区域，可选择以下任一选项。

- "选定的范围"选项：在环绕对象的边框区域上分布对象。
- "页面的范围"选项：在绘图页面上分布对象。

分布对象的操作步骤如下。

步骤1：如图6-53所示，选中需要进行分布的所有对象，然后执行"排列"→"对齐和分布"→"对齐和分布"命令，在弹出的"对齐与分布"对话框中切换至"分布"选项卡。

步骤2：在"分布"选项卡中进行如图6-54所示的分布设置，并选中"页面的范围"单选项，然后单击"应用"按钮，得到如图6-55所示的分布效果。

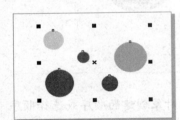
图6-53 选择分布对象

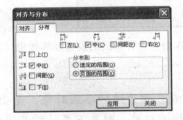
图6-54 分布设置

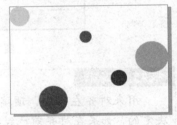
图6-55 分布效果

6.2.3 对象的群组与结合

1. 群组对象

群组对象就是将所选的多个图形对象组合成一个整体。对群组所做的任何操作将作用于群组中的每一个图形。

（1）群组的方法。

步骤1：使用"挑选工具"选取需要群组的全部对象。

步骤2：执行"排列"→"群组"命令（或者按下Ctrl+G组合键，或者单击属性栏中的"群组"按钮）即可将选取的所有对象群组在一起，如图6-56所示。

选择已群组的两组或多组对象，执行相同的群组操作，可以创建嵌套群组（嵌套群组是指将两组或多组已群组对象进行再次组合）。将不同图层的对象群组后，这些对象会存在于同一个图层中。

（2）群组对象内对象的选择。

对群组对象进行的各种操作都将针对群组中所有的对象，如果要对群组对象中的个别对象进行移动、缩放、旋转等操作，则可以按Ctrl键选取群组对象内的对象，群组中选定对象的控制点为圆形控制点，如图 6-57 所示，按 Tab 键或 Shift+Tab 组合键可切换选取群组对象中的对象。

图 6-56　群组对象　　　　　　　　　图 6-57　选定群组中的对象

2．解散群组

将多个对象群组后，如果要取消群组，只需在选取群组对象后，执行"排列"→"取消群组"命令（或按快捷键 Ctrl+U，或单击属性栏中的"取消群组"按钮）即可。

如果要将嵌套群组对象全部解散为各个单一的对象，在选取该嵌套群组对象后，单击属性栏上的"取消全部群组"按钮即可。

3．结合对象

结合对象可以将多个对象结合为一个单独的对象。与群组对象不同的是，群组对象内每个对象依然相对独立，保留着其原有的属性，如颜色、形状等，而结合后的对象将成为一个整体，不再具有原有的属性。

使用"结合"命令的操作步骤如下。

步骤 1：选取需要结合的多个对象。

步骤 2：执行"排列"→"结合"命令（或者按下 Ctrl+L 组合键，或者单击属性栏中的"结合"按钮），即可将所选对象结合为一个对象，效果如图 6-58 所示。

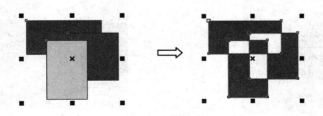

图 6-58　结合后的对象效果

若结合的对象有重叠，偶数次重叠的区域将被挖空。结合后的对象属性与选取对象的先后顺序有关，如果使用"挑选工具"并按下 Shift 键加选的方式选择所要结合的对象，则结合后的对象属性与最后选择的对象属性保持一致；如果采用框选的方式选取所要结合的对象，则结合后的对象属性会与位于最下层的对象属性保持一致。

4．拆分结合

对于结合后的对象，可以通过"拆分"命令来取消对象的结合，恢复各个对象原来的属性状态。拆分不是结合的逆操作，拆分后，对象原有的属性将丢失，拆分后的对象

图 6-59 拆分后的对象效果

将成为各个单一的图形。

拆分结合的操作步骤如下。

步骤 1：选取已经结合在一起的对象。

步骤 2：执行"排列"→"打散曲线"命令（或按下 Ctrl+K 组合键，或单击属性栏中的"打散"按钮），即可将对象分离成结合前的各个单独对象。拆分后的图形效果如图 6-59 所示。

6.2.4 对象的锁定与解锁

在编辑复杂的图形时，有时为了避免对象受到操作的影响，可以对已经编辑好的对象进行锁定。被锁定的对象，不会被执行任何操作。

1. 锁定对象

要锁定对象，可以选取需锁定的一个或多个对象，对其执行"排列"→"锁定对象"命令，或者使用右键单击对象，执行快捷菜单中的"锁定对象"选项。被锁定对象四周的控制点将变为锁形形状，表示对象处于锁定状态，如图 6-60 所示。

2. 解锁对象

要继续编辑锁定的对象，必须先解锁对象。在选择锁定对象后，执行"排列"→"解除锁定对象"命令，或者右键单击对象，选择快捷菜单中的"解除锁定对象"选项即可解锁对象，如图 6-61 所示。

图 6-60 对象的锁定状态

图 6-61 解锁对象

如果用户锁定了若干个对象，这些被锁定的对象可以单独解锁，也可以同时解锁。执行"排列"→"解除锁定全部对象"菜单命令，即可将所有的对象一起解锁。

6.2.5 对象的造形编辑

在 CorelDRAW 中，图形对象也支持布尔运算，即多个图形对象可以进行求和（焊接）、交集（相交）和差集（修剪）等。"排列"→"造形"菜单命令提供了一些改变对象形状的功能，如图 6-62 所示。在选择多个对象的状态下，"挑选工具"属性栏也提供了与造形命令相对应的功能按钮，以便快捷地使用这些命令，如图 6-63 所示。此外，执行"排列"→"造形"→"造形"或者"窗口"→"泊坞窗"→"造形"命令可打开"造形"泊坞窗，通过泊坞窗也可对图形对象进行造形编辑，如图 6-64 所示。

图 6-62 "造形"菜单命令

图 6-63 "挑选工具"属性栏中的"造形"功能按钮　　图 6-64 "造形|焊接"泊坞窗

▶ 1. 焊接对象

焊接对象就是将两个或多个对象焊接为一个对象。在 CorelDRAW 中可以焊接多个单一对象或组合的多个图形对象，还能焊接单独的线条，但不能焊接段落文本和位图图像。它可以将多个对象结合在一起，以此来创建具有单一轮廓的独立对象。新对象将沿用目标对象的填充和轮廓属性，所有对象之间的重叠线都将消失。

方法一：用"挑选工具"框选需要焊接的多个图形，执行"排列"→"造形"→"焊接"命令，或者单击属性栏中的"焊接"按钮，焊接效果如图 6-65 所示。

当用户使用框选的方式选择对象进行焊接时，焊接后的对象属性会与所选对象中位于最下层的对象保持一致。

方法二：使用"挑选工具"并按住 Shift 键加选各对象（最后选择青色花瓣），执行"排列"→"造形"→"焊接"命令，或者单击属性栏中的"焊接"按钮，焊接结果如图 6-66 所示。

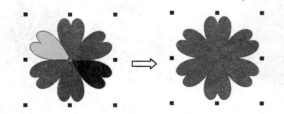

图 6-65 对象的焊接效果

图 6-66 焊接属性的变化

如果使用"挑选工具"并按住 Shift 键，以加选的方式选择对象，那么焊接后的对象属性会与最后选取的对象保持一致。

方法三：通过"造形"泊坞窗完成对象的焊接操作。

步骤1：选择用于焊接的来源对象（如选择青色、绿色和蓝色花瓣），执行"窗口"→"泊坞窗"→"造形"命令，打开"造形"泊坞窗，如图6-64所示，在泊坞窗中单击下拉按钮，选择"焊接"选项，其中的"保留原件"选项功能如下：

"来源对象"复选框：选中该复选框后，在焊接对象的同时将保留来源对象。

"目标对象"复选框：选中该复选框后，在焊接对象的同时将保留目标对象。

步骤2：选中"目标对象"复选框，然后单击"焊接到"按钮，当光标变成 ▣ 形状后选择目标对象（可按下Shift键，以加选的方式选择，按顺序分别选择红色、洋红色、黄色花瓣，并释放Shift键），即可完成焊接，焊接效果效图6-67所示。

图6-67 通过"泊坞窗"焊接对象

选中"目标对象"复选框，在造形对象的同时，将保留用于焊接的目标对象，图6-67所示为焊接完成后移动焊接对象的效果。取消选取"目标对象"复选框，造形对象后不会保留任何原对象。

▶ 2．修剪对象

对象的修剪就是用一个对象去修剪另一个对象的重叠区域，从而生成新的对象，被修剪的对象将自动删除与另一对象的重叠区域。在修剪对象之前应了解修剪与被修剪的关系，框选对象时，下一层对象为被修剪对象，上一层对象为修剪对象；而按住Shift键加选时，先选取的对象为修剪对象，后修剪的对象为被修剪对象，也就是先选取的对象将修剪后选取的对象。修剪命令的操作方法如下。

方法一：使用框选对象的方法选择修剪与被修剪对象，如图6-68所示，执行"排列"→"造形"→"修剪"命令或者单击属性栏中的"修剪"按钮 ▣，完成修剪，如图6-69所示，移动当前选定状态的被修剪对象，修剪效果如图6-70所示。

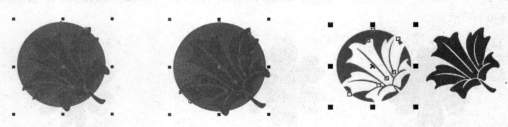

图6-68 框选对象　　图6-69 完成修剪　　图6-70 修剪效果

方法二：使用Shift键分别选取修剪与被修剪对象（先选红色圆形，再选绿叶），如图6-71所示，执行"排列"→"造形"→"修剪"命令或者单击属性栏中的"修剪"按钮 ▣，完成修剪，如图6-72所示，移动当前选定状态的被修剪对象，修剪效果如图6-73所示。

图 6-71 选择对象　　　　图 6-72 完成修剪　　　　图 6-73 修剪效果

方法三：要完成方法一达到的如图 6-70 所示的修剪效果，也可通过"造形"泊坞窗进行修剪，操作步骤如下。

步骤1：选择绿叶作为来源对象（即修剪对象），执行"窗口"→"泊坞窗"→"造形"命令，打开"造形"泊坞窗，在泊坞窗中单击下拉按钮，选择"修剪"选项，如图 6-74 所示。

步骤2：勾选"来源对象"复选框，单击"修剪"按钮，当光标变成 ▶ 形状后选择目标对象（即被修剪对象），并移动当前选定状态的被修剪对象，修剪效果如图 6-70 所示。

图 6-74 "造形|修剪"泊坞窗

> **技巧与提示**
>
> 如果在"造形|修剪"泊坞窗中勾选了来源对象和目标对象，则修剪完成后将保留原先的修剪对象和被修剪对象。

▶3．相交对象

相交对象是通过多个对象的重叠来生成新的图形对象。新对象的尺寸和形状与重叠区域完全相同，新对象属性取决于目标对象。框选对象时，相交结果将取决于最底层的对象。按住 Shift 键加选时，相交结果将取决于后选取的对象。

方法一：使用框选对象的方法选择需要相交的图形对象，如图 6-75 所示，执行"排列"→"造形"→"相交"命令或者单击属性栏中的"相交"按钮 ▣，完成相交，相交对象位于蓝色文本之下，橙色文本之上，并继承了橙色图形的填充和轮廓属性，移动当前选定状态的相交对象，效果如图 6-76 所示。

图 6-75 框选需要相交的对象　　　　图 6-76 相交效果（一）

方法二：使用 Shift 键以加选方式分别选取橙色背景与蓝色文字，执行"排列"→"造形"→"相交"命令或者单击属性栏中的"相交"按钮 ▣，完成相交，相交对象位于蓝色文本之上，并继承了蓝色文本的填充和轮廓属性，如图 6-77 所示，单击白色色标填充交叉区域，效果如图 6-78 所示。

图 6-77　相交效果（二）　　　　　　　　　图 6-78　相交对象的填充效果

选择需要相交的图形对象，执行"排列"→"造形"→"相交"命令或单击属性栏中的"相交"按钮，即可在这两个图形对象的交叠处创建一个新的对象。新对象以目标对象的填充和轮廓属性为准。

方法三：通过"造形"泊坞窗完成对象的相交操作。

步骤 1：选择来源对象（蓝色文本），执行"窗口"→"泊坞窗"→"造形"命令，打开"造形"泊坞窗，在泊坞窗中单击下拉按钮，选择"相交"选项，如图 6-79 所示。

步骤 2：勾选"来源对象"复选框，单击"相交"按钮，当光标变成形状后选择目标对象（即继承填充与轮廓属性的对象），由于未勾选"目标对象"复选框，所以相交后仅保留了原来的蓝色文本，如图 6-80 所示。

图 6-79　"造形|相交"泊坞窗　　　　　　　图 6-80　相交效果（三）

4．简化对象

简化操作可以减去下层图形中与上层图形的重叠部分，并保留各层的图形对象，有些类似于修剪命令中保留来源对象的效果。但简化操作是用上层对象修剪下层对象，而修剪功能是用来源对象修剪目标对象。简化操作的结果不受选择方式的影响。

方法一：选择多个需要简化的图形对象，如图 6-81 所示，执行"排列"→"造形"→"简化"命令，或者单击属性栏中的"简化"按钮，简化效果如图 6-82 所示。

方法二：通过"造形"泊坞窗完成对象的简化操作。

选择多个图形对象，执行"窗口"→"泊坞窗"→"造形"命令，打开"造形"泊坞窗，在泊坞窗中单击下拉按钮，选择"简化"选项，如图 6-83 所示，单击"应用"按钮，完成简化。

5．移除后面对象

移除后面对象的功能不仅可以减去最上层对象下的所有图形对象（重叠与不重叠的图形对象均被移除），还能减去下层对象与上层对象的重叠部分，而只保留最上层对象中剩余的部分。如果上层对象的形状完全被下层对象包含，执行该功能将不作任何修改。

移除后面对象的操作方法如下。

方法一：选择多个图形对象，执行"排列"→"造形"→"移除后面对象"命令，或者单击属性栏中的"移除后面对象"按钮，操作效果如图 6-84 所示。

方法二：通过"造形"泊坞窗完成操作。

选择多个图形对象，执行"窗口"→"泊坞窗"→"造形"命令，打开"造形"泊坞窗，在泊坞窗中单击下拉按钮，选择"移除后面对象"选项，如图 6-85 所示，单击"应用"按钮，完成操作。

图 6-81 选择需要简化的多个对象

图 6-82 简化效果

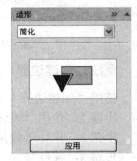
图 6-83 "造形|简化"泊坞窗

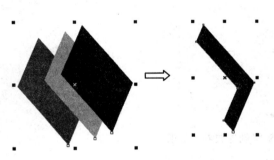
图 6-84 移除后面对象效果

图 6-85 "造形|移除后面对象"泊坞窗

6. 移除前面对象

移除前面对象的功能与移除后面对象的功能正好相反，该功能可以减去各上层中的所有图形对象，以及上层对象与下层对象的重叠部分，而只保留最下层对象中剩余的部分。如果下层对象的形状完全被上层对象包含，执行该功能将不作任何修改。

移除后面对象的操作方法如下。

方法一：选择多个图形对象，执行"排列"→"造形"→"移除前面对象"命令，或者单击属性栏中的"移除前面对象"按钮，效果如图 6-86 所示。

方法二：通过"造形"泊坞窗完成操作。

选择多个图形对象，执行"窗口"→"泊坞窗"→"造形"命令，打开"造形"泊坞窗，在泊坞窗中单击下拉按钮，选择"移除前面对象"选项，如图 6-87 所示，单击"应用"按钮，完成操作。

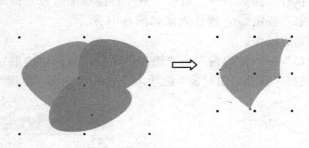

图 6-86 移除前面对象效果　　　　图 6-87 "造形|移除前面对象"泊坞窗

▶ 7．创建边界

使用"创建边界"命令，可以创建图形的外轮廓，操作步骤如下。

步骤1：使用"挑选工具"选择需要创建边界的全部图形。

步骤2：执行"效果"→"创建边界"命令，产生所选图形的外边界。

步骤3：拖动鼠标，移动当前创建的外轮廓，效果如图 6-88 所示。

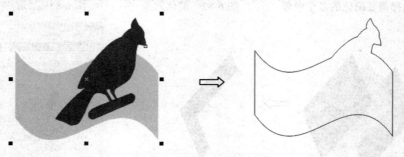

图 6-88 "创建边界"效果

6.2.6 图框精确剪裁

在 CorelDRAW 中，可以把一个封闭的路径作为容器，将其他对象（包括文本、图形和图像）放置到封闭路径中，路径范围外的部分将被遮住，这就是"图框精确剪裁"。

▶ 1．放置在容器中

实现图框精确剪裁的方法有两种：一种为菜单命令法，另一种为鼠标右键法。

（1）菜单命令法。

步骤1：使用"挑选工具"选择要剪裁的图形对象。

步骤2：执行"效果"→"图框精确剪裁"→"放置在容器中"命令，此时光标变为 ➡ 形状，将光标移动至容器对象上，单击鼠标左键，完成剪裁，剪裁效果如图 6-89 所示。

（2）鼠标右键法。在"挑选工具"下，在要裁剪的图形对象上单击鼠标右键并拖动至容器对象上，此时光标变成 ⊕ 形状，松开鼠标，在弹出的菜单中选择"图框精确剪裁内部"选项即可。

图 6-89　图框精确剪裁效果

2. 编辑内容和完成编辑

图形置入容器中后，如果图形和容器的相对位置不太吻合，需要调整内置图形，可以执行"效果"→"图框精确剪裁"→"编辑内容"命令，或者在对象上右击，从弹出的快捷菜单中选择"编辑内容"选项，然后对容器内图形进行大小、位置等调整，并执行"效果"→"图框精确剪裁"→"结束编辑"命令，或者在对象上右击，从弹出的快捷菜单中选择"结束编辑"选项即可，调整后的效果如图 6-90 所示。

3. 提取内容

若要将内置图形对象从置入的图形容器中提取出来，可执行"效果"→"图框精确剪裁"→"提取内容"命令，或者在对象上右击，从弹出的快捷菜单中选择"提取内容"选项即可，提取后的效果如图 6-91 所示。

图 6-90　调整内置图形后的效果　　　图 6-91　提取内容后的效果

6.3　项目实训

"COCO 爱宠屋"宠物物品店插画广告系列设计

1. 任务背景

为配合"COCO 爱宠屋"宠物物品店的宣传,设计制作系列插画广告,以简单的几何图形塑造人物和宠物夸张的表情,画面效果丰富,趣味盎然。

2. 任务要求

本案例的插画广告以明快的色彩和丰富的色调来表现生动而富有活力的画面。制作时通过排序、对齐等命令调整各图形对象的堆叠顺序和位置关系,配合焊接、修剪等造形编辑及群组、图框剪裁完成插画。

6.4 本章小结

在使用 CorelDRAW 绘制图形的过程中,经常会涉及改变图形对象的堆叠顺序,使图形整齐地排列或组合,或者对图形作修剪、相交等造形处理。本章主要介绍了多个对象的排列、对齐与分布、对象的群组和解散、结合与拆分、焊接与相交等方法,涉及知识点较多,建议在操作过程中能总结、归纳和对比各个命令的功能与操作方法,以提高学习效果。

6.5 技能考核知识题

1. 对两个不相邻的图形进行焊接操作,结果是(   )。
   A. 两个图形对齐后结合为一个图形   B. 两个图形原位置不变结合为一个图形
   C. 没有反应   D. 两个图形成为群组

2. 选中一个对象后,如果按键盘上的 P 键,则(   )。
   A. 对象将被水平居中   B. 对象将被垂直居中
   C. 对象将对齐页面中心   D. 对象将被垂直放置

3. 对于 CorelDRAW 的群组,下列说法错误的是(   )。
   A. 群组操作分为群组、取消群组和取消全部群组
   B. 对对象使用"结合"命令后,仍可以使用"取消群组"命令打散对象
   C. 当对多个图形使用"群组"命令后,可以使用右键菜单下的"拆分"命令将图形分成单独图形
   D. "取消全部群组"命令可将一个大组里的小组全部解散,而大组里的小组并不受到影响

4. 下列选项中不能进行拆分对象操作的是(   )。
   A. 在对象管理器泊坞窗中的结合对象名称上单击右键,在打开的快捷菜单中选择"拆分"选项
   B. 在"挑选工具"属性栏中单击"拆分"按钮
   C. 在选择的结合对象上单击右键,在打开的快捷菜单中选择"拆分"选项
   D. 按 Ctrl+U 组合键

5. 下列可以把两个或多个对象相互重叠的图形对象创建成一个新形状的图形对象的是(   )。
   A. 相交   B. 焊接   C. 修剪   D. 群组

6. 关于 CorelDRAW 的焊接或相交命令,下列说法正确的是(   )。

A．可以焊接或相交不同层对象
B．可以焊接或相交段落文本或再制的对象
C．可以将多个对象焊接在一起，以此创建具有单一轮廓的独立对象
D．新对象将沿用目标对象的填充和轮廓属性，所有交叉线都将消失

7．使用修剪命令时，如果框选对象，CorelDRAW 将修剪（　　）的选定对象。如果一次选定多个对象，就会修剪（　　）的对象。

  A．最底层   B．最上层   C．最后选定   D．最先选定

8．在对齐对象的时候，结果可能是（　　）。

  A．点选时以最下面的对象为基准对齐   B．框选时以最下面的对象为基准对齐
  C．点选和框选都以最上面的对象为基准对齐   D．点选时以最先选择的对象为基准对齐

9．"焊接"泊坞窗中的"目标对象"是指（　　）。

  A．所有焊接对象   B．首先选择的对象
  C．焊接箭头指向的对象   D．焊接后产生的对象

10．在焊接对象的操作中，若原始对象有重叠部分，则重叠部分会（　　）。

  A．被忽略   B．合并为一个整体
  C．重叠区会被清除，并自动创建边界   D．重叠区将以相应颜色显示

11．对二个不相邻的图形执行焊接命令，结果是：（　　）

  A．二个图形对齐后结合为一个图形   B．二个图形原位置不变结合为一个图形
  C．没有反应   D．二个图形成为群组

12．改变层叠排列的对象的顺序，应做的操作是（　　）。

  A．选中需调整的对象→"效果"菜单→调整
  B．选中需调整的对象→"排列"菜单→顺序→具体调整
  C．选中需调整的对象→鼠标右键→顺序→具体调整
  D．选中需调整的对象→"版面"菜单→调整

13．选择群组中的对象的快捷键是（　　）。

  A．Ctrl   B．Shift   C．Alt   D．Shift+Alt

14．下面不能被锁定的对象是（　　）。

  A．调合对象   B．群组对象
  C．有阴影效果的图形对象   D．有3D模型的图形对象

15．对象结合后，原有属性将随（　　）的属性而改变。

  A．选择的第一个对象   B．选择的最后一个对象
  C．最下面的对象   D．最上面的对象

第 7 章 图形特效处理

1. 掌握交互式工具的使用方法和技巧。
2. 掌握斜角和透镜的应用。
3. 掌握透视效果的运用。

6 学时（理论 3 学时，实践 3 学时）

7.1 模拟案例

"绿风家居"宣传册封面设计

7.1.1 案例分析

1. 任务背景

绿风家居是一家以出口高端实木家具及家装设计为主业的公司，其产品使用抗菌、阻燃、零甲醛释放的喷粉产品为基材，绿色无污染，为人们打造环保舒适、健康安全的生活环境。为配合绿风家居品牌的宣传，制作一份品牌宣传册，规格为 400mm×200mm。

2. 任务要求

绿色代表生机与活力，绿风家居宣传册封面设计以绿色为主，颜色清新淡雅，体现自然、健康、艺术等符合目标受众的品味与风格，图形设计能给目标受众强烈的视觉冲击力，且图片场景和文字说明能让人展开丰富的联想。

3．任务分析

本案例主要练习交互式工具的使用，其知识点涉及交互式调和工具、交互式变形工具、交互式轮廓图工具、交互式阴影工具等，以及立体字效果的制作和图框精确剪裁的使用。

7.1.2　制作方法

1．设置宣传册页面大小及绘制背景

（1）启动 CorelDRAW 软件系统，启动 CorelDRAW 并进入欢迎界面后，单击"新建空白文档"选项，生成一个纵向的 A4 大小的图形文件，在属性栏中将页面的宽度设为 400mm，高度设为 200mm。

（2）双击工具箱中的"矩形工具"按钮，创建一个矩形，在属性栏中输入宽度 200mm，高度 200mm。执行"排列"→"对齐和分布"→"对齐和分布"命令，在如图 7-1 所示的"对齐与分布"对话框中勾选"左"对齐，"对齐对象到"为"页边"，单击"应用"按钮，所绘正方形相对于页面左对齐，再为其填充白色，如图 7-2 所示。按住 Ctrl 键，对该正方形作水平镜像复制。

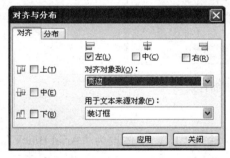
图 7-1　"对齐与分布"对话框

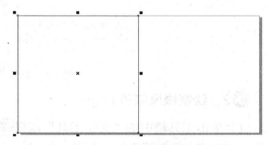
图 7-2　矩形相对于页面左对齐

（3）单击工具箱中的"矩形工具"按钮，在绘图区创建一个宽度与高度均为 186mm 的正方形，填充颜色为嫩绿色（C：12、M：0、Y：90、K：0），取消轮廓线。然后框选右边的白色正方形和嫩绿色正方形，按下快捷键 E，将两正方形中心对齐，如图 7-3 所示。

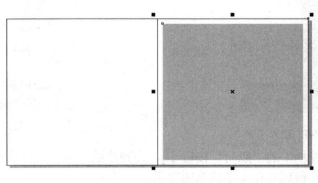
图 7-3　中心对齐

（4）复制一个嫩绿色正方形，使用同样的方法将其对齐到左边白色正方形的中心，如图 7-4 所示。

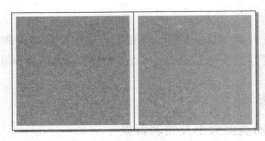

图 7-4　复制正方形并对齐

（5）在左边嫩绿色正方形的中间绘制一个宽度为 186mm，高度为 95mm 的矩形，填充为白色，取消其轮廓线。然后框选白色矩形和左边的嫩绿色正方形，按 E 键，使其水平居中对齐。在右边的嫩绿色矩形中绘制一个宽度为 95mm，高度为 37mm 的矩形，填充白色，取消轮廓线，宣传册页面背景便制作完成了，如图 7-5 所示。

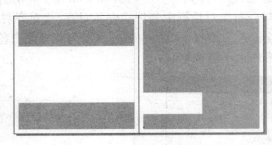

图 7-5　宣传册页面背景

2. 绘制绿风家居 Logo

（1）单击工具箱中的"文字工具"按钮 字 ，输入"L"，字体设为"Arial Black"，字号为"100pt"，填充颜色为月光绿（C：20、M：0、Y：60、K：0），如图 7-6 所示。

（2）单击工具箱中的"交互式立体化工具"按钮 ，向左上方拖动一下，并将属性栏中的深度 20 设为"2"，得到如图 7-7 所示的立体效果。

图 7-6　输入文字

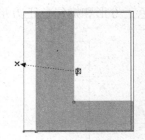

图 7-7　立体效果

（3）单击属性栏中的"照明"按钮 ，在弹出的"照明"对话框中设置如图 7-8 所示的灯光及参数，得到立体文字的照明效果。

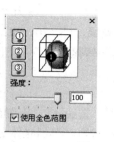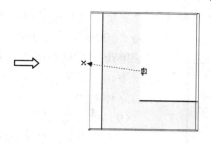

图 7-8　立体文字的照明设置及效果

（4）单击属性栏中的"立体方向"按钮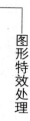，在弹出的"旋转值"对话框中单击右下方的按钮，设置如图 7-9 所示的数值，得到立体文字的旋转效果。

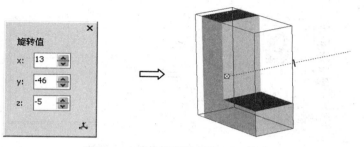

图 7-9　立体文字的旋转设置及效果

（5）选择立体文字"L"，执行"排列"→"拆分立体化群组"命令（或按 Ctrl+K 组合键），并对拆分后的立体文字按 Ctrl+U 组合键执行"取消群组"操作。将立体文字"L"除正面"L"面外的其他各面均填充洒绿色（C：40、M：0、Y：100、K：0），如图 7-10 所示。

（6）框选组成立体"L"字的所有形状，单击"交互式透明工具"按钮，在其属性栏中设置透明度类型为"标准"，"开始透明度"值为"56"，则立体字的透明效果如图 7-11 所示。

（7）选择立体文字的"L"面，按小键盘上的"+"键复制，并填充浅黄色（C：0、M：0、Y：60、K：0），按 Ctrl+PageDown 组合键将填充后的"L"面"向后一层"，并将其沿右上方移动至立体文字的合适位置，效果如图 7-12 所示。

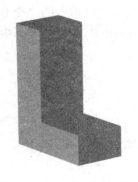　　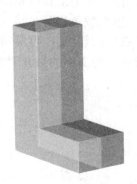

图 7-10　立体字各面着色　　　图 7-11　立体字的透明效果　　　图 7-12　透明立体字效果

(8) 单击工具箱中的"文字工具"按钮字，输入"F"，字体设为"Arial Black"，字号为"100pt"，填充颜色为月光绿（C：20、M：0、Y：60、K：0）。单击工具箱中的"交互式立体化工具"按钮，向左上方拖动一下，并将属性栏中的深度设为"2"，得到如图7-13所示的立体效果。

(9) 单击属性栏中的"照明"按钮，在弹出的"照明"对话框中设置如图7-14所示的灯光及参数，得到立体文字的照明效果。

(10) 单击属性栏中的"立体方向"按钮，在弹出的"旋转值"对话框中单击右下方的按钮，设置如图7-15所示的数值，得到立体文字的旋转效果。

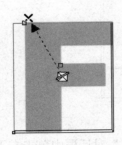

图7-13 立体效果

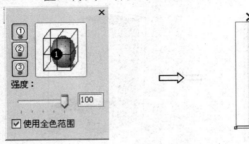

图7-14 立体文字的照明设置及效果

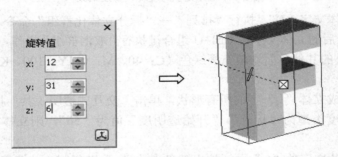

图7-15 立体文字的旋转设置及效果

(11) 按照前面的步骤（5）～（7），完成立体文字的透明设置，效果如图7-16所示。

(12) 单击工具箱中的"文字工具"按钮字，输入"绿风"，字体设为"方正综艺简体"，填充颜色为月光绿（C：20、M：0、Y：60、K：0）。单击工具箱中的"交互式封套工具"按钮，再单击属性栏中的"封套的非强制模式"按钮，拖动节点编辑封套形状，使文字的封套变形效果如图7-17所示。

图7-16 透明立体字效果　　　　　　图7-17 文字的封套变形效果

（13）调整透明立体文字与封套文字的大小后组合成绿风家居 Logo，如图 7-18 所示。

3. 绘制调和曲线

（1）单击工具箱中的"贝塞尔工具"按钮，在宣传册封面区域分别绘制两条曲线，两条曲线的轮廓线分别为白色（C：0、M：0、Y：0、K：0）和酒绿色（C：40、M：0、Y：100、K：0），轮廓线宽度设为 0.1mm，如图 7-19 所示。

图 7-18　绿风家居 Logo

（2）单击工具箱中的"交互式调和工具"按钮，并在属性栏的"步长或调和形状之间的偏移量"文本框中设置数值为 76。将鼠标指向白色曲线对象，按住鼠标左键向酒绿色曲线对象拖动鼠标，此时在两个曲线之间产生调和效果，如图 7-20 所示。

图 7-19　绘制的两条曲线

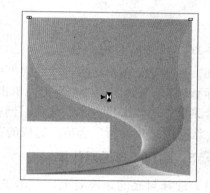

图 7-20　曲线调和效果

4. 绘制变形花朵

（1）单击工具箱中的"复杂星形工具"按钮，在属性栏中设置边数为 9、锐度为 2，按住 Ctrl 键，绘制星形图形，并对其填充酒绿色（C：40、M：0、Y：100、K：0），取消轮廓色，如图 7-21 所示。

图 7-21　星形图形

（2）单击工具箱中的"交互式变形工具"按钮，在其属性栏中单击"推拉变形"按钮，设置"推拉失真振幅"为"-40"，则其推拉变形效果如图 7-22 所示。

图 7-22　推拉变形效果

(3)按小键盘上的"+"键,复制图形。选择上层图形,按住 Shift 键拖动右上角的控制点以缩小图像,对该图形填充嫩绿色(C:12、M:0、Y:90、K:0),效果如图 7-23 所示。

(4)框选两个花朵图形,按 Ctrl+G 组合键将其群组。

(5)单击工具箱中的"交互式阴影工具"按钮,在图形对象上按住鼠标左键不放,拖到合适的位置释放鼠标,为对象创建阴影效果。将属性栏中的阴影羽化设置为"3",则花朵阴影效果如图 7-24 所示。

图 7-23 复制图形并填充颜色　　　　图 7-24 花朵阴影效果

(6)选择花朵图形,执行"效果"→"图框精确剪裁"→"放置在容器中"命令,将光标➡️移动至封底的白色矩形内单击,将花朵图形放置于矩形内。右键单击矩形,选择快捷菜单中的"编辑内容"选项,调整花朵的大小及其相对于矩形的位置,再次右击鼠标,选择"结束编辑"选项,完成的花朵的剪裁,效果如图 7-25 所示。

5. 制作矩形透明效果

(1)选择封底的矩形对象,单击工具箱中的"交互式透明工具"按钮,弹出如图 7-26 所示的"交互式透明工具"属性栏。

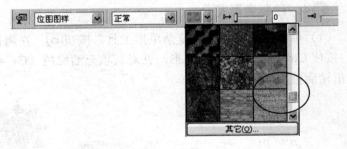

图 7-25 图框精确剪裁效果　　　　图 7-26 "交互式透明工具"属性栏

(2)在"交互式透明工具"属性栏中的"透明度类型"下拉列表中选择"位图图样"选项,并设置透明的位图图样,使矩形的透明效果如图 7-27 所示。

图 7-27 矩形的透明效果

6. 制作轮廓字效果

（1）单击工具箱中的"文字工具"按钮 字，输入"绿风家居"，字体设为"方正综艺简体"，字号为"38pt"，填充颜色为月光绿（C：20、M：0、Y：60、K：0），如图7-28所示。

图7-28　输入文字

（2）执行"效果"→"轮廓图"命令（或者按 Ctrl+F9 组合键），打开如图7-29所示的"轮廓图"泊坞窗。

（3）在"轮廓图"泊坞窗的"轮廓图步长"中选中"向外"单选按钮，设置偏移值为"0.6mm"，步长为"3"，单击"应用"按钮，使文字的轮廓图效果如图7-30所示。

图7-29　"轮廓图"泊坞窗　　　　　　　图7-30　文字的轮廓图效果

7. 导入位图

单击工具栏中的"导入"按钮 ，在弹出的"导入"对话框中，选择配套资源中的"素材\7-1.jpg"文件，单击"确定"按钮。然后调整素材大小，并将其移动至封面的矩形中。

8. 将各图形对象组合成形

将制作的 Logo、调和曲线、轮廓字等图形移动至封面的合适位置，并输入酒绿色的垂直文字"绿色家居"，到此便完成了宣传册封面设计，效果如图7-31所示。

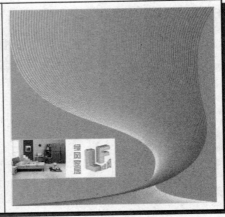

图 7-31 "绿风家居"宣传册封面效果

7.2 知识延展

CorelDRAW 提供了很多用于为对象添加特殊效果的工具,例如调和、轮廓图、封套、变形、立体化、阴影、透明及透镜等。这些特效都是借助交互式工具完成的,灵活地运用这些特效,可以创建出五彩缤纷的图形对象。

7.2.1 调和效果

调和是一种在两个或多个对象之间进行形状或颜色混合渐变的效果。通过使用这一效果,可在选择的对象之间创建一系列的过渡对象,这些过渡对象的各种属性都介于两个原对象之间。在 CorelDRAW 中有三种不同的调和方式,即调和、沿路径调和及复合调和。如图 7-32 所示为"交互式调和工具"工具箱。

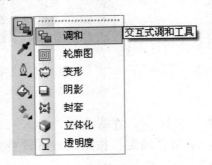

图 7-32 "交互式调和工具"工具箱

▶ 1. 创建调和效果

创建调和效果可通过以下两种方法来完成。
(1) 使用"调和"泊坞窗。
步骤 1:使用"挑选工具"框选两个需要调和的图形对象,如图 7-33 所示,选择红色五角星和黄色五边形。

步骤 2：执行"效果"→"调和"菜单命令，打开"调和"泊坞窗，如图 7-34 所示。

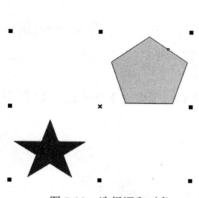

图 7-33　选择调和对象

图 7-34　"调和"泊坞窗

步骤 3：在"调和"泊坞窗中分别设置调和层数和旋转角度等参数，并单击"应用"按钮，得到的调和效果如图 7-35 所示。

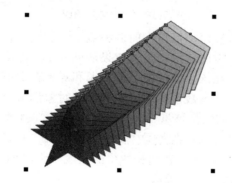

图 7-35　调和效果

（2）使用"交互式调和工具"按钮。

步骤 1：在工具箱中单击"交互式调和工具"按钮，并在属性栏的"步长或调和形状之间的偏移量"文本框中设置数值为 20。

步骤 2：将鼠标指向一个调和对象，按住左键向另一个调和对象拖动，此时在两个对象之间会出现调和起始控制柄和调和结束控制柄。

步骤 3：松开鼠标后，即可在两个对象之间创建调和效果，如图 7-36 所示。

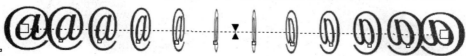

图 7-36　拖动创建调和效果

> **技巧与提示**
>
> 在创建调和时，拖动鼠标的方向与调和效果无关。

2. 控制调和对象

在对象之间创建了一个调和效果后，可通过"交互式调和工具"属性栏控制调和效果，如图7-37所示。

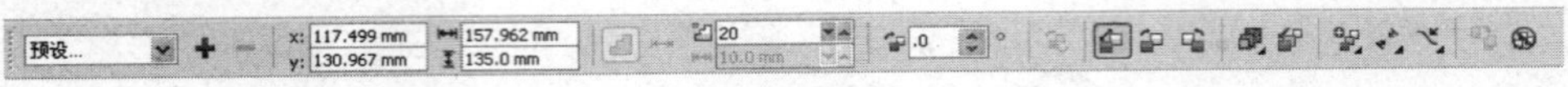

图7-37 "交互式调和工具"属性栏

该属性栏选项功能如下。

- 预设：在预设下拉列表框中有多种CorelDRAW预先设置好的调和效果，可根据需要选择任意一种调和效果，如图7-38所示。

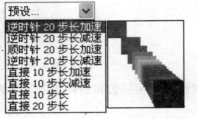

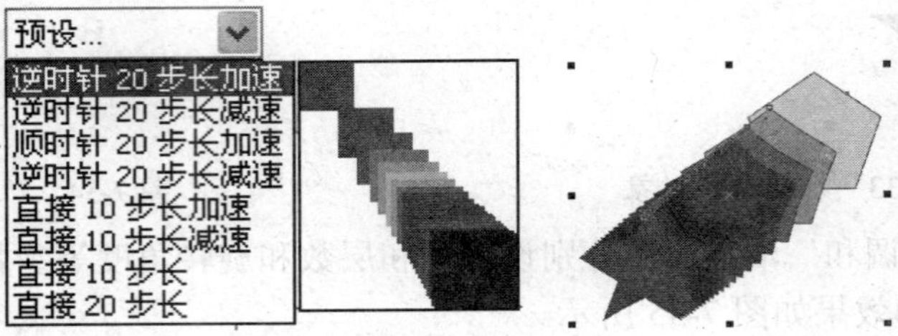

图7-38 预设调和的应用

- 添加预设：单击该按钮，可将当前调和效果添加到预设列表中。
- 删除预设：单击该按钮，可将预设效果从列表中删除。
- 调和对象的位置：在该数值框中可输入调和对象在页面中的坐标位置。
- 调和对象的大小：在该数值框中可输入调和对象的大小尺寸值。
- 步长或调和形状之间的偏移量：用于设置调和效果中的调和步数或形状之间的偏移距离。在该选项数值框中输入数值为"5"后，调和效果如图7-39所示。
- 调和方向：用于设置调和效果的角度。将"调和方向"设置为120°后，对象的调和效果如图7-40所示。
- 环绕调和：当调和方向值不为0时，该按钮为可用状态，其作用是按调和方向在对象之间产生环绕式的调和效果，即将调和中产生旋转的过渡对象拉直的同时，以起始对象和终止对象的中间位置为旋转中心作环绕分布。环绕调和效果如图7-41所示。"调和"泊坞窗中的"回路"即为环绕调和功能。

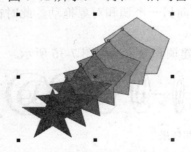

图7-39 调和步数为5的调和效果

图7-40 调和方向为120°的调和效果

- 直接调和 ⬜：直接在所选对象的填充颜色之间进行颜色过渡，如图 7-42 所示。

图 7-41　环绕调和效果

图 7-42　填充颜色直接调和

- 顺时针调和 ⬜：使对象上的填充颜色按色轮盘中的顺时针方向进行颜色过渡，如图 7-43 所示。

图 7-43　填充颜色顺时针调和

- 逆时针调和 ⬜：使对象上的填充颜色按色轮盘中的逆时针方向进行颜色过渡，如图 7-44 所示。

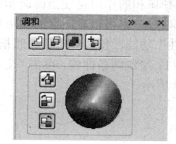

图 7-44　填充颜色逆时针调和

- 对象和颜色加速 ⬜：单击该按钮，弹出"加速"泊坞窗，拖动"对象"和"颜色"滑动条，可调整形状和颜色上的加速效果，如图 7-45 所示。

图 7-45　对象和颜色加速效果

- 加速调和时的大小调整 ⬜：对于加速调和对象单击该按钮，可按照均匀递增方式改变调和效果，如图 7-46 所示。

图 7-46　均匀递增调和效果

- 起始和结束对象属性 ：用于重新设置应用调和效果的起始端和结束端对象。选择调和对象后，单击"起点和结束对象属性"按钮，在弹出的下拉列表中选择"新起点"选项，再在另一图形对象上单击鼠标，即可重新设置调和起始端对象，效果如图 7-47 所示。

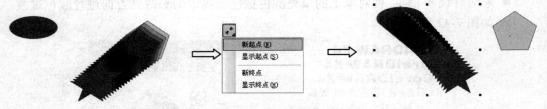

图 7-47　调整调和对象的起始端对象

技巧与提示

在创建调和时，拖动鼠标的方向与调和效果无关。

3. 沿路径调和

沿路径调和的作用是使当前调和对象沿指定的曲线路径调和图形，调和路径可以是非闭合的曲线，也可以是闭合的图形对象。在对象之间创建调和效果后，可以通过应用"路径属性"功能，使调和对象按照指定的路径进行调和。沿路径调和的操作步骤如下。

步骤 1：绘制两条曲线，单击"交互式调和工具"按钮 ，在两条曲线之间创建调和，如图 7-48 所示。

图 7-48　创建调和

步骤 2：绘制另一条曲线，作为调和路径，如图 7-49 所示。

步骤 3：单击属性栏中的"路径属性"按钮 ，在弹出的下拉列表中选择"新路径"选项，并单击曲线路径，则沿该路径调和效果如图 7-50 所示。

图 7-49　调和路径　　　　　　　　　　图 7-50　路径调和效果

步骤4：单击属性栏中的"杂项调和选项"按钮，在弹出的下拉列表中选择"沿全路径调和"复选框，调和效果如图7-51所示。

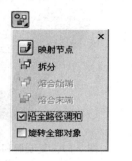
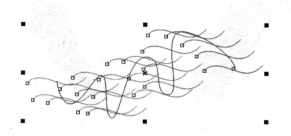

图7-51　沿全路径调和效果

步骤5：在属性栏中将调和步数设为200，按Enter键，则沿路径调和效果如图7-52所示。

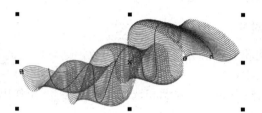

图7-52　沿路径调和效果

技巧与提示

　　选择调和对象后，执行"排列"→"打散路径群组上的混合"命令（或按【Ctrl+K】组合键），可以将曲线路径与调和对象分离，如图7-53所示。

图7-53　分离路径效果

4．复合调和

　　复合调和是在两个以上对象之间创建的调和，创建复合调和的方法与前面介绍的创建调和的方法相同，如图7-54所示为创建复合调和后的效果。

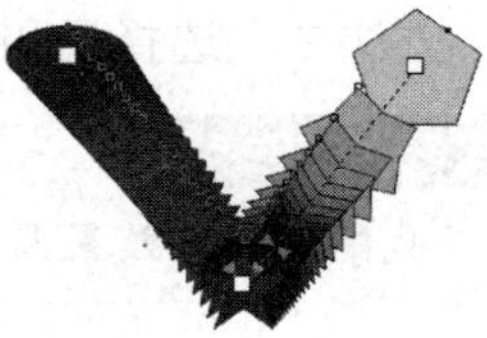

5．复制调和属性

　　当绘图窗口中有两个或两个以上的调和对象时，使用"复制调和属性"功能，可以将其中一个调和对象中的属性复制到另一个调和对象中，得到具有相同属性的调和效果。

图7-54　复合调和效果

　　选择需要修改调和属性的目标对象，如图7-55所示，单击属性栏中的"复制调和属性"按钮，当光标变为 形状时单击用于复制调和属性的源对象，如图7-56所示，即可将源对象中的调和属性复制到目标对象中，如图7-57所示。

图 7-55　目标对象　　　　　图 7-56　源对象　　　　　图 7-57　复制调和属性

> **技巧与提示**
> "复制特殊效果属性"按钮，在其他交互式特效工具中也有相同的应用。

▶ 6. 拆分调和对象

若需要将简单的调和对象拆分，生成复合对象，则可拆分调和对象，操作步骤如下。

步骤1：选择调和对象。

步骤2：单击属性栏中的"杂项调和选项"按钮，在弹出的下拉列表中单击"拆分"按钮。

步骤3：将鼠标移至调和对象的拆分点处单击，完成拆分，如图7-58所示，移动拆分后的图形，效果如图7-59所示。

图 7-58　拆分调和对象　　　　　图 7-59　移动拆分对象

▶ 7. 清除调和效果

为对象应用调和效果后，如果不需要再使用此种效果，可清除对象的调和效果，只保留起始对象和末端对象。清除调和效果可通过以下两种方法来完成。

方法一：选择调和对象后，执行"效果"→"清除调和"命令。

方法二：选择调和对象后，单击属性栏中的"清除调和"按钮。

> **技巧与提示**
> "清除特殊效果属性"按钮，在其他交互式特效工具中也有相同的应用。

7.2.2　轮廓图效果

轮廓图是指在对象本身的轮廓内部或外部创建一系列与其自身形状相同的轮廓线的

效果，CorelDRAW 中的轮廓方式有三种：分别是到中心、向内、向外。如图 7-60 所示为"交互式轮廓图工具"工具箱。

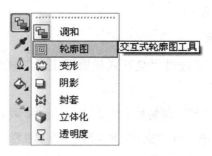

图 7-60 "交互式轮廓图工具"工具箱

1. 创建轮廓图效果

创建轮廓图效果可通过以下两种方法来完成。
（1）使用"轮廓图"泊坞窗。
步骤 1：选择需要创建轮廓图的对象。
步骤 2：执行"效果"→"轮廓图"命令，或者按 Ctrl+F9 组合键，打开如图 7-61 所示的"轮廓图"泊坞窗。
步骤 3：在"轮廓图"泊坞窗的"轮廓图步长"选项下设置"向中心"，在"轮廓线颜色"选项下设置填充轮廓图的颜色方式按钮，如图 7-62 所示，单击"应用"按钮，轮廓图效果如图 7-63 所示。

图 7-61 "轮廓图"泊坞窗　　图 7-62 在"轮廓图"泊坞窗设置轮廓图的颜色方式按钮

图 7-63 轮廓图效果

（2）使用"交互式轮廓图工具"按钮。单击工具箱中的"交互式轮廓图工具"按钮，用鼠标向内或向外拖动对象的轮廓线，拖动的过程中，当虚线框达到满意的大小时释放鼠标即可完成轮廓图效果的制作。

2．控制轮廓图对象

创建了轮廓图效果后，可通过"交互式轮廓图工具"属性栏控制效果，如图 7-64 所示。

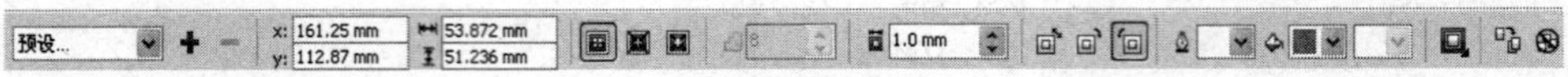

图 7-64 "交互式轮廓图工具"属性栏

该属性栏中的选项功能如下。

- 到中心：单击该按钮，调整为由图形边缘向中心放射的轮廓图效果。将轮廓图设置为该方向后，将不能设置轮廓图步数，轮廓图步数将根据所设置的轮廓图偏移量自动进行调整。
- 向内：单击该按钮，调整为向对象内部放射的轮廓图效果。选择该轮廓图方向后可在"轮廓图步数"数值框中设置轮廓图的数量。
- 向外：单击该按钮，调整为向对象外部放射的轮廓图效果，同样也可对其设置轮廓图的步数。
- 轮廓图步长：在该数值框中输入数值可决定轮廓图的数量。
- 轮廓图偏移：可设置轮廓图效果中各步数之间的距离。
- 线性轮廓图颜色：使用直线颜色渐变的方式填充轮廓图的颜色。
- 顺时针的轮廓图颜色：使用色轮盘中顺时针方向的颜色填充轮廓图。
- 逆时针的轮廓图颜色：使用色轮盘中逆时针方向的颜色填充轮廓图。
- 轮廓颜色：改变轮廓图效果中最后一轮轮廓图的轮廓颜色，同时过渡的轮廓色也将随之变化。
- 填充色：改变轮廓图效果中最后一轮轮廓图的填充色，同时过渡的填充色也将随之变化。

3．分离与清除轮廓图

（1）分离轮廓图。分离轮廓图可将轮廓图效果与原对象分离，操作方法如下。

使用"挑选工具"选择轮廓图对象，执行"排列"→"打散轮廓图群组"命令，分离后的轮廓图对象仍与原对象重合，使用"挑选工具"可移动轮廓图对象，效果如图 7-65 所示。

图 7-65 分离轮廓图

（2）清除轮廓图。清除轮廓图效果与清除调和效果相同。选择轮廓图效果对象，执行"效果"→"清除轮廓"命令或单击属性栏中的"清除轮廓"按钮 ![icon] 即可。

7.2.3 变形效果

变形工具可以使只具有简单基本形状的对象产生"推拉变形"、"拉链变形"和"扭曲变形"三种特殊的形状改变，从而得到形状奇特的效果，如图 7-66 所示为 "交互式变形工具"工具箱。

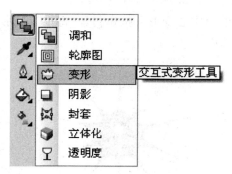

图 7-66 "交互式变形工具"工具箱

1. 推拉变形

"推拉变形"的具体效果可以分为"推"（将对象所有节点推离对象的变形中心）和"拉"（将对象所有节点拉向对象的变形中心），对象的变形中心也可以手动设置。"推拉变形"的操作步骤如下。

步骤 1：使用"挑选工具"选择对象。

步骤 2：单击工具箱中的"交互式变形工具"按钮 ![icon]，打开"交互式变形工具"属性栏，如图 7-67 所示。

图 7-67 "交互式变形工具"属性栏

步骤 3：在属性栏中单击"推拉变形"按钮 ![icon]，在图形对象上按下鼠标左键并向右拖动（推变形）或向左拖动（拉变形），使推拉变形效果如图 7-68 所示。

推拉变形原对象　　　　　　推变形　　　　　　拉变形

图 7-68 推拉变形效果

步骤 4：在属性栏中的"推拉失真振幅" ![icon] 数值框中分别输入 75（推变形）和-75（拉变形），改变推拉变形效果，如图 7-69 所示。

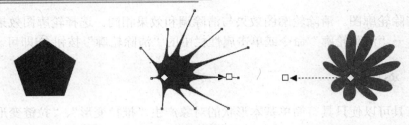

推拉变形原对象　　　　推拉失真振幅：75　　　　推拉失真振幅：-75

图7-69　推拉变形效果

步骤5：单击属性栏中的"中心变形"按钮，将推拉变形中心调整至对象中心，使中心变形效果如图7-70所示。

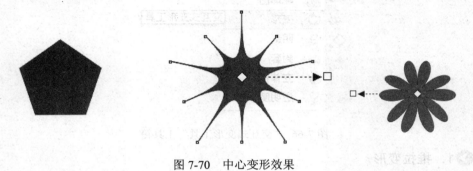

图7-70　中心变形效果

> **技巧与提示**
> 属性栏中的"添加新的变形"按钮用于在已变形的对象上创建新的变形效果。

2. 拉链变形

"拉链变形"的应用能使图形对象的外侧和内侧产生节点，使对象的边缘变成锯齿状的效果。拉链变形的操作步骤如下。

步骤1：使用"挑选工具"选择对象。

步骤2：单击工具箱中的"交互式变形工具"按钮，在属性栏中单击"拉链变形"按钮，打开"拉链变形"属性栏，如图7-71所示。

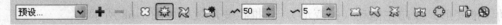

图7-71　"拉链变形"属性栏

步骤3：在图形对象上按下鼠标左键并拖动鼠标，使对象产生拉链变形效果，如图7-72所示。

拉链变形原对象　　　　拉链变形

图7-72　拉链变形效果

步骤 4：在属性栏中的"拉链失真振幅"数值框中输入 100（取值范围为 0～100），在"拉链失真频率"数值框中输入 16（取值范围为 0～100），变形效果如图 7-73 所示。

拉链失真振幅：100　　　拉链失真频率：16

图 7-73　修改拉链变形参数

步骤 5：在属性栏分别单击中"随机变形"按钮、"平滑变形"按钮和"中心变形"按钮后，对象的变形效果如图 7-74 所示。

随机变形　　　　　平滑变形　　　　　中心变形

图 7-74　对象的变形效果

3. 扭曲变形

"扭曲变形"的应用能使对象围绕自身旋转，呈现出类似"螺旋"的形状特色。"扭曲变形"的操作步骤如下。

步骤 1：使用"挑选工具"选择对象。

步骤 2：单击工具箱中的"交互式变形工具"按钮，再在属性栏中单击"扭曲变形"按钮，打开"扭曲变形"属性栏，如图 7-75 所示。

图 7-75　"扭曲变形"属性栏

步骤 3：在图形对象上按下鼠标左键，按逆时针方向拖动鼠标，使对象在逆时针方向上产生扭曲变形效果，在对象中的控制点上按下鼠标左键，按顺时针方向拖动鼠标，使对象产生顺时针的扭曲变形效果，如图 7-76 所示。单击属性栏中的"顺时针旋转"按钮和"逆时针旋转"按钮，也可调整扭曲方向。

扭曲变形原对象　　　逆时针扭曲变形　　　顺时针扭曲变形

图 7-76　扭曲变形效果

步骤 4：在属性栏中的"完全旋转" 数值框中输入 2（即完全旋转 720°），则扭曲变形效果如图 7-77 所示。

完全旋转：2　　　　　　附加角度：150

图 7-77　修改扭曲变形参数

步骤 5：在属性栏中的"附加角度" 数值框内输入 150 后，对象的变形效果如图 7-77 所示，图形的实际旋转角度为完全旋转角度与附加角度之和。

7.2.4　阴影效果

阴影工具可以为对象创建光线照射的阴影效果，使对象产生较强的立体感，如图 7-78 所示为"交互式阴影工具"工具箱。

图 7-78　"交互式阴影工具"工具箱

▶ 1. 创建交互式阴影效果

创建交互式阴影效果的操作步骤如下。

步骤 1：使用"挑选工具"选择需要创建阴影效果的对象。

步骤 2：将工具箱中的"交互式特效工具"按钮切换至"阴影"按钮，在图形对象上按住鼠标左键不放，拖到合适的位置后释放鼠标，即可为对象创建阴影效果，如图 7-79 所示。

> **技巧与提示**
>
> 在对象的中心按下鼠标左键并拖动鼠标，可创建出与对象相同形状的平行阴影效果。在对象的边线上按下鼠标左键并拖动鼠标，可创建透视的阴影效果，如图 7-80 所示。

图 7-79　阴影效果　　　　　　图 7-80　透视的阴影效果

▶2．设置阴影效果

阴影效果创建完成后，可在"交互式阴影工具"属性栏中进行设置，如图 7-81 所示。

图 7-81 "交互式阴影工具"属性栏

通过属性栏可设置阴影属性，如阴影的颜色、透明度等，其中的各功能如下。

- 预设：在该下拉列表中有很多预设的阴影效果，可在其中选择需要的阴影效果。
- 阴影偏移：设置阴影与图形之间偏移的距离。对象创建了平行阴影效果时，该项才能使用。正值代表向上或向右偏移，负值代表向下或向左偏移。
- 阴影角度：用于设置对象与阴影之间的透视角度。对象创建了透视阴影效果后，该项才能使用，如图 7-82 所示为阴影角度为 30°时的阴影效果。
- 阴影的不透明：用于设置阴影的不透明程度。数值越大，透明度越弱，阴影颜色越深。反之则透明度越强，阴影颜色越浅，如图 7-83 所示为调整不透明度后的阴影效果。

图 7-82 阴影角度效果

图 7-83 阴影的不透明效果对比

- 阴影羽化：用于设置阴影的羽化程度，使阴影产生不同程度的边缘柔和效果，如图 7-84 所示为设置不同阴影羽化值后的效果。

图 7-84 不同阴影羽化值的效果对比

- 阴影羽化方向：单击该按钮，将弹出"向内"、"中间"、"向外"和"平均"四个选项，用于确定阴影的羽化方向。
- 合并操作：在该下拉列表中选择一种合并模式，用于确定阴影与背景合并后的效果。
- 阴影颜色：在该下拉列表框中选择一种颜色，用于确定图形阴影的颜色。

3. 分离与清除阴影

要将对象与阴影分离，在选择整个阴影对象后，按下【Ctrl+K】组合键即可。分离阴影后，使用"挑选工具"移动图形或阴影对象，可以看到对象与阴影分离后的效果。

清除阴影效果与清除其他效果的方法相似，只需要选择整个阴影对象，然后执行"效果"→"清除阴影"命令或单击属性栏中的"清除阴影"按钮 即可。

7.2.5 封套效果

封套效果是通过将封套应用于对象（包括线条、美术字和段落文本框），从而为对象造形。该效果不仅能应用于单个的图形和文本，还能应用于多个群组后的图形和文本对象。在CorelDRAW中，封套有直线模式、单弧模式、双弧模式和非强制模式四种模式，如图7-85所示为"交互式封套工具"工具箱。

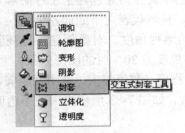

图7-85 "交互式封套工具"工具箱

1. 创建交互式封套效果

创建封套效果可通过以下两种方法来完成。
（1）使用"封套"泊坞。

步骤1：使用"挑选工具"选择需要创建封套效果的对象。

步骤2：执行"效果"→"封套"命令，或者Ctrl+F7组合键，打开"封套"泊坞窗，在泊坞窗中单击"添加预设"按钮，如图7-86所示。

步骤3：单击"添加预设"按钮后，在图形对象上随即会出现蓝色的封套编辑框，如图7-87所示，在样式列表框中选择一种预设样式，单击"应用"按钮，即可将该封套样式应用到图形对象中，如图7-88所示。

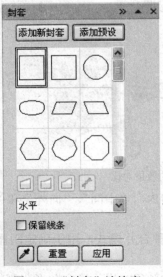

图7-86 "封套"泊坞窗

图7-87 封套编辑框

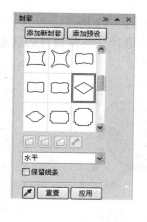
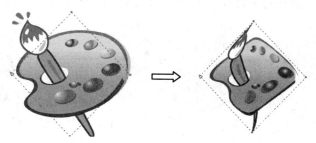

图 7-88 创建封套效果

（2）使用"交互式封套工具"按钮。

步骤 1：使用"挑选工具"选择需要创建封套效果的对象。

步骤 2：将工具箱中的"交互式特效工具"按钮切换至"封套"按钮 ，打开"交互式封套工具"属性栏，如图 7-89 所示。

图 7-89 "交互式封套工具"属性栏

步骤 3：单击"封套"按钮 后，在图形对象上随即会出现蓝色的封套编辑框，如图 7-87 所示，可以在此封套编辑框中添加或删除节点。

在封套编辑框中添加节点的方法有以下三种：直接在封套控制线上需要添加节点的位置双击鼠标左键；在需要添加节点的位置上单击鼠标左键，按下小键盘上的"+"键；在封套控制线上需要添加节点的位置单击鼠标左键，然后单击属性栏中的"添加节点"按钮。

在编辑封套的过程中，如果需要删除封套中的节点，可通过以下的方法来完成：单击需要删除的封套节点，按下 Delete 键或小键盘中的"-"键，或单击属性栏上的"删除节点"按钮，即可将节点删除。

2．编辑封套效果

图形对象四周出现封套编辑框后，可以结合该工具属性栏对封套形状进行编辑。

- 范围模式 矩形 ：在该下拉列表框中有"矩形"和"手绘"两个选项，当单击属性栏中的"封套的非强制模式"按钮 后，该下拉列表框为可选状态，用于设置选择节点的两种方式，一种为矩形区域框选，另一种为手绘区域框选。
- 封套的直线模式 ：单击该按钮后，移动封套的控制点时，可保持封套边线为直线段，如图 7-90 所示。
- 封套的单弧模式 ：单击该按钮后，移动封套的控制点时，封套边线将变为单弧线，如图 7-91 所示。
- 封套的双弧模式 ：单击该按钮后，移动封套的控制点时，封套边线将变为双弧线，如图 7-92 所示。
- 封套的非强制模式 ：单击该按钮后，可任意编辑封套形状，更改封套边线类型和节点类型，还可增加或删除封套的控制点等，如图 7-93 所示。
- 添加新封套：单击该按钮后，封套编辑框恢复为未进行任何编辑时的状态，而封套对象仍保持变形后的效果，如图 7-94 所示。

图 7-90　直线模式　　　　　　图 7-91　单弧模式

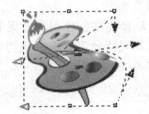

图 7-92　双弧模式　　　图 7-93　非强制模式　　　图 7-94　添加新封套

- 映射模式：在该下拉列表框中有"水平"、"原始的"、"自由变形"和"垂直"四个选项，通过这些选项可设置图形的变形效果。封套变形的四种映射模式的效果如图 7-95 所示。

水平

原始的

自由变形

垂直

图 7-95　封套变形的四种映射模式

- 保留线条：单击该按钮后，可以防止将对象的直线作封套变形。

7.2.6　立体化效果

创建立体化效果可以轻松地对二维图形添加三维立体效果，给二维图形添加纵深对象，从而使对象具有三维空间感。使用交互式立体化工具可以方便地创建矢量图的立体效果，如图 7-96 所示为"交互式立体化工具"工具箱。

图 7-96　"交互式立体化工具"工具箱

1. 创建立体化效果

创建立体化效果可通过以下操作步骤来完成。

步骤1：使用"挑选工具"选择创建立体化效果的图形对象。

步骤2：将工具箱中的"交互式特效工具"按钮切换至"立体化"按钮 ，并向右上方拖动鼠标，此时出现蓝红线框表示立体化图形的大小，释放鼠标后，立体化效果如图7-97所示，拖动×标记可调整立体化的方向，该点为立体化效果的灭点。拖动 标记可调整立体化深度。

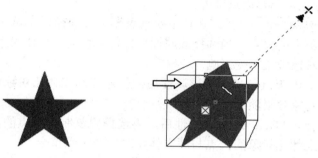

图7-97 创建立体化效果

选择应用立体化效果的对象，此时的"交互式立体化工具"属性栏设置如图7-98所示。

图7-98 "交互式立体化工具"属性栏

2. 编辑立体化效果

- 预设：在该下拉列表框中可选择预置的立体化效果。
- 立体化类型 ：该下拉列表框中有六个选项，通过选择不同的立体化类型可生成不同的立体化效果，如图7-99所示。

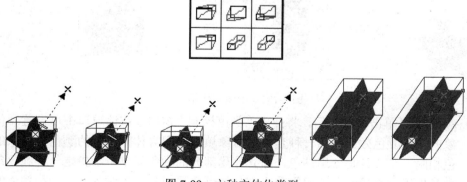

图7-99 六种立体化类型

- 深度 ：该文本框用于确定立体化对象的立体化深度。直接使用鼠标拖动立体化方向线上的 标记也可调整立体化深度，如图7-100所示。

 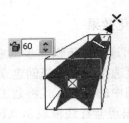

图 7-100　立体化深度设置

- 灭点坐标 ![]：该文本框用于确定立体化对象灭点的新位置，直接使用鼠标拖动 × 标记也可调整灭点位置。
- 灭点属性 ![]：在该下拉列表框中可选择灭点属性，各属性如下：
  - 锁到对象上的灭点：当选择该属性后，任意移动立体化对象时灭点同步移动，立体化对象效果不受影响。
  - 锁到页上的灭点：当选择该属性后，任意移动立体化对象时灭点位置不变，立体化对象效果随之改变。
  - 复制灭点，自…：选择该属性后，再选择要复制其灭点的源立体化对象，可使当前立体化对象的灭点与源立体化对象的灭点重合。
  - 共享灭点：选择该属性后，再选择要共享其灭点的立体化对象，可为两个立体化对象设置一个灭点。
- VP 对象/VP 页面 ![]：单击该按钮后，灭点的位置是相对于页面的，所以当移动立体化对象时，其灭点位置就会改变，立体化效果也就会改变；若没有单击该按钮，灭点的位置也就是相对于对象的，任意移动立体化对象都不会影响立体化效果。
- 立体方向 ![]：单击该按钮后，将弹出旋转控制窗口，将鼠标移至控制转轮的圆形区域，用鼠标左键拖动即可对立体化对象进行旋转角度操作，如图 7-101 所示。单击旋转控制窗口中的 ![] 按钮可取消立体化对象的旋转；单击 ![] 按钮可打开"旋转值"窗口，在 x、y、z 数值框中输入数值可以精确设置旋转效果。

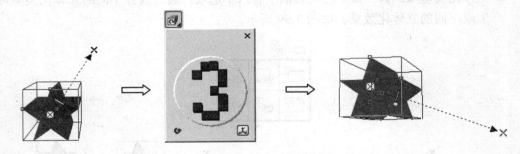

图 7-101　旋转立体化对象

- 颜色 ![]：单击该按钮后，将弹出"颜色控制"窗口，在该窗口中可设置立体化对象的三种颜色效果：第一种是使用对象填充，即立体化部分的颜色与对象的填充色相同；第二种是使用纯色，即立体化部分的颜色可以单独指定一种纯色；第三种是使用递减的颜色，即立体化部分的颜色采用从一种颜色到另一种颜色的过渡进行填充，也可称为渐变填充，如图 7-102 所示。

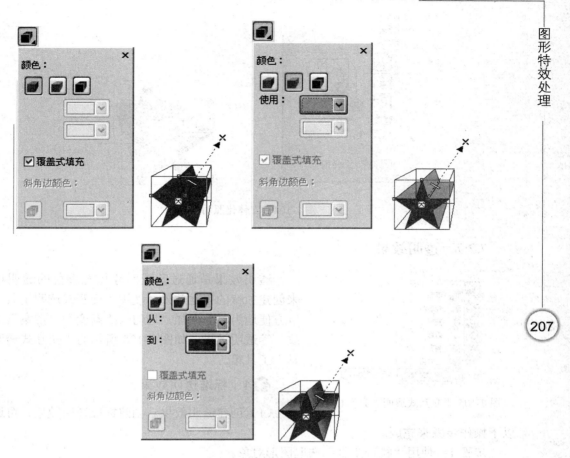

图 7-102　立体化效果的三种填充

- 斜角修饰边 ◨：单击该按钮后，将弹出"斜角修饰边"窗口，在该窗口中可根据需要设置立体化对象的斜角参数，如图 7-103 所示。

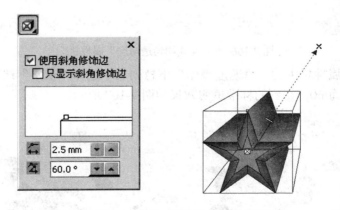

图 7-103　立体化对象斜角修饰边效果

- 照明 ：单击该按钮后，即可弹出"照明"窗口，在该窗口中最多可为立体化对象添加 3 个灯光，为立体化对象添加照明效果，如图 7-104 所示。

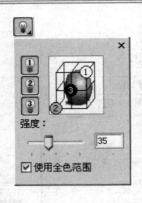 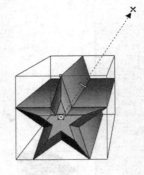

图 7-104　立体化照明效果

7.2.7　透明效果

透明效果是通过改变对象填充颜色的透明程度来创建独特的视觉效果。使用"交互式透明工具"可以方便地为对象添加"均匀"、"渐变"、"图案"、"底纹"等透明效果，如图 7-105 所示为"交互式透明工具"工具箱。

图 7-105　"交互式透明工具"工具箱

1．标准透明效果

（1）创建透明效果。创建标准透明效果，可通过以下操作步骤来完成。

步骤 1：使用"挑选工具"选取图形对象。

步骤 2：将工具箱中的"交互式特效工具"按钮切换至"透明度"按钮，在属性栏中的"透明度类型"下拉列表中选择"标准"选项，其"交互式均匀透明度"属性栏如图 7-106 所示。

图 7-106　"交互式均匀透明度"属性栏

步骤 3：在属性栏中的"透明度操作"下拉列表中选择"正常"选项，将"开始透明度"数值设置为 60，得到的标准透明效果如图 7-107 所示。

图 7-107　标准透明效果

（2）编辑透明效果。使用"交互式透明工具"按钮 单击已创建的透明对象，在属性栏的"透明度类型"下拉列表框中选择图形透明度的类型：
- 无：该项为透明工具的默认选项，表示无透明效果或取消所有透明效果。
- 标准：选择该透明类型，可对图形对象设置整体均匀透明。
- 线性：为渐变透明效果，可对图形设置由不透明到透明的直线过渡透明效果。
- 射线：为渐变透明效果，透明效果沿一系列同心圆进行渐变。
- 圆锥：为渐变透明效果，透明效果按圆锥渐变的形式进行分布。
- 方角：为渐变透明效果，透明效果按方角渐变的形式进行分布。
- 双色图样：为图样透明效果，使图形达到使用双色图样透明填充的效果。
- 全色图样：为图样透明效果，使图形达到使用全色图样透明填充的效果。
- 位图图样：为图样透明效果，使图形达到使用位图图样透明填充的效果。
- 底纹：选择该透明类型，为对象添加自然外观的随机化底纹透明效果。

透明度操作 正常 ：用于设置透明对象与下层对象进行叠加的模式，如图 7-108 所示。

图 7-108 透明度合并模式

- 正常：在底色上应用透明度颜色。
- 添加：将透明度颜色值与底色色值相加。
- 减少：将透明度颜色值与底色色值相加，再减去 255。
- 差异：从底色中减去透明度颜色，再乘以 255。如果透明度颜色值为 0，则结果总是 255。
- 乘：用底色乘以透明度颜色，再用所得的结果除以 255。除非将颜色应用于白色，否则将产生加深效果；黑色乘以任何颜色的结果都是黑色；白色乘以任何颜色都不改变颜色。
- 除：用底色除以透明度颜色，或用透明度颜色除以底色，取决于哪种颜色的值更大。
- 如果更亮：用透明度颜色替换任何深色的底色像素。比透明度颜色亮的底色像素不受影响。
- 如果更暗：用透明度颜色替换任何亮色的底色像素。比透明度颜色暗的底色像素不受影响。
- 底纹化：将透明度颜色转换为灰度，然后用底色乘以灰度值。
- 色度：使用透明度颜色的色度及底色的饱和度和光度。如果给灰度图像添加颜色，图像不会有变化，因为颜色已被取消饱和。
- 饱和度：使用底色的光度与色度及透明度颜色的饱和度。
- 亮度：使用底色的色度和饱和度及透明度颜色的亮度。
- 反显：使用透明度颜色的互补色。如果透明度颜色的值是 127，则不会发生任何变化，因为该颜色值位于色轮中心。
- 和：将透明度颜色和底色的值都转换成二进制值，再进行布尔 AND 运算。
- 或：将透明度颜色和底色的值都转换为二进制值，再进行布尔 OR 运算。
- 异或：将透明度颜色和底色的值都转换为二进制值，再进行布尔 XOR 运算。
- 红色：将透明度颜色应用于 RGB 对象的红色通道。

- 绿色：将透明度颜色应用于 RGB 对象的绿色通道。
- 蓝色：将透明度颜色应用于 RGB 对象的蓝色通道。

开始透明度 ⇥ ⎯⎯⎯⎯ 60 ：用鼠标拖动透明滑块或在该文本框中输入透明值，用于设置透明程度。

透明目标 ▣ 全部 ▾：在该下拉列表框中可选择透明度的应用目标，包括"填充"、"轮廓"和"全部"三个选项，系统默认为"全部"选项。选择"填充"选项后，只对对象的内部填充范围应用透明效果；选择"轮廓"选项后，只对对象的轮廓应用透明效果；选择"全部"选项后，可以对整个对象应用透明效果。

冻结 ❄：当为图形对象应用透明效果后，单击该按钮可使透明遮罩部分的图形跟随透明区域一同移动，如图 7-109 所示。

图 7-109　冻结透明区域

2. 渐变透明效果

渐变透明效果有四种类型：线性、射线、圆锥、方形。

创建渐变透明效果可通过以下操作步骤来完成。

步骤 1：使用"挑选工具"选取图形对象。

步骤 2：将工具箱中的"交互式特效工具"按钮切换至"透明度"按钮 ⛬，在属性栏中的"透明度类型"下拉列表中选择"线性"选项，其"交互式渐变透明"属性栏如图 7-110 所示，线性渐变透明效果如图 7-111 所示。

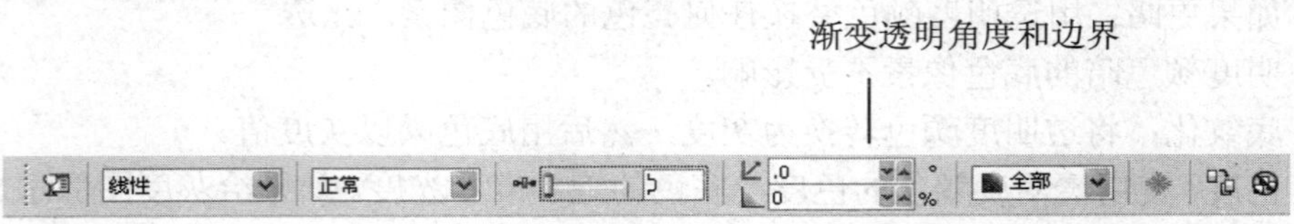

图 7-110　"交互式渐变透明"属性栏

步骤 3：在图形左下角处按下鼠标左键确定渐变透明的起点，然后向右上方拖动鼠标，到渐变透明的终点位置释放鼠标，以调整起点和终点的透明度和改变线性渐变方向，如图 7-112 所示，图中 □ 标记为透明度起点手柄；■ 标记透明度终点手柄，决定渐变透明的角度和边界；╲ 标记为透明速度滑块，拖动它可以调整透明度的渐变效果。

图 7-111　线性渐变透明效果　　　　　　图 7-112　改变线性透明效果

在属性栏中的"透明度类型"下拉列表中分别选择"射线"、"圆锥"、"方角"选项,产生的渐变透明效果如图 7-113 所示。

　　　　射线　　　　　　　　　　圆锥　　　　　　　　　　方角

图 7-113　射线、圆锥、方角渐变透明效果

▶ 3. 图样透明效果

图样透明效果有三种类型:双色图样透明、全色图样透明和位图图样透明。图样透明与图样填充很相似,设置图样透明可以控制图样填充的透明度。

创建图样透明效果可通过以下操作步骤来完成。

步骤 1:使用"挑选工具"选取图形对象。

步骤 2:将工具箱中的"交互式特效工具"按钮切换至"透明度"按钮 ,在属性栏中的"透明度类型"下拉列表中选择"双色图样"选项,其"交互式图样透明度"属性栏如图 7-114 所示,双色图样透明效果如图 7-115 所示。

图 7-114　"交互式图样透明度"属性栏

步骤 3:使用相同的方法,设置全色图样透明类型、位图图样透明类型,分别如图 7-116 和图 7-117 所示。

图 7-115　双色图样透明效果　　图 7-116　全色图样透明效果　　图 7-117　位图图样透明效果

4. 底纹透明效果

底纹透明效果和底纹填充很相似，是为对象添加透明且具有随机化自然纹理的视觉效果。

创建底纹透明效果可通过以下操作步骤来完成。

步骤 1：使用"挑选工具"选取图形对象。

步骤 2：将工具箱中的"交互式特效工具"按钮切换至"透明度"按钮 ，在属性栏中的"透明度类型"下拉列表中选择"底纹"选项，其"交互式底纹透明度"属性栏如图 7-118 所示，底纹透明效果如图 7-119 所示。

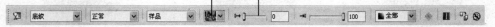

图 7-118　"交互式底纹透明度"属性栏

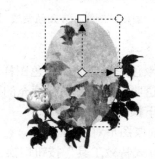

图 7-119　底纹透明效果

7.2.8　斜角效果

斜角效果也是应用于图形的立体化效果，当执行"效果"→"斜角"命令后，即可打开"斜角"泊坞窗，在该泊坞窗中可为图形设置各种斜角效果，"斜角"泊坞窗如图 7-120 所示。

- 样式：在该下拉列表框中有"柔和边缘"和"浮雕"两种斜角样式。
- 斜角偏移：在"柔和边缘"样式下，斜角偏移中有"到中心"和"距离"两个单选按钮，效果如图 7-121 所示。
- 阴影颜色：在"阴影颜色"下拉列表框中可选择斜角的阴影效果，效果如图 7-121

所示。

- 光源控件：在光源控件区域中，可设置光源颜色、光源强度、光源方向和光源的高度，效果如图 7-121 所示。

图 7-120 "斜角"泊坞窗　　图 7-121 斜角效果

7.2.9 透镜效果

在 CorelDRAW 中，还可通过透镜功能透过某一个图形查看下层图形的效果。CorelDRAW 可以对任何矢量对象（如矩形、椭圆形、闭合路径或多边形）应用透镜，也可以更改美术字和位图的外观。对矢量对象应用透镜时，透镜本身会变成矢量图形。如果将透镜应用于位图上，透镜也会变成位图。

▶ 1. 添加透镜效果

步骤 1：选择需要应用透镜效果的对象。

步骤 2：执行"效果"→"透镜"命令，或者按 Alt+F3 组合键，打开如图 7-122 所示的"透镜"泊坞窗。

步骤 3：在"透镜"泊坞窗的透镜效果下拉列表中选择"放大"选项，并设置放大数量，效果如图 7-123 所示。

图 7-122 "透镜"泊坞窗　　图 7-123 透镜效果

2. 透镜参数

每一个类型的透镜所需要设置的参数选项都不同，但"冻结"、"视点"和"移除表面"复选框却是所有类型的透镜都必须设置的参数。

- 冻结：选择该复选框后，可将当前透镜效果冻结，用户可将冻结后的效果任意移动，如图 7-124 所示。

图 7-124　透镜的冻结

- 视点：选择该复选框后，在不移动透镜的情况下，可对透镜的视点进行编辑。
- 移除表面：选择该复选框后，透镜效果只显示该对象与其他对象重合的区域，而被透镜覆盖的其他区域则不可见。

3. 透镜效果选项

- 无透镜效果：即不应用透镜效果。
- 使明亮：允许使对象区域变亮或变暗，并设置亮度或暗度的比率，比率值为正时变亮，比率值为负时变暗。
- 颜色添加：允许模拟加色光线模型。透镜下的对象颜色与透镜的颜色相加，就像混合了光线的颜色。
- 色彩限度：仅允许用黑色和透过的透镜颜色查看对象区域。例如，如果在位图上放置蓝色限制透镜，则在透镜区域中，将过滤掉除蓝色和黑色以外的所有颜色。
- 自定义彩色图：允许将透镜下方对象区域的所有颜色改为介于指定的两种颜色之间的一种颜色。用户可以选择这个颜色范围的起始色和结束色，以及这两种颜色的渐变。渐变在色谱中的路径可以是直线、向前或向后。
- 鱼眼：允许根据指定的百分比变形、放大或缩小透镜下方的对象。
- 热图：允许通过在透镜下方的对象区域中模仿颜色的冷暖度等级，来创建红外图像的效果。
- 反显：允许将透镜下方的颜色变为其 CMYK 的互补色，互补色是色轮上相对的颜色。
- 放大：允许按指定的量放大对象上的某个区域，放大透镜取代原始对象的填充，使对象看起来是透明的。
- 灰度浓淡：允许将透镜下方对象区域的颜色变为其等值的灰度。灰度浓淡透镜对于创建褐色的色调效果特别有效。
- 透明度：使对象看起来像着色胶片或彩色玻璃。
- 线框：允许用所选的轮廓或填充色显示透镜下方的对象区域。例如，如果将轮廓设为红色，将填充设为蓝色，则透镜下方的所有区域看上去都具有红色轮廓和蓝色填充。

7.2.10 透视效果

使用"添加透视"命令，可以将对象进行倾斜和拉伸等变换操作，使对象产生空间透视效果。透视点功能可用于矢量图形和文本对象，但不能用于位图图像。同时，在为群组应用透视点功能时，如果对象中有交互式阴影效果、网格填充效果、位图或沿路径排列时不能应用此项功能。

▶ **1．创建透视效果**

如果要为三个正方形创建平行透视的正方体效果，创建透视效果的步骤如下，过程如图 7-125 所示：

步骤1：使用"挑选工具"选择需要创建透视点的左上方正方形对象。如果需要应用透视点功能的对象由多个图形组成，则必须将所有图形群组，否则不能应用该功能。

步骤2：执行"效果"→"添加透视点"命令，此时对象上会出现网格似的红色虚线框，同时在对象的四角处将出现黑色的控制点。

步骤3：分别拖动上边两个控制点，使对象产生透视的变换效果。此时，在绘图窗口中将会出现透视的消失点。

步骤4：选择右下方正方形对象，执行"效果"→"添加透视点"命令，分别拖动右边两个控制点，使对象产生透视的变换效果，并拖动其消失点，完成透视点的创建。

步骤5：为正方体各面填充不同的颜色，形成正方体平行透视效果。

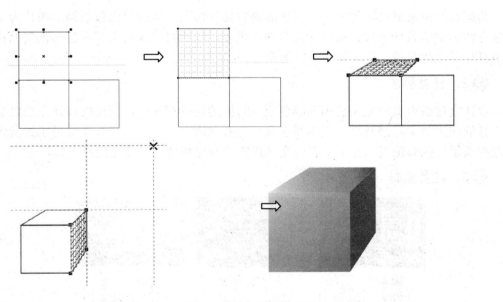

图 7-125　创建透视效果

技巧与提示

按下 Shift+Ctrl 组合键的同时,拖动对象上的透视控制点,可同时调整透视末端的两个控制点。

▶ **2. 清除透视效果**

要清除对象中的透视效果,可选择透视对象,执行"效果"→"清除透视点"命令。

7.3 项目实训

"绿风家居"宣传册内页设计

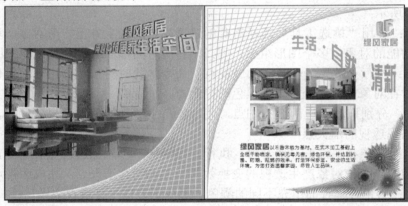

▶ **1. 任务背景**

为配合绿风家居品牌的宣传,制作品牌宣传册内页。宣传册内页以场景图片为主,文字介绍为辅的设计形式,整体布局合理、美观,以透视效果的文字和色彩艳丽的花朵吸引目标受众的眼球,让人展开丰富的联想。

▶ **2. 任务要求**

设计宣传册内页时采用的画面颜色应与封面的色调相统一,图形的设计主要以交互式工具的应用为主,涉及交互式调和工具、交互式透明工具,文字分别采用了封套效果和透视效果,色彩艳丽的花朵则采用交互式推拉变形和交互式拉链变形工具。

▶ **3. 任务素材**

7.4 本章小结

CorelDRAW 提供了大量用于添加特殊效果的工具，应用这些工具可以轻松地制作出调和效果、轮廓图效果、变形效果、阴影效果、封套效果、立体化效果和透明效果，以及透镜及透视效果，在很大程度上满足了用户的创作需求。通过本章的学习，我们应该学会灵活巧妙地应用各种特效工具，创建出具有丰富的视觉效果的作品。

7.5 技能考核知识题

1. 下面不是 CorelDRAW 中交互式阴影工具的特点的是（　　）。
   A．可设置阴影的透明度　　　　　　　　B．可调整阴影的形状
   C．可对位图制作投影效果　　　　　　　D．可设置阴影边缘羽化程度

2. 下面描述正确的是（　　）。
   A．将 CorelDRAW 的阴影与对象拆分后，将得到一个位图对象
   B．将 CorelDRAW 的阴影与对象拆分后，将得到一个矢量对象
   C．将 CorelDRAW 的阴影与对象拆分后，将得到一个透明的矢量对象
   D．将 CorelDRAW 的阴影与对象拆分后，将得到一个 JPG 对象

3. 当阴影与对象分离后，使用"交互式透明工具"单击阴影，并单击属性栏的"清除透明度"按钮后，我们将得到一个（　　）。
   A．具有羽化边缘的对象　　　　　　　　B．一个半透明的对象
   C．一个标准填充的对象　　　　　　　　D．一个位图填充对象

4. （　　）交互式透明类型不是 CorelDRAW 具备的。
   A．线性　　　　　　B．射线　　　　　　C．椭圆
   D．方角　　　　　　E．圆锥

5. 交互式变形工具包含（　　）种变形方式。
   A．2　　　　　　B．3　　　　　　C．4　　　　　　D．5

6. 打开透镜泊坞窗的快捷键是（　　）。
   A．Ctrl+E　　　　B．Ctrl+B　　　　C．Ctrl+F9　　　　D．Alt+F3

7. 撤销对象的阴影效果时，应（　　）。
   A．用"挑选工具"双击添加阴影效果的对象，然后单击属性栏上的"清除阴影"按钮
   B．用"挑选工具"单击添加阴影效果对象的阴影区，然后执行"排列"→"拆分阴影组群"命令
   C．用"挑选工具"单击添加阴影效果的对象，然后执行"排列"→"拆分阴影组群"命令
   D．用"形状工具"单击添加阴影效果对象的阴影区，然后单击属性栏上的"清除阴影"按钮

8. 如果想要创建的图形对象表现自然界石头的效果，可以使用（　　）方式。
   A．位图填充　　　　　　　　　　　　　B．底纹填充
   C．双色图样填充　　　　　　　　　　　D．PostScript 纹理填充

9. 编辑 3D 文字时，（　　）能够在三维空间内旋转 3D 文字的角度控制框。

A. 利用"挑选工具"单击 3D 文字
B. 利用"交互式立体化工具"单击 3D 文字
C. 利用"交互式立体化工具"双击 3D 文字
D. 利用"交互式立体化工具"先选中 3D 文字，然后再单击鼠标

10. （　　）不可以通过执行"效果"→"添加透视"命令添加透视效果。
A. 未转换成曲线路径的美术字文本
B. 使用"交互式阴影工具"制作了阴影效果的矢量对象
C. 位图
D. 具有使用交互式透明工具创建的局部透明效果的矢量对象

11. CorelDRAW 中能进行调和的对象有（　　）。
A. 群组对象　　　　　　　　　　B. 艺术笔对象
C. 交互式网格填充对象　　　　　D. 位图

12. 用智能填充工具填充交互式轮廓工具生成中间对象，原交互式轮廓将会如何变化？（　　）
A. 没有任何变化，只是在其上面生成一个新的填充对象
B. 被拆分了，然后被填充的那个对象改变了色彩
C. 被焊接成应用轮廓图之前的初始形状并填充为新的色彩了
D. 轮廓图对象消失

13. 不能应用效果菜单/调整/色度饱和度亮度的对象是（　　）。
A. 多个被群组的不同属性对象　　B. 单一矢量对象
C. 位图对象　　　　　　　　　　D. 阴影

14. 交互式封套工具可以应用的对象包括（　　）。
A. 美术字文本　　　　　　　　　B. 段落文本
C. A 和 B 都可以　　　　　　　　D. A 和 B 都不可以

15. 如果想要还原应用斜角效果之前的对象，可以（　　）。
A. "效果"菜单/"清除效果"　　　B. 把所有设置滑块调为 0
C. 拆分斜角，然后将生成的位图删除　　D. 描摹位图

第8章 位图图像处理

1. 熟悉位图与矢量图的转换及位图的剪裁方法。
2. 掌握位图颜色的调整方法。
3. 学会滤镜特效命令的应用。

6学时（理论3学时，实践3学时）

8.1 模拟案例

数码相机户外灯箱广告设计

8.1.1 案例分析

1．任务背景

随着人们生活水平的提高，数码相机的市场需求不断扩大。目前国内数码相机种类繁多，做好数码相机的广告是提高销售量的关键。为 Nikon 数码相机做一个户外灯箱广告，规格为 297mm×155mm。

2．任务要求

采用明亮的色彩，合理的排版，从空间的角度表现数码相机的时尚出众，光彩夺目。

在体现产品的同时，也要表现出时尚感和潮流感，通过色彩搭配和空间运用，达到时尚梦幻的户外广告效果。

3. 任务分析

本案例制作时通过绘制矢量图，将矢量图转换成位图，结合位图滤镜特效创作出特殊的变幻效果。并采用导入位图的方法，将相机位图进行不同的裁剪，得到所需的图像。

8.1.2 制作方法

1. 绘制背景

（1）启动 CorelDRAW 软件系统，启动 CorelDRAW 并进入欢迎界面后，单击"新建空白文档"选项，生成一个纵向的 A4 大小的图形文件，在属性栏中将页面的宽度设为 297mm，高度设为 155mm。

（2）单击工具箱中的"矩形工具"按钮，在绘图区拖动创建一个矩形，在属性栏输入宽度为 155mm，高度为 155mm，按 P 键将其调整到页面中心，如图 8-1 所示。

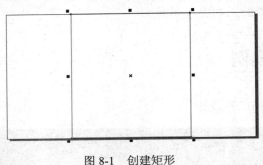

图 8-1 创建矩形

（3）使用"挑选工具"选择正方形，取消轮廓线，然后按快捷键 F11 打开"渐变填充"对话框，设置"圆锥"填充类型，渐变颜色从左至右分别为（C：29、M：92、Y：0、K：0）、（C：13、M：79、Y：1、K：0）（C：43、M：93、Y：0、K：0）、（C：12、M：55、Y：2、K：0）、（C：16、M：92、Y：0、K：0）、（C：0、M：0、Y：0、K：0），"渐变填充"对话框及填充效果如图 8-2 所示。

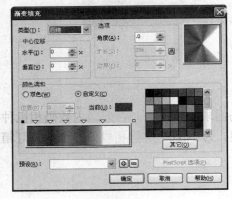 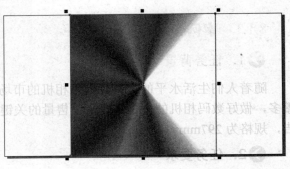

图 8-2 "渐变填充"对话框及填充效果

（4）选择正方形，执行"位图"→"转换为位图"命令，打开如图8-3所示的"转换为位图"对话框，单击"确定"按钮，将所选图形转换为位图。

图8-3 "转换为位图"对话框

（5）执行"位图"→"扭曲"→"旋涡"命令，在打开的"旋涡"对话框中设置方向及参数，产生旋涡效果，并将该旋涡图形水平缩放至页面大小，"旋涡"对话框及旋涡效果如图8-4所示。

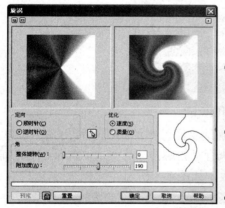

图8-4 "旋涡"对话框及旋涡效果

（6）双击"矩形工具"按钮，创建一个与页面大小相同的矩形，填充紫色（C：20、M：80、Y：0、K：20），并取消其轮廓线。按Ctrl+PageUp组合键，将该矩形移至旋涡图形之上。单击工具箱中的"交互式透明工具"按钮，设置透明类型为"射线"，效果如图8-5所示，完成广告背景绘制。

图8-5 矩形的"射线"透明效果

（7）使用"矩形工具" 创建一个宽度为 297mm、高度为 28mm 的矩形，按 F11 键，从紫色到白色渐变填充该矩形，效果如图 8-6 所示。

图 8-6 创建矩形并对其渐变填充

2. 导入位图

（1）执行"文件"→"导入"命令（或按 Ctrl+I 组合键），在弹出的"导入"对话框中，选择配套资源中的"素材\8-1.jpg"文件，单击"确定"按钮，将相机图形导入，如图 8-7 所示。

图 8-7 导入相机位图

（2）导入的图像还保留了它的背景，要精确地将图像中的相机选择出来，可单击属性栏中的 描摹位图(T) 按钮，在弹出的菜单中执行"轮廓描摹"→"高品质图像"命令，再在弹出的"Pouer TRACE"对话框中设置参数，如图 8-8 所示。

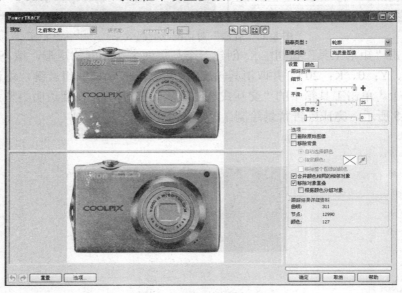

图 8-8 "Pouer TRACE"（描摹位图）对话框

（3）设置完成后，单击"确定"按钮，得到矢量图组成的相机图形效果。为了便于观察，将描摹后的高品质图像移动到位图的左边，如图 8-9 所示，它是由多个小矢量图组成的图形，按 Ctrl+U 组合键将矢量图组成的图形取消群组，然后框选相机图形，按 Delete 键删除相机图形，得到一个相机背景图形，它将用于修剪出相机位图，如图 8-10 所示。

图 8-9 "高品质图像"描摹效果

图 8-10 修剪出相机位图

（4）将背景图形和位图选中，分别按快捷键 E 和 C，将两个选定对象居中对齐，重叠在一起。保持两者都选中的情况下，单击属性栏中的"修剪"按钮，位图中的相机背景被修剪，得到清除了背景的相机位图，将其移动至空白处，如图 8-11 所示，并删除原来的矢量相机背景。

图 8-11 修剪得到相机位图

（5）用以上方法分别导入配套资源中素材"8-2.jpg"、"8-3.jpg"、"8-4.jpg"、"8-5.jpg"相机位图，对相机位图作删除背景操作。也可通过 Photoshop 去除相机位图的背景，并将处理后的 PSD 文件导入 CorelDRAW，效果如图 8-12 所示。

图 8-12　导入相机位图

▶3. 星形图形制作

（1）单击工具箱中的"星形工具"按钮，绘制一个五角星形，如图 8-13 所示。

（2）选择星形图形，执行"位图"→"转换为位图"命令，将五角星形转换为位图。

（3）执行"位图"→"创造性"→"虚光"滤镜命令，在打开的对话框中按默认参数设置，滤镜效果如图 8-14 所示。

（4）执行"位图"→"模糊"→"放射性模糊"滤镜命令，在打开的对话框中按默认参数设置，滤镜效果如图 8-15 所示。

图 8-13　绘制星形　　　图 8-14　"虚光"滤镜效果　　　图 8-15　"放射性模糊"滤镜效果

（5）再制滤镜后的星形图形，将其与相机图形组合成形，效果如图 8-16 所示。

图 8-16　星形图形效果

4. 输入文字

在广告中的合适位置输入文字"Nikon",设置为倾斜;输入"COOLPIX",调整其字体和字号,对文字作渐变填充。并输入品牌广告语"Capture more. feel more."和"记录在形.感受在心."。

5. 文字和相机倒影效果制作

(1) 将文字"COOLPIX"和右下方的相机图形作垂直镜像复制。

(2) 单击工具箱中的"交互式透明效果"按钮 ,对复制的图形作线性透明,形成文字倒影效果,如图 8-17 所示。并将该线性透明效果应用于右下方的相机图形,如图 8-18 所示。

图 8-17 文字倒影效果　　　　图 8-18 相机倒影效果

6. 将各图形对象组合成形

调整各图形的相对位置,完成数码相机户外广告的制作,效果如图 8-19 所示。

图 8-19 数码相机户外广告效果

8.2 知识延展

CorelDRAW 是矢量图形处理软件,但同时也具有强大的位图处理功能,利用它可以简单快捷地调整位图的颜色和添加各种效果等。

8.2.1 导入位图

首先要导入位图或者将矢量图转换为位图才能在 CorelDRAW 中使用位图。CorelDRAW 支持多种图像格式,主要有 PSD、JPG、GIF、PNG、TIF、BMP、TGA、WPG、MAC、PCX 等。

1. 导入位图

导入位图的操作在第 1 章中已有讲解,这里只简单介绍一下其方法:执行"文件"

→"导入"命令，或者在标准工具栏中单击"导入"按钮，或者使用 Ctrl+I 组合键，在弹出的"导入"对话框中选择需导入的位图文件后，单击"导入"按钮，然后在绘图区中双击鼠标或按住鼠标拖动即可导入位图。

2. 重新取样位图

重新取样位图，可以更改位图的尺寸、分辨率及锯齿现象等。

方法一：在导入图像时重新取样位图。

步骤 1：执行"文件"→"导入"命令打开"导入"对话框，选择需要导入的图像后，在"全图像"下拉列表中选择"重新取样"选项，然后单击"导入"按钮，弹出如图 8-20 所示的"重新取样图像"对话框。

图 8-20 "导入"对话框和"重新取样图像"对话框

步骤 2：在"重新取样图像"对话框中，可更改对象的尺寸大小和分辨率等，从而达到控制文件大小和图像质量的目的。

方法二：将图像导入到当前文件后，再对位图进行重新取样。

步骤 1：导入一张位图，保持该图像的选取状态，执行"位图"→"重新取样"命令或者单击属性栏中的"重取样位图"按钮，弹出如图 8-21 所示的"重新取样"对话框。

图 8-21 "重新取样"对话框

步骤 2：分别在"图像大小"选项栏的"宽度"和"高度"文本框中输入图像大小的参数值，并在"分辨率"的"水平"和"垂直"文本框中设置图像的分辨率大小，然后选择需要的测量单位。

步骤 3：选中"光滑处理"复选框，以最大限度地避免曲线外观参差不齐。选中"保持纵横比"复选框，并在宽度或高度文本框中输入适当的数值，从而保持位图的比例。也可以在"图像大小"的百分比文本框中输入数值，根据位图原始大小的百分比对位图重新取样。

步骤 4：设置完毕后，单击"确定"按钮，即可完成操作。

8.2.2　矢量图转换成位图

在平面设计中有时为了设计的需要，要对矢量图的颜色进行调整或者对其应用特殊滤镜效果，这时就需要将绘制的矢量图转换为位图。执行"位图"→"转换为位图"命令就可以将矢量图转换为位图。

步骤 1：打开需要转换的矢量图形文件，使用"挑选工具"选择需要转换的图形。

步骤 2：执行"位图"→"转换为位图"命令，系统将弹出如图 8-22 所示的"转换为位图"对话框。

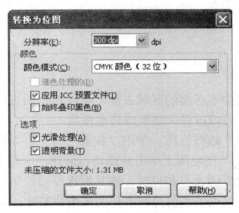

图 8-22　"转换为位图"对话框

步骤 3：在"分辨率"下拉列表中选择适当的分辨率，也可直接在数值框中输入适当的数值，如 200dpi，在"颜色模式"下拉列表中选择适当的颜色模式，如选择"CMYK 颜色（32 位）"。

步骤 4：单击"确定"按钮，即可将矢量图转换为位图。"转换为位图"对话框中的各选项功能如下。

"颜色模式"下拉列表框：设置转换后的颜色模式。

"分辨率"下拉列表框：设置转换后的分辨率。

"应用 ICC 预置文件"复选框：选中此复选框，应用国际颜色委员会预置文件，使设备与颜色空间的颜色标准化。

"光滑处理"复选框：选中该复选框，将在位图中去除在低分辨率显示下参差不齐的边缘。

"透明背景"复选框：选中该复选框，设置位图的背景为透明。

技巧与提示

为保证转换后的位图效果,必须将"颜色"选择在 24 位以上,"分辨率"选择在 200dpi 以上,颜色模式决定构成位图的颜色数量和种类,因此文件大小也会受到影响。矢量图转换成位图时,系统会为位图定义一个矩形框,如果在"转换为位图"对话框中将位图设置为"透明背景"可以将这个矩形框变为透明,如图 8-23 所示,否则转换后将显示不透明背景,如图 8-24 所示。

图 8-23　透明背景　　　　　　　　　图 8-24　不透明背景

8.2.3　处理位图

▶1. 裁剪位图

如果需把导入的位图中不必要的区域去掉,可以对位图进行裁剪。裁剪不但可以将位图不需要的区域移除,还可以将其裁剪成任意形状。

(1) 利用"裁剪工具"裁剪位图。使用"裁剪工具"可以将位图裁剪为矩形形状。单击"裁剪工具"按钮 ,在位图上单击并拖动,创建一个裁剪控制框,拖动控制框上的控制点,调整裁剪控制框的大小和位置,使其框选需要保留的图像区域,然后在裁剪控制框内双击鼠标,即可将位于裁剪控制框外的图像裁剪掉,如图 8-25 所示。

图 8-25　使用"裁剪工具"裁剪位图

（2）利用"形状工具"裁剪位图。使用"形状工具"可以将位图裁剪为不规则的各种形状，操作步骤如下。

使用"形状工具"单击位图图像，此时在图像边角上将出现 4 个控制节点，接下来按照调整曲线形状的方法进行操作，即可将位图裁剪为指定的形状，如图 8-26 所示。

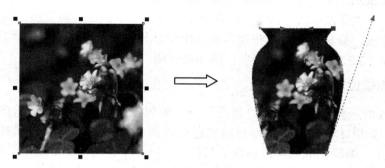

图 8-26　使用"形状工具"裁剪位图

在使用"形状工具"裁切位图图像时，按下 Ctrl 键可使鼠标在水平或垂直方向移动。使用"形状工具"裁切位图与控制曲线的方法相同，可将位图边缘调整成任意直线或曲线，从而将位图调整为各种所需的形状。但是，使用"形状工具"不能裁切群组后的位图图像。

（3）使用图框精确剪裁位图。用图框精确剪裁位图可以将位图裁剪成任意矢量图形，操作方法如下。

方法一：使用"效果"→"图框精确剪裁"菜单命令。

选择导入的位图，如图 8-27 所示，执行"效果"→"图框精确剪裁"→"放置在容器中"菜单命令，鼠标指针变成黑箭头 ➡，单击要作为容器的图形，如图 8-28 所示，即可将位图剪裁至图框中，效果如图 8-29 所示。

图 8-27　选择导入的位图　　图 8-28　作为容器的图形　　图 8-29　放置在容器中的效果

方法二：手动创建图框精确裁剪效果。

选择导入的位图，用鼠标右键拖动至容器对象上释放。在释放鼠标时将弹出如图 8-30 所示的快捷菜单，在快捷菜单中选择"图框精确剪裁内部"选项，也能创建图框精确剪裁效果。

如果要对容器图框中的位图进行移动、缩放、旋转等编辑操作，可执行"效果"→"图框精确剪裁"→"编辑内容"菜单命令，进入位图的编辑状态，编辑完成后执行"效果"→"图框精确剪裁"→"结束编辑"命令，可将编辑好的位图重新放

图 8-30　"图框精确剪裁内部"选项

置在容器图框中。执行"效果"→"图框精确剪裁"→"提取内容"菜单命令可以取消位图的剪裁。

▶2. 变换位图

导入到 CorelDRAW 中的位图,可以按照变换矢量对象的方法,使用"挑选工具"或者"排列"→"变换"菜单命令,以及"形状工具"下的"自由变换工具"按钮 等对位图进行缩放、旋转、倾斜和扭曲等变换操作。具体操作方法请查看"3.2.2 对象的变换操作"和"3.2.5 对象的修饰"中的详细介绍。

▶3. 编辑位图

选择导入的一张位图,执行"位图"→"编辑位图"命令,或者单击属性栏上的"编辑位图"按钮 编辑位图(E)... ,即可将位图导入到 Corel PHOTO-PAINT 中进行编辑,如图 8-31 所示。编辑完成后单击标准工具栏中的 结束编辑 按钮,并将图像保存,然后关闭 Corel PHOTO-PAINT,已编辑的位图将会出现在 CorelDRAW 的绘图窗口中。

图 8-31 Corel PHOTO-PAINT 编辑窗口

8.2.4 位图的色彩处理

▶1. 位图色彩模式的转换

在 CorelDRAW 中使用的图像颜色是基于颜色模式的,颜色模式定义图像的颜色特征,并由其组件的颜色来描述。CMYK 颜色模式由青色、洋红色、黄色和黑色值组成;RGB 颜色模式由红色、绿色和蓝色值组成。

尽管从显示器屏幕上看不出 CMYK 颜色模式的图像与 RGB 颜色模式的图像之间的差别,但这两种图像是截然不同的。在图像尺度相同的情况下,RGB 图像的文件比 CMYK

图像的文件小，但 RGB 颜色空间或色谱却可以显示更多的颜色。因此，RGB 模式的图像广泛应用于电视、网络、幻灯、多媒体领域。而在商业印刷机等需要精确打印再现的场合，一般采用 CMYK 模式创建图像。

更改位图颜色模式的方法是：选择位图，执行"位图"→"模式"子菜单中的相关子命令即可，如图 8-32 所示。

图 8-32 位图模式子菜单

2. 颜色遮罩的运用

CorelDRAW 中提供了位图颜色遮罩功能，该功能可以隐藏或更改选择的颜色，而不改变图像中的其他颜色，被隐藏的颜色区域显示为透明状态。位图颜色遮罩功能常用于删除不需要的背景颜色。

使用位图颜色遮罩功能的操作步骤如下。

步骤 1：导入一张位图图像，如图 8-33 所示。

步骤 2：执行"位图"→"位图颜色遮罩"命令，开启"位图颜色遮罩"泊坞窗。

步骤 3：单击"隐藏颜色"单选按钮，在色彩列表框中选中一个色彩条。

步骤 4：单击"颜色选择"按钮 ，将鼠标指向位图中需要隐藏的白色区域并单击。

步骤 5：在"容限"数值框中输入数值，设置遮罩与选择颜色相近的颜色范围，这里输入"100"，泊坞窗设置如图 8-34 所示，单击"应用"按钮，位图颜色遮罩效果如图 8-35 所示。

图 8-33 导入位图图像　　图 8-34 "位图颜色遮罩"泊坞窗　　图 8-35 位图颜色遮罩效果

如果在"位图颜色遮罩"泊坞窗中单击了"显示颜色"单选按钮，并设置显示的颜色及容限，然后单击"应用"按钮，即可将所选颜色以外的其他颜色全部隐藏。

3. 位图色彩色调的调整

在 CorelDRAW 中，可以对位图进行色彩亮度、明度和暗度等方面的调整。通过应用颜色和色调效果,可以恢复阴影或高光中丢失的细节,清除色块,校正曝光不足或曝光过度,全面提高图像的质量。

选择位图,执行"效果"→"调整"命令,显示如图8-36所示的"调整"子菜单命令。可根据图像色彩色调的具体情况,选用不同的调整命令。

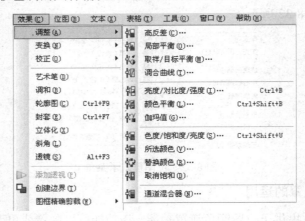

图8-36 效果调整子菜单

(1) 高反差。"高反差"效果主要用于在保留阴影和高亮度显示细节的同时,调整色调、颜色和位图对比度,通过从最暗区域到最亮区域重新分布颜色的浓淡来调整阴影区域、中间区域和高光区域。"高反差"对话框如图8-37所示。

(2) 局部平衡。"局部平衡"效果可以在区域周围设置宽度和高度来强化对比,用于提高各颜色边缘附近的对比度,以显示浅色和深色区域的细节。"局部平衡"对话框如图8-38所示。

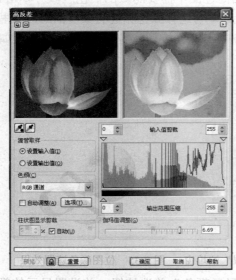
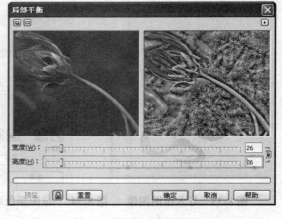

图8-37 "高反差"对话框　　　　图8-38 "局部平衡"对话框

(3) 取样/目标平衡。"取样/目标平衡"效果允许使用从图像中选取的色样来调整位图的颜色值,可以从图像的黑色、中间色调及浅色部分选取色样,并将目标色应用于每个色样。"样本/目标平衡"对话框如图8-39所示。

（4）调合曲线。使用"调合曲线"命令可以控制单个像素值以精确校正图像的颜色，通过改变像素亮度值，从而改变阴影、中间色调和高光。"调合曲线"对话框如图 8-40 所示。

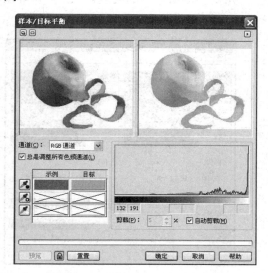

图 8-39 "取样/目标平衡"对话框

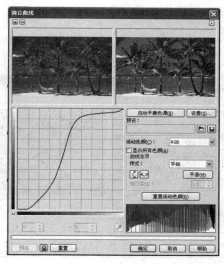

图 8-40 "调合曲线"对话框

（5）亮度/对比度/强度。使用"亮度/对比度/强度"命令可以对位图亮度、对比度和强度进行调整。"亮度"指图形的明亮程度，"对比度"指图形中白色和黑色部分的反差，"强度"指图形中的色彩强度。"亮度/对比度/强度"对话框如图 8-41 所示。

（6）颜色平衡。使用"颜色平衡"命令可使位图在不同颜色值之间变换颜色模式，允许改变位图中的 CMYK 印刷色色谱在红、黄、绿、青、蓝和洋红色谱中的百分比，从而改变颜色。"颜色平衡"对话框如图 8-42 所示。

图 8-41 "亮度/对比度/强度"对话框

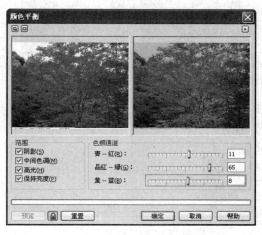

图 8-42 "颜色平衡"对话框

（7）伽玛值。伽玛值是一种校色方法，其原理是人的眼睛因相邻区域的色值不同而产生的视觉印象，用于在不影响阴影和高光的情况下强化较低对比度区域的细节。"伽玛值"对话框如图 8-43 所示。

(8) 色度/饱和度/亮度。通过"色度/饱和度/亮度"命令可以对色度、饱和度和亮度进行调整，能够改变颜色及其浓度，以及图像中白色所占的百分比。"色度"是指位图颜色的色相，"饱和度"是指位图色彩的纯度，"亮度"是指色彩的明度。"色度/饱和度/亮度"对话框如图8-44所示。

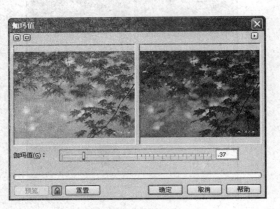

图8-43 "伽玛值"对话框

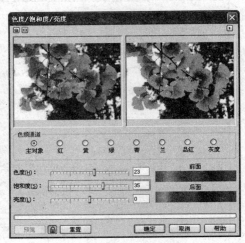

图8-44 "色度/饱和度/亮度"对话框

(9) 所选颜色。"所选颜色"命令通过在色谱范围内调整组成颜色的百分比来改变图像的颜色。"所选颜色"对话框如图8-45所示。

(10) 替换颜色。替换颜色就是从图像中选取一种颜色，然后选择另一种颜色将其替换。"替换颜色"对话框如图8-46所示。

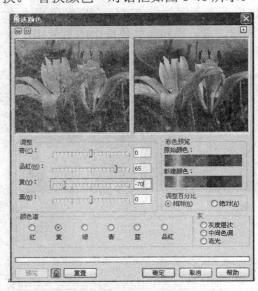

图8-45 "所选颜色"对话框

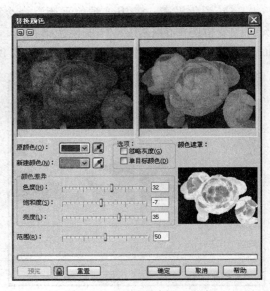

图8-46 "替换颜色"对话框

(11) 取消饱和。"取消饱和"命令可以使位图中所有颜色的饱和度变为"0"，将每种颜色转换为与其相应的灰度，这样，不用改变颜色模式就可以创建灰度图像。"取消饱和"效果如图8-47所示。

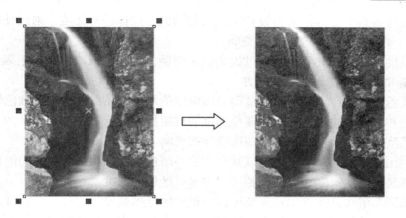

图 8-47 "取消饱和"效果

（12）通道混合器。"通道混合器"命令可以通过改变不同颜色通道的数值来改变图像的色调。"通道混合器"对话框如图 8-48 所示。

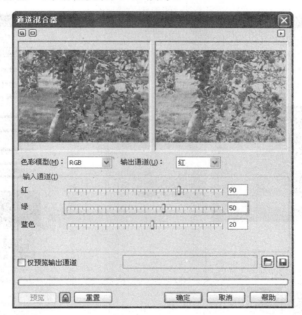

图 8-48 "通道混合器"对话框

位图的色彩色调调整除了可以使用以上调整命令之外，还可以通过执行"位图"→"图像调整实验室"命令在打开的"图像调整实验室"窗口中完成。用户可快捷、方便地校正大多数位图的颜色和色调，如图 8-49 所示。

"图像调整实验室"由自动调整和手动调整组成，这些调整按图像校正的逻辑顺序进行组织，从右上角开始一直持续下去，可以针对图像的特定问题而选择所需的控件，主要控件功能如下。

- "选择白点"工具：依据设置的白点自动调整图像的对比度，通过使用"选择白点"工具可以使太暗的图像变亮。

- "选择黑点"工具：依据设置的黑点自动调整图像的对比度，通过使用"选择黑点"工具可以使太亮的图像变暗。
- "温度"滑块：允许用户通过提高图像中颜色的暖色或冷色来校正颜色转换，从而补偿拍摄图像时的照明条件。
- "淡色"滑块：允许用户通过调整图像中的绿色或品红色来校正颜色转换。
- "饱和度"滑块：允许用户调整颜色的鲜明程度。
- "亮度"滑块：可以使整个图像变亮或变暗。
- "对比度"滑块：可以增加或减少图像中暗色区域和明亮区域之间的色调差异。
- "高光"滑块：允许用户调整图像中最亮区域的亮度。
- "阴影"滑块：允许用户调整图像中最暗区域的亮度。
- "中间色调"滑块：允许用户调整图像内中间范围色调的亮度。
- "创建快照"工具：可以随时将校正后的图像保存为快照，快照的缩略图出现在窗口的图像下方。通过快照，可以方便地比较校正后的不同图像效果，进而选择最佳图像。

图 8-49 "图像调整实验室"窗口

8.2.5 位图滤镜特效

滤镜在 CorelDRAW 中提供了应用于位图的各种特殊效果功能，这也是 CorelDRAW 强大功能的最好体现。在 CorelDRAW 的"位图"菜单中，不同的滤镜效果以分类的形式被整合在一起。不同的滤镜可以产生不同的效果，恰当地使用这些效果，可以丰富画面，使图像产生意想不到的效果。

▶1. 添加滤镜效果

添加滤镜效果的方法很简单，在选择位图图像后，单击"位图"菜单，在其中选择所要应用的滤镜组，然后在展开的滤镜组的下一级子菜单中选择所需要的效果即可，如图 8-50 所示。

图 8-50　CorelDRAW 滤镜组

应用滤镜效果后，执行"编辑"→"撤销"命令（或按 Ctrl+Z 组合键）可撤销上一步的滤镜操作。

▶2. 三维效果

三维效果滤镜，可以为位图添加各种模拟的 3D 立体效果。此滤镜组中包含了三维旋转、柱面、浮雕、卷页、透视、挤远/挤近及球面 7 种滤镜类型。选择位图，分别应用各滤镜效果，得到的效果如图 8-51 所示。

图 8-51　三维效果

（1）三维旋转。"三维旋转"命令可以使图像产生一种立体的画面旋转的透视效果。
（2）柱面。"柱面"命令可以使图像产生缠绕在柱面内侧或柱面外侧的变形效果。
（3）浮雕。"浮雕"命令可以使选取的图像模拟具有深度感的浮雕效果。
（4）卷页。"卷页"命令可以为位图添加一种类似于卷起页面一角的卷曲效果。
（5）透视。"透视"命令可以使图像产生三维透视的效果。
（6）挤远/挤近。"挤远/挤近"命令可使图像相对于某个点弯曲，产生拉远或拉近的效果。
（7）球面。"球面"命令可以使图像产生凹凸的球面效果。

3. 艺术笔触效果

应用"艺术笔触"功能，可以使用艺术笔触滤镜为位图添加一些特殊的美术技法效果。此组滤镜中包含了炭笔画、单色蜡笔画、蜡笔画、立体派、印象派、调色刀、彩色蜡笔画、钢笔画、点彩派、木版画、素描、水彩画、水印画及波纹纸画共14种滤镜效果。选择位图，分别应用各滤镜效果，得到的效果如图8-52所示。

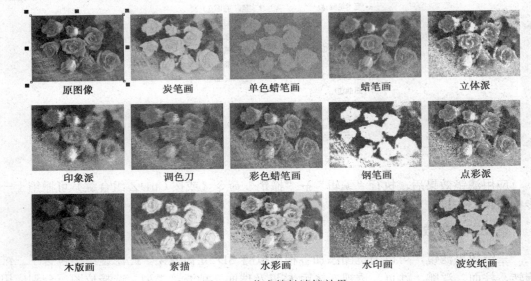

图8-52　艺术笔触滤镜效果

（1）炭笔画。使用"炭笔画"命令可以使位图图像具有类似于炭笔绘制的画面效果。
（2）单色蜡笔画。"单色蜡笔画"命令可以将图像制作成类似于粉笔画的图像效果。
（3）蜡笔画。"蜡笔画"命令可以使图像产生蜡笔画的效果。
（4）立体派。"立体派"命令可以将图像中相同颜色的像素组合成颜色块，形成类似于立体派的绘画风格。
（5）印象派。"印象派"命令可以将图像制作成类似印象派的绘画风格。
（6）调色刀。"调色刀"命令可以将图像制作成类似调色刀绘制的绘画效果。
（7）彩色蜡笔画。"彩色蜡笔画"命令可以使图像产生使用彩色蜡笔绘画的效果。
（8）钢笔画。"钢笔画"命令可以使图像产生使用钢笔和墨水绘画的效果。
（9）点彩派。"点彩派"命令可以将图像制作成由大量颜色点组成的图像效果。
（10）木版画。"木版画"命令可以在图像的彩色和黑白之间产生鲜明的对照点。
（11）素描。"素描"命令可以将图像制作成素描的绘画效果。
（12）水彩画。"水彩画"命令可以使位图图像具有类似于水彩画一样的画面效果。
（13）水印画。"水印画"命令可以使图像呈现使用水印绘制的画面效果。
（14）波纹纸画。"波纹纸画"命令可以将图像制作成在带有纹理的纸张上绘制出的画面效果。

4. 模糊效果

"模糊"滤镜可以使位图产生像素柔化、边缘平滑、颜色渐变，并具有运动感的画面效果。该滤镜组包含了定向平滑、高斯式模糊、锯齿状模糊、低通滤波器、动态模糊、放射状模糊、平滑、柔和及缩放共9种滤镜效果。选择位图，分别应用其中4种滤镜效果，得到的效果如图8-53所示。

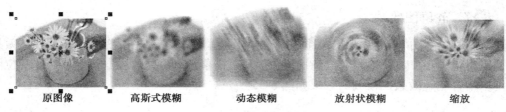

图8-53 模糊滤镜效果

（1）定向平滑。"定向模糊平滑"命令可以为图像添加细微的模糊效果，使图像中的颜色过渡平滑。

（2）高斯式模糊。"高斯式模糊"命令可以使图像按照高斯分布变化来产生模糊效果。

（3）锯齿状模糊。"锯齿状模糊"命令可以在相邻颜色的一定高度和宽度范围内产生锯齿状波动的模糊效果。

（4）低通滤波器。"低通滤波器"命令可以使图像降低相邻像素间的对比度。

（5）动态模糊。"动态模糊"命令可以将图像沿一定方向创建镜头运动所产生的动态模糊效果。

（6）放射状模糊。"放射状模糊"命令可以使位图图像从指定的圆心处产生同心旋转的模糊效果。

（7）平滑。"平滑"命令可以减小图像中相邻像素之间的色调差别。

（8）柔和。"柔和"命令可以使图像产生轻微的模糊效果，从而达到柔和画面的目的。

（9）缩放。"缩放"命令可以从图像的某个点往外扩散，产生爆炸的视觉冲击效果。

5. 相机效果

"相机"命令是通过模仿照相机原理，使图像产生散光等效果，该滤镜组只包含"扩散"命令。

6. 颜色变换效果

应用"颜色变换"滤镜效果，可以改变位图中原有的颜色。此滤镜组中包含"位平面"、"半色调"、"梦幻色调"和"曝光"效果。选择位图，分别应用各滤镜效果，得到的效果如图8-54所示。

图8-54 颜色变换滤镜效果

（1）位平面。"位平面"命令可以将位图图像的颜色以红、绿、蓝3种色块平面显示出来，产生特殊的视觉效果。

（2）半色调。"半色调"命令可以使图像产生彩色网板的效果。

（3）梦幻色调。"梦幻色调"命令可以将位图图像中的颜色变换为明快、鲜艳的颜色，从而产生一种高对比度的幻觉效果。

（4）曝光。"曝光"命令可以将图像制作成类似照片底片的效果。

7. 轮廓图效果

应用"轮廓图"效果，可以根据图像的对比度，使对象的轮廓变成特殊的线条效果。该滤镜组包含了"边缘检测"、"查找边缘"及"描摹轮廓"共 3 种滤镜效果。选择位图，分别应用各滤镜效果，得到的效果如图 8-55 所示。

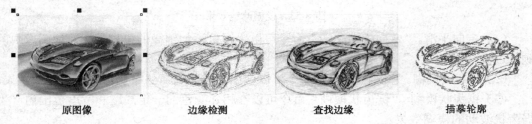

图 8-55　轮廓图滤镜效果

（1）边缘检测。"边缘检测"命令可以查找位图图像中对象的边缘并勾画出对象轮廓，此滤镜适用于高对比度的位图图像的轮廓查找。

（2）查找边缘。"查找边缘"命令可以彻底显示图像中的对象边缘。

（3）描摹轮廓。"描摹轮廓"命令可以勾画出图像的边缘，边缘以外的大部分区域将以白色填充。

8. 创造性效果

应用"创造性"滤镜，可以为图像添加许多具有创意的各种画面效果。该滤镜组包含工艺、晶体化、织物、框架、玻璃砖、儿童游戏、马赛克、粒子、散开、茶色玻璃、彩色玻璃、虚光、旋涡及天气共 14 种滤镜效果。选择位图，分别应用各滤镜效果，得到的效果如图 8-56 所示。

图 8-56　创造性滤镜效果

（1）工艺。"工艺"命令可以使位图图像具有类似于用工艺元素拼接起来的画面效果。

（2）晶体化。"晶体化"命令可以使位图图像产生类似于晶体块状组合的画面效果。

（3）织物。"织物"命令可以使图像产生类似于各种编织物的画面效果。

（4）框架。"框架"命令可以使图像边缘产生艺术的抹刷效果。

（5）玻璃砖。"玻璃砖"命令可以使图像产生映照在块状玻璃上的图像效果。

（6）儿童游戏。"儿童游戏"命令可以使位图图像具有类似于儿童涂鸦游戏时所绘制出的画面效果。

（7）马赛克。"马赛克"命令可以使位图图像产生类似于马赛克拼接成的画面效果。

（8）粒子。"粒子"命令可以在图像上添加星点或气泡的效果。

（9）散开。"散开"命令可以使位图对象散开成颜色点的效果。

（10）茶色玻璃。"茶色玻璃"命令可以使图像产生类似于透过茶色玻璃或其他单色玻璃看到的画面效果。

（11）彩色玻璃。"彩色玻璃"命令可以将图像制作成类似于彩色玻璃的画面效果。

（12）虚光。"虚光"命令可以在图像周围产生虚光的画面效果。

（13）旋涡。"旋涡"命令可以使图像产生旋涡旋转的变形效果。

（14）天气。"天气"命令可以在位图图像中模拟雨、雪、雾的天气效果。

9. 扭曲效果

应用"扭曲"效果滤镜，可以为图像添加各种扭曲变形的效果。此滤镜组包含了块状、置换、偏移、像素、龟纹、旋涡、平铺、湿笔画、涡流及风吹效果共10种滤镜效果。选择位图，分别应用各滤镜效果，得到的效果如图8-57所示。

图8-57 扭曲滤镜效果

（1）块状。"块状"命令可以使图像分裂成块状的效果。

（2）置换。"置换"命令可以使图像被预置的波浪、星形或方格等图形置换出来，产生特殊的效果。

（3）偏移。"偏移"命令可以使图像产生画面对象的位置偏移效果。

（4）像素。"像素"命令可以使图像产生由正方形、矩形和射线组成的像素效果。

（5）龟纹。"龟纹"命令可以使图像按照设置，对位图中的像素进行颜色混合，使图像产生畸变的波浪效果。

（6）旋涡。"旋涡"命令可以使图像产生顺时针或逆时针的旋涡变形效果。

（7）平铺。"平铺"命令可以使图像产生由多个原图像平铺成的画面效果。

（8）湿笔画。"湿笔画"命令可以使图像产生类似于油漆未干时，油漆往下流的画面浸染效果。

（9）涡流。"涡流"命令可以使图像产生无规则的条纹流动效果。

（10）风吹。"风吹"命令可以使图像产生类似于被风吹过的画面效果。

10. 杂点效果

使用"杂点"效果，可以在位图中模拟或消除由于扫描或者颜色过渡所造成的颗粒效果。此滤镜组包含了添加杂点、最大值、中值、最小、去除龟纹及去除杂点共 6 种滤镜效果。选择位图，分别应用各滤镜效果，得到的效果如图 8-58 所示。

图 8-58　杂点滤镜效果

（1）添加杂点。"添加杂点"命令可以在位图图像中增加颗粒，使图像画面具有粗糙的效果。

（2）最大值。"最大值"命令可以使位图图像具有非常明显的杂点画面效果。

（3）中值。"中值"命令可以使位图图像具有比较明显的杂点效果。

（4）最小。"最小"命令可以使图像具有块状的杂点效果。

（5）去除龟纹。"去除龟纹"命令可以去除位图图像中的龟纹杂点，减小粗糙程度，但同时去除龟纹后的画面会相应模糊。

（6）去除杂点。"去除杂点"命令可以去除图像（比如扫描图像）中的灰尘和杂点，使图像有更加干净的画面效果，但同时去除杂点后的画面会相应模糊。

▶ 11. 鲜明化效果

应用"鲜明化"效果可以改变位图图像中相邻像素的色度、亮度及对比度，从而增强图像的颜色锐度，使图像颜色更加鲜明突出。此滤镜组包含了适应非鲜明化、定向柔化、高通滤波器、鲜明化及非鲜明化遮罩共 5 种滤镜效果。选择位图，分别应用各滤镜效果，得到的效果如图 8-59 所示。

图 8-59　鲜明化滤镜效果

（1）适应非鲜明化。"适应非鲜明化"命令可以增强图像中对象边缘的颜色锐度，使对象边缘鲜明化。

（2）定向柔化。"定向柔化"命令可以增强图像中相邻颜色的对比度，使图像更加鲜明化。

（3）高通滤波器。"高通滤波器"命令可以极为清晰地突出位图中绘图元素的边缘。

（4）鲜明化。"鲜明化"命令是调整图像颜色锐度的另一个效果命令，它更能增强图像中相邻像素的色度、亮度及对比度，使图像达到更加鲜明的效果。

（5）非鲜明化遮罩。"非鲜明化遮罩"命令可以增强位图的边缘细节，对某些模糊的区域进行调焦，使图像产生特殊的锐化效果。

8.2.6　描摹位图

CorelDRAW 中除了具备矢量图转换为位图的功能外，同时还具备位图转换为矢量图的功能。

通过"描摹位图"命令，即可将位图按不同的方式转换为矢量图形。在实际工作中，应用描摹位图功能，可以帮助设计者提高编辑图形的工作效率，如在处理扫描的线条图案、徽标、艺术字或剪贴画时，可以先将这些图像转换为矢量图，然后在转换后的矢量图基础上作相应的调整和处理。

▶ 1. 快速描摹位图

使用"快速描摹"命令可以一步完成位图转换为矢量图的操作,操作方法如下。

选择需要描摹的位图,执行"位图"→"快速描摹"命令,或者单击属性栏中的 描摹位图(T) 按钮,从弹出的下拉列表中选择"快速描摹"命令,即可将选择的位图转换为矢量图。转换后的矢量图将覆盖于位图之上,拖动鼠标移动矢量图,转换效果如图 8-60 所示。

转换后的矢量图为一个群组的整体对象,执行"排列"→"取消全部群组"命令后,可以对矢量图进行编辑处理。

图 8-60　位图的快速转换效果

▶ 2. 中心线描摹位图

"中心线描摹"又称为"笔触描摹",它使用未填充的封闭和开放曲线(如笔触)来描摹图像。这种方式适用于描摹线条图纸、施工图、线条画和拼版等。

执行"位图"→"中心线描摹"命令,或者单击属性栏中的 描摹位图(T) 按钮,在弹出的下拉列表中选择"中心线描摹"命令。"中心线描摹"方式提供了两种预设样式,一种用于技术图解,另一种用于线条画。选择"技术图解"样式,可使用很细、很淡的线条描摹黑白图解;选择"线条画"样式,可使用很粗且很突出的线条描摹黑白草图。

▶ 3. 轮廓描摹位图

"轮廓描摹"又称为"填充描摹",使用无轮廓的曲线对象来描摹图像,它适用于描摹剪贴画、徽标、相片图像、低质量图像和高质量图像。"轮廓描摹"方式提供了如下 6 种预设样式。

- 线条画:描摹黑白草图和图解。
- 徽标:描摹细节和颜色都较少的简单徽标。
- 详细徽标:描摹包含精细细节和许多颜色的徽标。
- 剪贴画:描摹根据细节量和颜色数决定的图形。
- 低质量图像:描摹细节不足的相片。
- 高质量图像:描摹高质量、超精细的相片。

选择需要描摹的位图,然后执行"位图"→"轮廓描摹"命令,在展开的下一级子菜单中选择所需的预设样式,然后在弹出的"Power TRACE"窗口中调整描摹参数,如图 8-61 所示,调整好后,单击"确定"按钮。各参数功能如下。

- 细节：控制描摹结果中保留的颜色等原始细节量。
- 平滑：调整描摹结果中的节点数，以控制产生的曲线与原图像中线条的接近程度。
- 拐角平滑度：控制描摹结果中拐角处的节点数，以控制拐角处的线条与原图像中的线条的接近程度。
- 删除原始图像：选中该复选框，在生成描摹结果后删除原始位图图像。
- 移除背景：在描摹图像时清除图像的背景。单击"指定颜色"单选按钮，可指定要清除的背景颜色。
- 跟踪结果详细资料：显示描摹结果中的曲线、节点和颜色数量信息。
- 在"颜色"标签中可以设置描摹结果中的颜色模式和颜色数量。

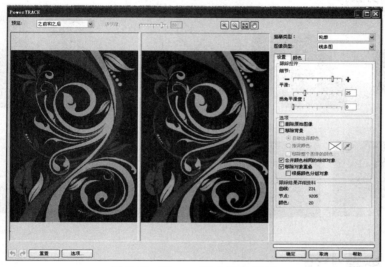

图 8-61 "Power TRACE"窗口

8.3 项目实训

数码相机户外灯箱广告系列设计

▶ 1. 任务背景

为 Nikon 数码相机做一个户外灯箱广告，规格为 297mm×155mm。使用平凡的生活照片，加入尼康 COOLPIX 广告语，表现出相机的本质，使整个画面活泼时尚而不失本色。

▶ 2. 任务要求

本案例中的背景主要运用了绘制矢量图，矢量转换成位图，结合模糊滤镜、框架滤镜制作。导入相机位图并对相机位图作描摹处理，得到矢量相机的特殊效果。简单的相片处理及合理排版，可使相片生动，主体突出，达到动感时尚的户外广告效果。

▶ 3. 任务素材

8.4 本章小结

位图是 CorelDRAW 作品中不可或缺的重要元素。虽然 CorelDRAW 是矢量图形软件，但在位图的编辑和处理上并不逊色于专业的位图软件。这一章详细地讲解了编辑和处理位图的方法，包括位图与矢量图的转换、位图色彩模式的转换、位图颜色的调整，以及对位图进行特效滤镜处理等。在本章的学习中，应该注重在操作中举一反三，熟练掌握位图的各种编辑及滤镜使用技巧。

8.5 技能考核知识题

1. 在 CorelDRAW 中，可以将位图转换为矢量图形的命令是（　　）。
   A. 自动调整　　　　　　　　　　　B. 描摹位图
   C. 编辑位图　　　　　　　　　　　D. 位图颜色遮罩
2. 相同尺寸的位图，分辨率和图像文件大小的对比关系是（　　）。
   A. 分辨率越高．图像文件越大　　　B. 分辨率越低．图像文件越大
   C. 分辨率越高．图像文件越小　　　D. 分辨率越高．图像文件不变化

3. 关于图像的色相、彩度、浓度，下列叙述顺序正确的是（　　）。
   A. 色度、饱和度、光度　　　　　　　　B. 饱和度、色度、光度
   C. 光度、饱和度、色度　　　　　　　　D. 色度、光度、饱和度
4. 使用颜色转换中的（　　）命令，可以制作出位图的负片效果。
   A. 半色调　　　　B. 曝光　　　　C. 位平面　　　　D. 彩色玻璃
5. 要将CorelDRAW文档中的一个包含有多种颜色和清晰边缘的图形导出为应用于互联网的图像格式，最佳选择是（　　）。
   A. PNG 格式　　　B. TIF 格式　　　C. CDR 格式　　　D. GIF 格式
6. （　　）是无损压缩格式。
   A. GIF 格式　　　B. JPEG 格式　　　C. PNG 格式　　　D. 都是
7. （　　）不是所有浏览器都支持的文件格式。
   A. GIF 格式　　　B. JPEG 格式　　　C. PNG 格式　　　D. 都是
8. 将在 CorelDRAW 中完成的作品输出到互联网上时，输出的文件是矢量图格式还是位图格式（　　）。
   A. 矢量图格式　　　B. 位图格式　　　C. 两者都可以　　　D. 其他格式
9. CMYK 颜色模式又称为（　　）。
   A. 绘图色彩模式　　　　　　　　B. 反光色彩模式
   C. 印刷色彩模式　　　　　　　　D. 高纯度色彩模式
10. （　　）模式是单色模式，它没有色彩信息，只是从黑到白的灰阶的变化，主要使用在单色或专色印刷的印刷品上（　　）。
    A. CMYK　　　　B. RGB　　　　C. 灰度　　　　D. 位图
11. "位图颜色遮罩"可以控制位图中色彩的（　　）。
    A. 显示　　　　B. 深淡　　　　C. 隐藏　　　　D. 分辨率
12. 将矢量图转换为位图时，可对图像进行（　　）设置。
    A. 颜色模式　　　B. 分辨率　　　C. 尺寸　　　D. 背景
13. 下列关于在 CorelDRAW 中编辑位图与矢量图的说法中正确的是（　　）。
    A. 在 CorelDRAW 中只能将位图转换为矢量图
    B. 在 CorelDRAW 中只能将矢量图转换为位图
    C. 在 CorelDRAW 中位图与矢量图可以互相转换
    D. 以上说法都不对
14. 下面的特殊效果和轮廓有关的是（　　）。
    A. 查找边缘　　　B. 龟纹　　　C. 描摹轮廓　　　D. 边缘检测
15. 对于在 CorelDRAW 中导入的矢量图，下列说法错误的是（　　）。
    A. 导入的矢量图已不具备基本的矢量图属性
    B. 导入的矢量图可以和页面中的其他对象一起进行编辑
    C. 导入的矢量图会自动转换为位图
    D. 导入的矢量图可随意进行大小及颜色等属性的调整

第 9 章 图形输出及印刷知识

1. 了解图形输出及相关印前处理知识。
2. 掌握使用 CorelDRAW 进行包装设计、刀版制作及菲林片制作方法。
3. 准确把握包装平面视觉设计的版面编排特点，较好地表现不同商品的特性。

6 学时（理论 3 学时，实践 3 学时）

9.1 模拟案例

"黄芪牙膏"包装设计

9.1.1 案例分析

1. 任务背景

黄芪牙膏原为杭州牙膏厂所生产，其品牌一度为浙江省著名商标。此后随着杭州牙膏厂的停产，"黄芪"商标被转让给了杭州皎洁口腔保健用品有限公司。黄芪牙膏是药用牙膏，是杭州本地一个比较响亮的牌子，很受欢迎，价钱也不贵，能去除齿垢和强健牙齿、防止蛀牙。

2. 任务要求

设计一款锡管包装，以黄芪的卖点——消炎效果好为切入点，以"黄芪"文字为主要设计点，设计一款金属软管包装，要求能体现产品特性，表现其国际化的形象，并完稿输出印刷。

3. 任务分析

软管的印刷流程大致分为：未印刷的粗软管→涂底→印刷→上光→装入内容物后封盖，交货完成。而设计人员的工作就是设计构思、设计版面到印刷前的操作。

9.1.2 制作方法

1. 包装页面设置

（1）启动 CorelDRAW 软件，在弹出的欢迎窗口中执行"文件"→"新建"命令创建一个新的图形文件，如图 9-1 所示。

图 9-1 "文件"→"新建"命令

（2）执行"版面"→"页面设置"命令，打开"选项"对话框，如图 9-2 所示。单击"横向"单选按钮，将页面设定为横向。设置宽度为 165mm，高度为 110mm，设置完成后单击"确定"按钮。双击"矩形"工具，在窗口新建一个与页面一样大的矩形。

图 9-2 页面设置

提示：也可以在属性栏中设定页面大小，在纸张/大小中修改页面宽度为 165mm，高度为 110mm，如图 9-3 所示。

注意：此尺寸是按照产品外型尺寸标示所得的准确参数。锡管正面宽度为 155mm，其中预留 5mm 为封口线，加左边锡管口收脚 10mm，这样，包装的实际展开高度为 165mm，高度为 55mm。由此可知，包装的平面展开图的实际尺寸为 165mm×110mm，如图 9-4 所示。

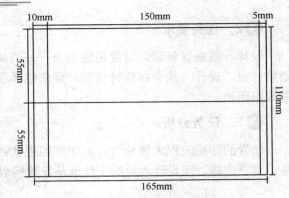

图9-3 属性栏中设定页面大小　　　图9-4 制作包装的平面展开图

（3）根据包装实际展开尺寸剖释图例，用工具箱中的"矩形工具"绘制矩形，在属性栏的"对象的大小"中设置宽度为165mm，高度为55mm，作为牙膏包装的正面。执行"排列"→"对齐和分布"→"对齐和分布"命令，弹出"对齐与分布"对话框，在"对齐"选项卡中，选择"左"和"上"对齐，在"对齐对象到"下拉列表框中选择"页边"，如图9-5所示，牙膏包装的正面如图9-6所示。

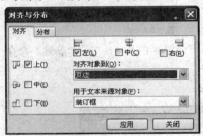
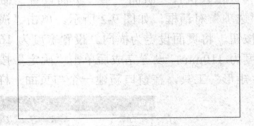

图9-5 "对齐与分布"对话框　　　图9-6 牙膏包装的正面

（4）执行"视图"→"辅助线设置"命令，在"辅助线"设置面板中添加精确的辅助线。将垂直设为10mm、160mm，水平设为55mm、100mm，其设置界面和设置好的辅助线分别如图9-7和图9-8所示。

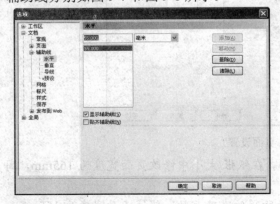
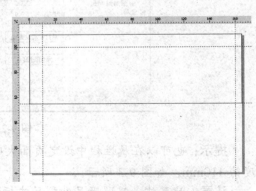

图9-7 辅助线设置　　　图9-8 设置好的辅助线

2. 包装的正面设计

包装的正面主要放置厂家商标、产品名和主要卖点信息等。摆放时要考虑构图的均衡性，标志和品名之间的协调性，主要突出信息是否明了等因素。

（1）使用工具箱中的"矩形工具"及"椭圆工具"，在包装正面绘制一个宽度为110mm、高度为35mm 的矩形，并与一个椭圆形作修剪操作成形，水平渐变填充该图形，颜色为淡绿色（C：22，M：1，Y：51，K：0）到白色，取消轮廓线，如图9-9 所示。

（2）单击工具箱中的"贝塞尔工具"按钮，绘制绿色水花渐变图形和绿色叶子图形，如图9-10 所示。

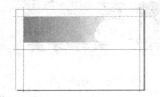
图 9-9 绘制图形

图 9-10 绘制绿色水花和绿叶

（3）单击工具箱中的"文本工具"按钮，输入品牌名称"黄芪"，填充颜色为黑色。用"挑选工具"选定文本，在"文本工具"属性栏的字体列表中选择字体为隶书，粗体，大小为49，设置好后如图9-11 所示。按【F12】键，在弹出的"轮廓笔"对话框中的"颜色"下拉列表框中选择轮廓线的颜色为白色（C：0，M：0，Y：0，K：0），设置轮廓线的宽度为 0.25mm ，如图9-12 所示。

图 9-11 品牌名称"黄芪"

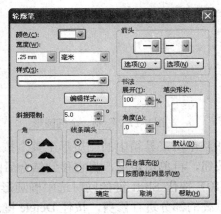
图 9-12 "轮廓笔"对话框

（4）单击工具箱中的"交互式阴影工具"按钮，选中"黄芪"字体，按住鼠标左键并拖动鼠标到适当位置后释放鼠标，则在字体后产生阴影效果。在属性栏中的"阴影偏移量"增量框中设置阴影与对象之间的坐标值为"x：0，y：0"，阴影的"不透明度"为100，阴影羽化值为15，颜色为白色，如图9-13 所示，效果如图9-14 所示。

图 9-13 轮廓线的阴影设置

图 9-14 交互式阴影工具效果

(5) 单击工具箱中的"文本工具"按钮,输入产品名称"天然牙膏",填充颜色为黑色,字体为隶书,大小为 29,设置好后如图 9-15 所示。

(6) 单击工具箱中的"挑选工具"按钮,选中"天然牙膏",将它移至"黄芪"下面,如图 9-16 所示。

图 9-15　产品名称"天然牙膏"　　　　　　　图 9-16　编排文字

(7) 单击工具箱中的"椭圆工具"按钮,绘制一个椭圆形,在属性栏中设置"对象的大小"宽度为 95mm,高度为 47mm,设置"旋转角度"为 19 度,绘制好的椭圆如图 9-17 所示。

(8) 运用上面介绍的绘制和复制椭圆的方法,绘制出大、小两个椭圆形。按住 Shift 键的同时选中两个图形,单击"挑选工具"属性栏上的"结合"按钮(或按 Ctrl+L 组合键),即可以将对象结合成一个图形,如图 9-18 所示。

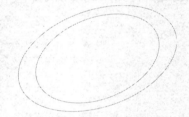

图 9-17　绘制一个椭圆形　　　　　　　图 9-18　结合成一个图形

(9) 单击工具箱中的"矩形工具"按钮,绘制一个矩形。单击工具箱中的"挑选工具"按钮,再单击矩形,将它移到结合后的椭圆形上,如图 9-19 所示。

(10) 按住 Shift 键的同时选中椭圆形,单击属性栏中的"修剪"按钮,将矩形与椭圆形重叠的部分进行修剪,按住 Detele 键删去矩形,如图 9-20 所示。

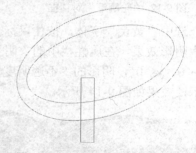
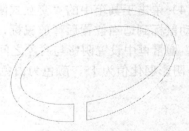

图 9-19　矩形与结合后的椭圆形　　　　　　　图 9-20　删去矩形

(11) 单击工具箱中的"基本形状工具"按钮,在属性栏中选择三角形的几何图形,按住 Shift 键绘制一个等边三角形,如图 9-21 所示。

(12) 单击工具箱中的"挑选工具"按钮,选中三角形,将它移到修剪后的图形上,如图9-22所示。按住Shift键的同时选取图形，单击"挑选工具"属性栏上的"焊接"按钮，将它们结合成一个图形，并填充为绿色（C：8、M：1、Y：25、K：0），如图9-23所示。

图9-21　绘制一个等边三角形　　图9-22　选中三角形，将它移到修剪后的图形上　　图9-23　填充为绿色

（13）使用"贝塞尔工具"绘制如图9-24所示的图形，按F11键，设置颜色从（C：40、M：0、Y：100、K：0）到（C：20、M：0、Y：60、K：0）再到（C：40、M：0、Y：100、K：0）的射线渐变。将其与椭圆图形组合，并调整前后位置。导入素材图"植物.jpg"，将其组合成形，如图9-25所示。

图9-24　绘制图形并进行射线渐变　　图9-25　组合图形

（14）单击工具箱中的"挑选工具"按钮，将做好的各种元素放到包装的平面上，完成包装的正面图设计，如图9-26所示。

图9-26　包装正面图

3. 包装的背面设计

（1）单击工具箱中的"文本工具"按钮，输入"天然"，填充颜色为绿色（C：100，M：0，Y：100，K：0），字体为隶书，大小为"25"。用"挑选工具"两次单击"天然"字体，将其旋转到合适角度，如图9-27所示。

（2）单击工具箱中的"挑选工具"按钮选取文字，再制两份，分别填充颜色为黑色和黄色，并调整前后顺序，如图9-28所示。将其与椭圆图形组合，效果如图9-29所示。

（3）单击工具箱中的"图纸工具"按钮（或按快捷键 D），在其属性栏中设置行数与列数，拖动鼠标绘制出网格图形，如图 9-30 所示。

图 9-27 旋转文字

图 9-28 再制文字

图 9-29 文字与椭圆图形组合

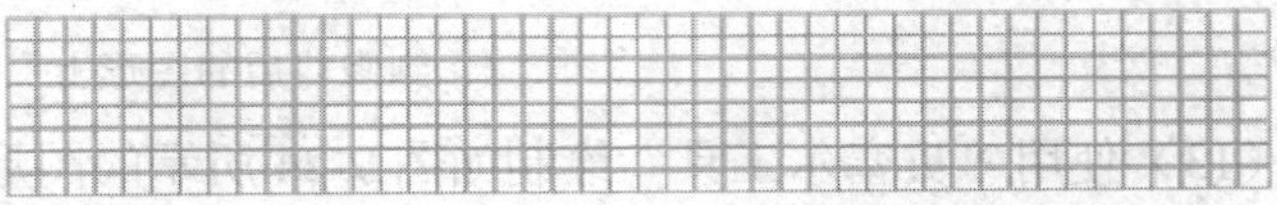

图 9-30 绘制网格

（4）单击工具箱中的"文本工具"按钮，在包装背面输入产品信息文字，如图 9-31 所示。

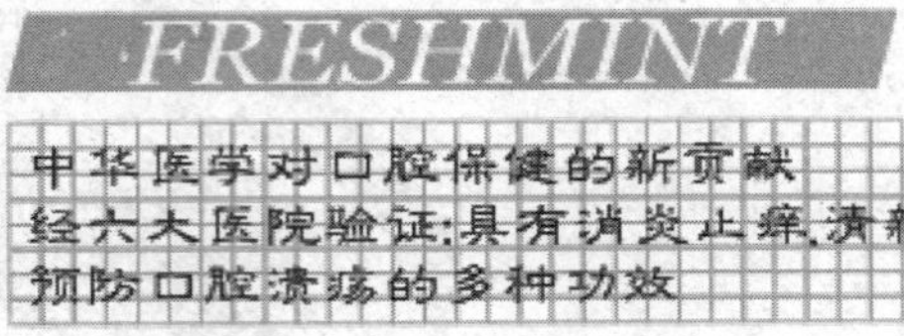

图 9-31 输入产品信息文字

（5）单击工具箱中的"矩形工具"按钮，绘制正方形，设置尺寸为 2.5mm × 2.5mm，填充边框为蓝色。单击工具箱中的"贝塞尔工具"按钮，在正方形上面绘制一个钩，填充为红色，如图 9-32 所示。

（6）单击工具箱中的"文本工具"按钮，输入产品特点"去除污垢 防止蛀牙 美白牙齿 功效持续 12 个小时 不伤牙釉质"，字体为黑体，大小为 9 号，颜色为绿色，在状态栏格式化文本中设置行距为 220，如图 9-33 所示。

去除污垢

防止蛀牙

美白牙齿

功效持续12个小时

不伤牙釉质

图 9-32 绘制勾选框 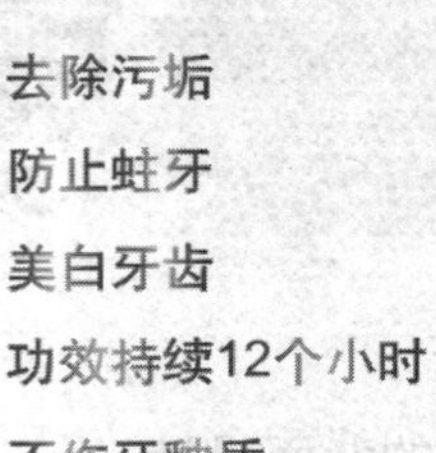   图 9-33 输入产品特点

（7）将正方形和红勾复制多个，分别放在产品特点的前面，使特点更具提示性。执行"编辑"→"全选"→"文本"命令，选取所有文字，执行"对象"→"转换为曲线"命令，将所选文字内容转换为曲线图形。黄芪牙膏的包装设计平面图完成，如图 9-34 所示。

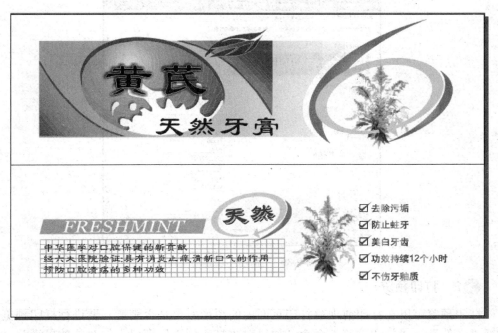

图 9-34 黄芪牙膏的包装设计平面图

9.2 知识延展

9.2.1 图形的输出

1. 打印前设置

在所有的设计工作都已经完成,需要将作品打印出来前,应设置打印设备的相关属性。

执行"文件"→"打印设置"命令,在如图 9-35 所示的"打印设置"对话框中选择合适的打印机,然后单击"属性"按钮,在打开的"属性"设置对话框中进行打印纸张尺寸、纸张来源、纸张类型等属性的设置,如图 9-36 所示。

图 9-35 "打印设置"对话框

图 9-36 "属性"设置对话框

2. 打印预览

打印预览可以在打印前观察打印页面内的图形效果是否满意，要进行打印预览，可执行"文件"→"打印预览"命令，如果对"打印预览"窗口中的对象效果满意，单击"打印"按钮即可打印。

9.2.2 设置输出选项

CorelDRAW 为用户提供用于专业出版的打印选项，用户可以根据需要对这些选项进行设置，从而打印出符合专业出版要求的文档。执行"文件"→"打印"命令（或按 Ctrl+P 组合键），在打开的"打印"对话框中可设置各类输出选项。

1. 常规设置

在打开的"打印"对话框中，单击"常规"选项卡，如图 9-37 所示，可选择合适的打印机，然后选中"打印到文件"复选框就可将当前的文档打印到文件，并通过打印机打印到纸张和胶片上。

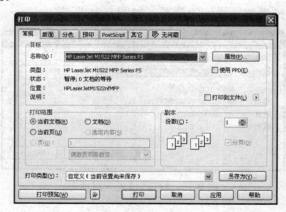

图 9-37 "打印"对话框中的"常规"选项卡

2. 版面设置

在"打印"对话框中,单击"版面"选项卡,如图9-38所示,在其中可设定打印时图像的大小及位置。

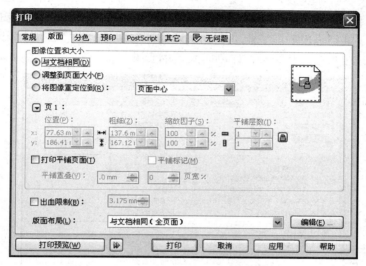

图9-38 "打印"对话框中的"版面"选项卡

3. 分色设置

CorelDRAW 可以将图形按照印刷四色创建 CMYK 颜色分离的页面文档,并且可以指定颜色分离的顺序。在"打印"对话框中单击"分色"选项卡,如图9-39所示,选择"打印分色"复选框,在"选项"区中设置颜色分离打印的选项,在"补漏"选项区中设置印刷时的补漏白功能,设置完成后单击"打印"按钮即可打印出 CMYK 颜色分离的图片。

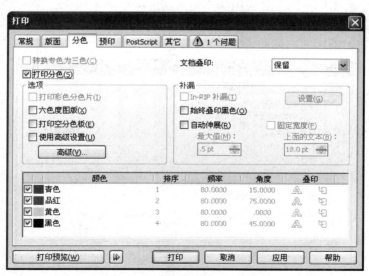

图9-39 "打印"对话框中的"分色"选项卡

4. 输出到胶片

在"打印"对话框中切换至"预印"选项卡，如图 9-40 所示。在"纸张/胶片设置"选项区中可以设置打印到胶片的"反显"和"镜像"方式；在"文件信息"选项区中可以设置页面中打印文件的相关信息；在"裁剪/折叠标记"选项区中选择相应的复选框，可以将裁切线印刷到输出的胶片上，有利于印刷厂的装订；在"注册标记"选项区中可以选择不同的套准样式，有利于在印刷时胶片的套准。

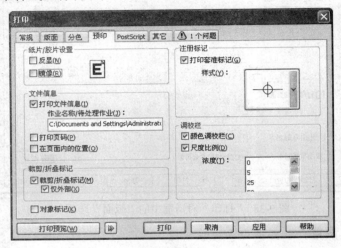

图 9-40 "打印"对话框中的"预印"选项卡

5. 其他设置

在"打印"对话框中切换至"其他"选项卡，如图 9-41 所示，选中"应用 ICC 预置文件"复选框，可以使用普通的 CMYK 印刷机按照 ICC 颜色精确地印刷颜色；选中"打印作业信息表"复选框，可以打印出相关的工作信息，如字体等；"校样选项"用于设定需要校样的项目；"位图缩减取样"选项区用来对位图进行颜色、灰度、单色的缩减取样，以便缩短打印输出的时间，提高工作效率。

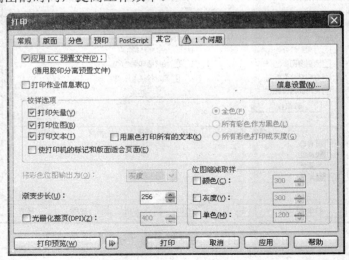

图 9-41 "打印"对话框中的"其他"选项卡

9.2.3 印刷的种类

印刷的种类有很多，根据工艺原理的不同，大体可分为凸版印刷、平版印刷、凹版印刷和丝网印刷4类。

▶ 1．凸版印刷

凸版印刷是最早发明并且目前普遍使用的一种印刷技术，其特点是印刷版面上印纹凸出，非印纹凹下。当油墨辊滚过时，凸出的印纹蘸有油墨，而非印纹的凹下部分则没有油墨。当纸张在承印版面上承受一定的压力时，印纹上的油墨便被转印到纸上。

（1）活版印刷：活版印刷是由我国古代发明的胶泥活字和木刻活字发展而来的。活版印刷主要以铅字进行排版，插图、美术字、照片等则通过照相制版，然后制成锌版、铜版或树脂版。活版排完后复制成纸版制成的整体性印版，然后再浇制成铅版，用轮转机进行印刷。凸版印刷的特点是油墨浓厚，色彩鲜艳，字体及线条清晰。但是受铅字与锌版的限制，印刷质量不易控制，而且速度较慢。活版印刷一般用于宣传品、图表、小型包装盒、信封信笺及烫金、压凸等加工工艺。

（2）柔性版凸版印刷：又称为橡胶版印刷，与活版印刷相似，但不同的是印版是由软胶制成的，像橡皮图章一样。它采用轮转印刷方法，把具有弹性的凸版固定在滚筒上，由网纹金属辊施墨。柔性版可以在较宽的幅面上进行印刷，不需要太大的印刷压力，压力大容易变形。其印刷效果兼有活版印刷的清晰，平版印刷的柔和色调，凹版印刷的墨色厚实和光泽。但由于印版受压力过大容易变形的原因，设计时应尽量避免过小、过细的文字及精确的套印。

柔性版印刷对于承印物有着广泛的适用性，适合塑料、软包装、复合材料、板纸、瓦楞纸等多种印刷材料，而且制版印刷成本较低，质量较好，现在已逐渐得到重视与广泛应用。

▶ 2．平版印刷

平版印刷的特点是印纹部分与非印纹部分同处在一个平面上，利用油水相斥的原理，使印纹部分保持油质，非印纹部分则在水辊经过时吸收了水分。当油墨辊滚过版面后，有油质的印纹沾上了油墨，而吸收了水分的部分则不沾油墨，从而将印纹转印到纸上。

早期的平版印刷是由石版印刷发展而来的，称为平版平压式印刷。此后又改进为用金属锌或铝作为版材，由于印刷时版材承受较大压力，使油墨扩张导致印纹变形、粗糙，后来经过改良，加补了一个胶皮筒以缓冲压力。其过程是先将锌版制成正纹，印刷时转印到胶筒上成为反纹，然后再将反纹转印到纸上成为正纹，因此这种印刷方式也被称为"胶印"。

平版印刷套色准确、色调柔和、层次丰富、吸墨均匀、适合大批量印制，尤其是印刷图片。因此特别适合画册、书刊、样本、包装等的印刷，适用范围很广。

3. 凹版印刷

凹版印刷的原理与凸版印刷正好相反，印纹部分凹于版面，非印纹部分则是平滑的。当油墨滚在版面上后，自然陷入凹下去的印纹里，印刷前将印版表面的油墨刮擦干净，只留下凹纹中的油墨，放上纸张并施以压力后，凹陷部分的印纹就被转印到纸上了。

凹版印刷方式有两种。一种是雕刻凹版，它以线条的粗细及深浅来体现印刷效果，适于表现文字、图案，多用于印刷票证和线条细腻的包装。另一种是照相凹版（又称为影印版），利用感光和腐蚀的方法制版，适于表现明暗和色调的变化，常用于画面精美的包装印刷。

凹版印刷由于受压力较大，因此油墨厚实，表现力强，色调丰富，版面耐印度好，对材料的适用面较广，但制版费用较高，工艺较复杂，不适于小批量的印刷。凹版印刷常用于印刷塑料包装、包装纸、纸盒和瓶贴等。另外由于凹版不易仿造，图案清晰，也用来印刷纸钱币、邮票、有价证券等。

4. 丝网印刷

丝网印刷又称为孔版印刷，是使油墨透过网孔进行的印刷，丝网使用的材料有绢布、金属及合成材料的丝网及蜡纸等。其原理是将印纹部位镂空成细孔，非印纹部分不透。印刷时把墨装置在版面之上，而承印物则在版面之下，印版紧贴承印物，用刮板刮压使油墨通过网孔渗透到承印物的表面。

丝网印刷操作简便、油墨浓厚、色泽鲜艳，而且不但能在平面上印刷，也能在弧面上或立体承印物上印刷，印制的范围和对承印物的适用性很广。缺点是印刷速度慢，以手工操作为主，不适于批量印刷。

9.2.4 印刷的决定性要素

在从设计到成品的整个印刷过程中，有四个基本的决定性要素，即印刷机械、印版、油墨和承印物。

1. 印刷机械

印刷机械是各种印刷品生产的核心部分，其主要作用是将油墨均匀地涂布到印版的印纹部分，通过压力使印版上的油墨转印到承印物的表面而制成印刷品。根据印版结构的不同，印刷机械可以分为凸版印刷机、平板印刷机、凹版印刷机、丝网印刷机和特种印刷机 5 种类型。这些印刷机基本上都是由给纸、送墨、压印、收纸等部分组成的。此外按照承印物的尺寸，印刷机械还可分为全开印刷机、对开印刷机、四开印刷机等；按一次印色的能力又可分为单色印刷机、双色印刷机，四色、五色、六色、九色印刷机等；按送纸的形态也可分为平版纸印刷机和卷筒纸印刷机；按压印方式还可分为平压平式、圆压平式、圆压圆式（轮转式）印刷机 3 种。

2. 印版

印版是使用油墨来进行大量复制印刷的媒介物。现代印刷中的印版大多使用金属版、塑料版或橡胶版，以感光、腐蚀等方法制成。根据印刷画面的效果可以分为线条版和网纹版，线条版用于印刷单线平涂的画面，网纹版主要用于图片及渐变色等连续调画面的印刷。在印刷过程中，单色画面制一块色版，多色画面则需制多块色版，并分多次印刷才能完成。

（1）线条版与套色　线条版也被称做"实纹版"，在印纹部分是满实的，非印纹部分则是空白的，所以线条版一般不能用来表现连续调的丰富变化。

线条版的套色主要是通过重叠方法，即一种颜色或线条重叠在另一种颜色或线条之上，而且印色相叠会产生新的颜色。例如，黄色与蓝色叠印可产生绿色，蓝色与红色叠印可产生深紫色等。但是由于油墨与绘画颜料的特性不同，不能用绘画配色的效果来推断油墨叠色的效果，因此就要求设计者能够充分掌握叠色的特点，熟练应用叠色技术，创造丰富的色彩效果。

由于印刷技术条件的限制，线条版套色叠印时一般很难做到十分准确，因此应尽量避免相同的图形和文字的叠印，以免套印不准影响印刷质量。但在较大面积的底色块上局部叠印文字或图形的效果则较好。

（2）网纹版、分色印刷与电子分色

网纹版与连续调：像图片和渐变色变化的连续调设计稿，必须由网纹版来进行印刷。制作网纹版是通过网纹照相方法将图像分解成有轻重变化的网纹。

照相分色制版：在印刷中，一张印版只能印一种颜色，彩色印刷时，就需要采用照相分色技术。照相分色是按照色彩学中的三原色原理，将拍摄的彩色原稿经过滤色镜分成蓝、洋红、黄三种印版的分色底片，这三种颜色重叠就会产生柔和而色彩自然的图像。为了加强暗部的深度层次，还需加一张黑色的分色片，这样就构成了彩色印刷的四原色。这种技术被称为照相分色，使用分色版进行的彩色印刷也被称做"四色印刷"。

电子分色：电子分色是在分色原理基础上，运用电子扫描技术设计的先进的分色方法。将照片、原稿或反转片紧贴在电子分色机的滚筒上，当机器转动时，将分色机的曝光点直接在原稿上逐点扫描，所得到的图像信息被输入计算机，经过精密计算后，再扫描到感光软片上，形成网点分色片。电子分色比传统分色快捷准确，而且在计算机上可以作多方面的调整和修改，是目前最高水准的分色方式。

▶3．油墨

油墨是经过特殊加工制成的胶状体印刷颜料，种类较多，按照印刷方式不同可分为凸版油墨、平版油墨、凹版油墨、丝网版油墨、特种油墨五大类；按照承印物的不同又可分为供纸张、玻璃、塑料、金属等不同材料用的油墨。对于包装印刷油墨一般有以下要求：①油墨细腻，墨色纯正；②在空气和光照下不易变色及褪色；③与同类油墨相互调合不会变质；④对于食品、服饰、儿童用品、化妆品等包装印刷油墨，不能含铅等其他有毒物质；⑤对于化妆品、服饰、儿童用品、卫生用品，油墨不能含有异味，必要时可以加入香料。随着科技的进步，新型的油墨将不断被研制和开发。

▶4．承印物

承印物是包装印刷材料，现代包装材料种类非常多，大多包装都需要进行印刷加工。包装使用的材料中，纸是主要的承印物，此外还有金属、塑料、玻璃、陶瓷、纺织品等，它们对于印刷方式和油墨等都有具体要求，印刷效果也不尽相同。对于不同承印物的不同特点，设计人员应该有一定的基本知识，并与印刷环节相配合，才能充分发挥承印物的优点，设计出精美的包装。

9.2.5　印刷工艺流程

▶1．设计稿

设计稿是对印刷元素的综合设计，包括图片、插图、文字、图表等。目前在包装设计中普遍采用计算机辅助设计，以往要求精确的黑白原稿绘制过程被省去，取而代之的是直观地运用计算机对设计元素进行编辑和设计。

▶2．照相与分色

对于包装设计中的图像来源，如插图、摄影照片等，要经过照相或扫描分色，经过计算机调整才能够进行印刷。目前，电子分色技术产生的效果精美准确，已被广泛地应用。

▶3．制版

制版方式有凸版、平版、凹版、丝网版等，但基本上都是采用晒版和腐蚀的原理进行制版。现代平版印刷是通过分色成软片，然后晒到PS版上进行拼版印刷的。

▶4．拼版

将各种不同制版来源的软片，分别按要求的大小拼到印刷版上，然后再晒成印版（PS版）进行印刷。

▶5．打样

晒版后的印版在打样机上进行少量试印，以此作为与设计原稿进行比对、校对及对印刷工艺进行调整的依据和参照。

▶6．印刷

根据合乎要求的开度，使用相应印刷设备进行大批量生产。

▶7．加工成型

对印刷成品进行压凸、烫金（银）、上光过塑、打孔、模切、除废、折叠、粘合、成型等后期工艺加工。

9.2.6　印刷加工工艺

包装的印刷加工工艺是在印刷完成后，为了美观和提升包装的特色，在印刷品上进行的后期效果加工，主要有烫印、上光与上蜡、浮出、压印、扣刀等工艺。

▶1．烫印

烫印的材料是具有金属光泽的电化铝箔，有金、银及其他种类。在包装上主要用于对品牌等主体形象进行突出表现的处理。

2. 上光与上蜡

上光是使印刷品表面形成一层光膜，以增强色泽，并对包装起到保护作用。

3. 浮出

这是一种在印刷后，将树脂粉末溶解在未干的油墨里，经过加热而使印纹隆起、凸出产生立体感的特殊工艺，这种工艺适用于高档礼品的包装设计，有高档华丽的感觉。

4. 压印

压印又称为凹凸压印，先根据图形形状以金属版或石膏制成两块相配套的凸版和凹版，将纸张置于凹版与凸版之间，稍微加热并施以压力，纸张便会产生凹凸现象。

5. 扣刀

扣刀又称为压印成型或压切。当包装印刷需要切成特殊的形状时，可通过扣刀成型。

9.2.7 印刷输出注意的问题

1. 关于分辨率

在计算机辅助设计中，插图的绘制主要有两种方法，一种是矢量图，如使用 Illustrator、Freehand 或 CorelDRAW 等软件绘制而成，可以把图像放大许多倍而不会影响其清晰度；另一种则是利用扫描或电分的图片和插画，通过用 Photoshop、Painter 等图形处理软件制作成位图图像，位图是由一个个像素构成的，不能像矢量图那样随意放大。所以，处理好图像幅面大小和分辨率平衡关系很重要。输出分辨率是由长度单位上的像素数量来表示的。分辨率的设置应根据具体设计的需要而定。一般来说，在距离人的眼睛 2 米以内观看的对象，像画册和包装，至少需要 300dpi 以上的分辨率，才能展现出精美柔和的连续调。因此在对包装设计的图像进行处理时，应当设置合理的输出分辨率，才能达到精美的印刷效果。

2. 色彩输出模式

对于单色印刷品，输出单色软片就可以，但彩色印刷是通过分色，输出洋红、黄、蓝、黑四色胶片进行制版印刷的，因此，在图像设计软件中，应将图像设置为与四色印刷相匹配的 CMYK 四色模式，才能得到所需要的四色分色片。

对专版的印色，就要输出专门的分色片。输出的胶片通常是反映不出色彩的，应附上准确的色标，以便作为打样和印刷的依据。

3. 模切版制作

通常在制版稿的制作中，将包装的模切版制作到同一个文件当中，以便于直观地进行检验，这时应专门为模切版设一个图层，分色输出时也专门输出一张单色胶片，以便于模切刀具的制作。模切版的绘制方法与纸包装结构图的绘制方法基本相同。

▶ 4. "出血"的设置

在制版稿中，包装的底色或图片达到边框的情况下，色块和图片的边缘线应外扩到裁切线以外约 3mm 处，以免印刷成品在裁切加工过程中，由于误差而出现白边，影响美观。色块外扩到裁切线以外的边缘线称为"出血线"。

▶ 5. 套准线设置

套准线也叫做"套色线"，当设计稿需要两色或两色以上的印刷时，就需要制作套准线。套准线通常安排在版面外的四角，呈十字形或丁字形，目的是印刷时套印准确。所以为了做到套印准确，每一个印版包括模切版的套准线都必须准确地叠印在一起，以保证包装印刷制作的准确。

▶ 6. 条形码的制版与印刷

商品条码化使商品的发货、进货、库存和销售等物流环节的工作效率大幅度提高。条形码必须做到扫描器能正确识读，这对制版与印刷提出了较高的要求。条码制版与印刷应注意的问题主要有以下几点：

（1）制版时条形码印刷尺寸在包装面积大小允许的情况下，应选用条形码标准尺寸 37.29mm×26.26mm，缩放比例为 0.8～2.0 倍。

（2）不得随意截短条码符号的高度，对于一些产品包装面积较小的特殊情况，允许适当截短条形码符号的高度，但要求剩余高度不低于原高度的 2/3。

（3）条码上数字符的字体按国家标准 GB12508 中字符集印刷图像的形状，印刷位置应按照国家标准 GBT 14257—1993《通用商品条码符号位置》的规定摆放。

（4）印刷时底色通常采用白色或浅色，线条采用黑色或深色，底色与线条反差密度值大于 0.5。条码的反射率越低越好，空白的反射率越高越好。

（5）注意条形码的印刷适性。

（6）要求印条形码的纸张的纤维方向与条码方向一致，以减小条、空的变化。

9.3 项目实训

"养血安神"包装盒展开图及包装盒效果图设计

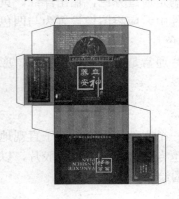

> 1. 任务背景

制作"养血安神"药品包装，制作一份包装盒展开图及包装盒效果图，规格为100mm×70mm×40mm。

> 2. 任务要求

按包装盒尺寸制作平面展开图，准确地把握包装平面视觉设计的版面编排特点，较好地表现不同商品的特性。

> 3. 任务素材

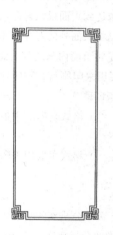

9.4 本章小结

在 CorelDRAW 中打印输出是非常重要的工作，在打印文件时，一定要仔细检查各项参数。印刷是 CorelDRAW 作品中不可或缺的一步。在制版稿中，包装的"出血线"与平面展开图的设计是关键。

9.5 技能考核知识题

1. 在 CorelDRAW 中，不能打开打印对话框的是（　　）。
   A．选择"文件打印"命令　　　　　　　B．按 Ctrl+P 快捷键
   C．选择"文件→打印设置"命令　　　　D．单击标准工具栏"打印"按钮
2. 在出片前，我们要将文本转曲线防止字体丢失造成的文字错乱，检查文档中是否还有文字对象的命令是（　　）。
   A．解散所有群组，编辑菜单/全选/文本
   B．空白处右键/文档信息/文本统计信息
   C．编辑菜单/查找和替换/查找/文本
   D．文本菜单/文本统计信息

3. 关于打印，以下说法正确的是（   ）。
   A．提高打印机的分辨率，可以获得较大的尺寸的图像
   B．提高图像的分辨率，可以获得较大的打印尺寸的图像
   C．打印机的分辨率与图像的尺寸无关
   D．提高打印机的分辨率，可以获得较好分辨率的图像

4. 默认的打印范围（当前文档）前提下，打印选项中的版面标签下，"图像位置与大小"中"调整到页面大小"是指（   ）。
   A．将包括超出页面的所有对象缩小到打印纸张最大范围内打印
   B．将未达到页面最大打印尺寸的所有对象放大至打印纸张最大范围内打印
   C．只是将页面外的对象缩小到页面内打印
   D．只是将页面内未达到页面最大打印尺寸的对象放大至打印纸张最大范围内打印

5. 主要用来印刷具有防伪价值的纸币及债券等的印刷方式是（   ）。
   A．凸版印刷　　　　B．平版印刷　　　　C．凹版印刷　　　　D．胶版印刷

6. （   ）格式是印刷中最常用的图片格式，其LZW压缩对图片质量没有损失？
   A．EPS　　　　　　B．TIFF　　　　　　C．BMP　　　　　　D．GIF

7. （   ）格式主要用于印刷及打印，可以保存Duotone信息、Alpha通道，以及存储路径和加网信息。
   A．EPS　　　　　　B．TIFF　　　　　　C．BMP　　　　　　D．GIF

8. 以下关于分辨率的说法，正确的是（   ）。
   A．图像的分辨率常采用ppi（pixel per inch）作为单位
   B．打印机的分辨率常采用如dpi（dot per inch）作为单位
   C．对于一幅图像而言，其分辨率越高，相应的图像的输出品质就越好
   D．在同样的显示器分辨率设置下，同一幅图像的分辨率设置越高，图像的尺寸越大

9. （   ）是最早发明并且目前普遍使用的一种印刷技术，其特点是印刷版面上印纹突出，非印纹凹下。
   A．凸版印刷　　　　B．平版印刷　　　　C．孔版印刷　　　　D．凹版印刷

10. （   ）其特点是印纹部分与非印纹部分同处在一个平面上，利用油水相斥的原理，使印纹部分保持油质，非印纹部分则水辊经过时吸收了水分。当油墨辊滚过版面后，有油质的印纹沾上了油墨，而吸收了水分的部分则不沾油墨，从而将印纹转印到纸上。
    A．凸版印刷　　　　B．平版印刷　　　　C．孔版印刷　　　　D．凹版印刷

11. （   ）由于受压力较大，因此油墨厚实、表现力强、色调丰富，版面耐印度好，对材料的适用面较广，但制版费用较高，工艺较复杂，不适于小批量的印刷。
    A．凸版印刷　　　　B．平版印刷　　　　C．孔版印刷　　　　D．凹版印刷

12. （   ）又称孔版印刷，是由油墨透过网孔进行的印刷，丝网使用的材料有绢布、金属及合成材料的丝网及蜡纸等。其原理是将印纹部位镂空成细孔，非印纹部分不透。印刷时把墨装置在版面之上，而承印物则在版面之下，印版紧贴承印物，用刮板刮压使油墨通过网孔渗透到承印物的表面上。
    A．凸版印刷　　　　B．平版印刷　　　　C．丝网印刷　　　　D．凹版印刷

13. 在制版稿中，包装的底色或图片达到边框的情况下，色块和图片的边缘线应外扩到裁切线以外约（   ）处，以免印刷成品在裁切加工过程中，由于误差而出现白边，影响美观。色块外扩到裁切线以外的边缘线称为"出血线"。

A. 5mm B. 3mm C. 4mm D. 8mm

14. 套准线设置也叫（　　），当设计稿需要两色或两色以上的印刷时，就需要制作套准线。套准线通常安排在版面外的四角，呈十字形或丁字形，目的是印刷时套印准确。所以为了做到套印准确，每一个印版包括模切版的套准线都必须准确地套准叠印在一起，以保证包装印刷制作的准确。

A. 套色线 B. 准线 C. 星点 D. 校准点

15. 印刷作业中所说挂网线数（印刷分辨率）的单位缩写是（　　）。

A. DPI B. PPI C. EPI D. LPI

附录 A

CorelDRAW 和 Illustrator 使用技巧对比

CorelDRAW 凭借非常出色的矢量图形制作处理功能，深受世界各地设计专业人士和数字图像爱好者的青睐。在目前的矢量绘图领域，除 CorelDRAW 软件外，美国 Adobe 公司的 Illustrator 绘图软件也有着异曲同工之妙，无论是简单图案还是较高技法的美术作品都能绘制自如。两者同为矢量图形软件，功能相近，并各具特色，协作使用，可以更高效地完成创作。以下针对两大软件主要功能的使用技巧作一归纳对比，以供参考。

1. 界面操作对比

由于 Illustrator 和 Photoshop 同是 Adobe 公司的产品，因而 Illustrator 软件的界面更接近于 Photoshop，因而界面操作也与 CorelDRAW 有一定的差异，具体如表 A-1 所示。

CorelDRAW 软件提供了一个精确的绘图环境，图形对象之间精确的位置关系可以通过贴齐网格、贴齐辅助线、贴齐对象和借助动态导线来实现。图形的定位在 Illustrator 软件中的命令是"视图"菜单下的"对齐网格"、"对齐点"和"智能参考线"。

CorelDRAW 提供了很多视图平移和缩放的便捷操作，尤其是全局浏览定位按钮非常方便。Illustrator 视图控制的操作与 Photoshop 一致。

CorelDRAW 提供了创建多页编排的功能，Illustrator 目前无此项功能。

表 A-1 界面操作对比

	CorelDRAW	Illustrator
显示标尺	视图→标尺	视图→标尺（Ctrl+R）
辅助线精确定位	双击辅助线，对话框精确设置	拖动定位
贴齐	网格、辅助线、对象、动态导线	对齐网格、对齐点、智能参考线
创建多页	版面→插入页	
视图缩放	滚动键上下滚动	Ctrl+ + / Ctrl+ -
按页面缩放视图	Ctrl+0	Shift+F4
线框视图模式	视图→简单线框/线框	视图→轮廓（Ctrl+Y）
叠印视图模式	视图→使用叠印增强	视图→叠印预览（Alt+Shift+Ctrl+Y）
像素视图模式		视图→像素预览（Alt +Ctrl+Y）
导入/导出文件	文件→导入/导出	文件→置入/导出
预置参数	工具→选项（Ctrl+J）	编辑→首选项（Ctrl+K）

在文件交互应用方面，CorelDRAW 可以打开未使用压缩的 Illustrator 的 AI 文件（打

开版本向下兼容，如 CorelDRAW X6 打开 Illustrator CS5 以下），同时可将 CDR 文件另存为 AI 文件格式。Illustrator 仅可打开 CorelDRAW 10 以前版本的 CDR 文件，不能将 AI 文件另存为 CDR，可以用 EPS、PDF 进行文件转换。

2. 绘图方法对比

CorelDRAW 与 Illustrator 软件绘图工具基本类似，但绘图方法却有不同，具体如表 A-2 所示。

CorelDRAW 绘制基本图形常用拖动成形，在未转曲之前，配合属性栏修改参数。而在 Illustrator 中拖动鼠标绘成的基本图形已成为曲线，不能再次修改参数，在绘图时可通过单击绘图区设置几何形状参数后产生图形。

CorelDRAW 提供了手绘、贝塞尔、钢笔、折线、3 点曲线五种绘制任意曲线的方法，其中手绘工具类似于 Illustrator 的铅笔工具，贝塞尔工具的使用方法也与 Illustrator 的钢笔工具相似，仅配合的快捷键略有区别。

形状工具（F10）是 CorelDRAW 中一个特别高效的工具，该命令包括了对曲线形状进行编辑调整的各方面功能。基本几何图形的形状调整应在图形转曲之后，未转曲前使用形状工具仅能在形状上产生某些固定的变化。Illustrator 中用于基本几何图形和曲线（路径）形状调整的命令是直接选择工具（A），同时配合使用转换锚点（Shift+C）、增删锚点（+ -）工具。

Illustrator 中的画笔和符号喷枪的功能与 CorelDRAW 艺术笔工具中的笔刷和喷罐类似，但 Illustrator 的画笔样本更为丰富，分为书法画笔、散点画笔、图案画笔，艺术画笔四种类型，使用画笔样本可以绘制出不同的笔刷路径图形。

CorelDRAW 中提供了生成国际标准条形码的命令，Illustrator 无此功能。

表 A-2 绘图工具对比

	CorelDRAW	Illustrator
基本图形工具	矩形、椭圆、多边形、星形、复杂星形、图纸（网格）、螺纹、基本形状、箭头形状、流程图形状、标题形状、标注形状	矩形、椭圆、多边形、星形、光晕、直线、弧线、螺旋线、矩形网格、极坐标网格
曲线（路径）工具	手绘、贝塞尔、钢笔、折线、3 点曲线	铅笔工具、钢笔工具
曲线（路径）形状调整	形状工具 F10（基本图形需转曲）	直接选择工具（A）配合转换锚点（Shift+C）、增删锚点（+ -）工具
艺术绘画工具	艺术笔工具（I）（预设笔触、笔刷、喷罐、书法、压力）	画笔面板 F5、画笔工具（B）、符号面板（Shift+Ctrl+F11）、符号喷枪工具（Shift+S）
绘制条形码	编辑→插入条形码	

3. 颜色应用对比

CorelDRAW 图形对象的填充和轮廓上色是通过鼠标左键单击或右键单击调色板色标来完成，颜色调整可通过"颜色"泊坞窗和"均匀填充"、"轮廓颜色"对话框设置。Illustrator 切换工具箱底部两个颜色框，来控制当前对象填充与轮廓描边，并通过拾色器、颜色面板和色板三种方式调整填充色和轮廓色。

CorelDRAW 填充未闭合路径，需在"选项"设置中勾选"填充开放式曲线"；Illustrator

可以直接对开放路径填充。对图形的轮廓填充图案样，CorelDRAW 中需要先使用"排列→将轮廓转换为对象（Ctrl+Shift+Q）"命令将轮廓转换，Illustrator 利用描边按钮和色板可以直接为轮廓填上图样。Illustrator 提供了大量现成的色板样式和图形样式。

Illustrator 的渐变填充仅线性和径向两个类型，渐变面板功能较少；CorelDRAW 渐变提供线性、射线、圆锥、方角四种类型，对话框中提供了渐变步长、边界、颜色调和、颜色预设等多项设置，加大步长值可以解决色彩阶梯显示问题。CorelDRAW 图样、底纹填充提供了丰富的填充样式，交互式填充命令可以方便地对所有填充类型进行调整。

CorelDRAW 中的"网状填充"和 Illustrator 的"网格工具"，都是通过设置网格为图形对象添加丰富而柔和的填充效果，在操作方式上也非常相似。

CorelDRAW 和 Illustrator 颜色应用对比如表 A-3 所示。

表 A-3 颜色应用对比

	CorelDRAW	Illustrator
控制图形填充/轮廓	左击/右击调色板色标	X：切换填色与描边色 Shift+X：交换填色与描边色 D：恢复默认填充色与描边色
颜色调整方式	"均匀填充"对话框（Shift+F11） "轮廓颜色"对话框（Shift+F12） "颜色"泊坞窗 （窗口→泊坞窗→颜色）	拾色器 窗口→颜色（F6） 窗口→色板
填充	均匀填充（Shift+F11） 渐变填充（F11） 图样填充 底纹填充 PostScript 填充 交互式填充（G）	填色按钮（,）配合拾色器、颜色面板、色板 渐变按钮（.）、渐变工具（G）、渐变面板（Ctrl+F9）
智能填充	智能填充工具	实时上色组 Alt + Ctrl +X、实时上色工具
网格填充	网状填充（M）	网格工具（U）
轮廓	轮廓颜色（Shift+F12） 轮廓笔工具（F12）	描边按钮（X）配合颜色拾色器、面板、色板、描边面板（Ctrl+F10）
属性复制	编辑→复制属性至（Ctrl + Shift +A）或滴管工具	吸管工具

4. 图形编辑对比

CorelDRAW 在选取图形方面提供了非常有效而快捷的方式，对应于 Illustrator 也有相近的操作。当需要选取相同属性的图形对象时，Illustrator 中的魔棒工具非常值得一用。

图形复制、变形、剪裁、分割、擦除等操作在两个软件中各有不同方法，应加以区别。

对于图形的修饰，Illustrator 中的变形工具组，提供了涂抹、旋转扭曲、缩拢、膨胀、扇贝、晶格化、皱褶等丰富的效果。

需要说明的是，CorelDRAW 和 Illustrator 两个软件中都有裁剪工具，但前者是用于图形的剪裁，Illustrator 中的"裁剪区域工具"用来定位最后出图时裁剪区域的大小，并不能把图片裁剪掉。Illustrator 中没有直接裁剪图片的功能，可以利用"剪切蒙版"来做遮罩。

CorelDRAW 和 Illustrator 图形编辑对比如表 A-4 所示。

表 A-4　图形编辑对比

	CorelDRAW	Illustrator
图形选择	挑选工具（空格键） 加选：Shift 框选：默认包围选定（Alt 交叉选定） 选择下方对象：Alt 单击 选择群组中对象：Ctrl 单击	选择工具（V） 加选：Shift 框选：交叉选定 选择下方对象：Ctrl+Alt+[选择群组中对象：编组选择工具 套索工具（Q） 魔棒工具（Y）
图形复制	位移复制：左键拖动，右键单击 原位复制：数字键区＋ Ctrl+C/Ctrl+V	位移复制：按 Alt，拖动 原位复制： Ctrl+C/Ctrl+F（或 Ctrl+B）
图形变换	排列→变换→位置、旋转、比例、大小、倾斜	对象→变换→移动、旋转、对称、缩放、倾斜
图形剪裁、分割、擦除	裁剪工具 刻刀工具 橡皮擦工具（X）	对象→剪切蒙版 剪刀工具（C）、美工刀工具 橡皮擦工具（Shift+E）
图形修饰	涂抹笔刷工具、粗糙笔刷工具	变形工具（Shift+R）
图形锁定	排列→锁定对象/解除（全部）锁定	对象→锁定（Ctrl+2）/全部解锁（Alt+Ctrl+2）
操作撤消/恢复	Ctrl+Z / Ctrl+Shift+Z	Ctrl+Z / Ctrl+Shift+Z

5. 图形的位置与组合应用对比

图形的叠放顺序用快捷键操作较为方便，也可以在 CorelDRAW 的"对象管理器"泊坞窗或 Illustrator 的图层面板中拖动实现。CorelDRAW 提供了多页面的编辑功能，所以图形顺序的控制方法也相对更多一些。

对齐操作的关键是确定对齐的参照对象，两个软件中各有不同方法。CorelDRAW 对齐的参照对象与选取对象的方式，框选时对象的对齐参照为最底层的图形，加选时以最后选择的对象为对齐参照。Illustrator 中框选或加选图形后，再按住 Alt 键单击的图形为对齐参照对象。

图形的组合在 CorelDRAW 是"造形"命令，在 Illustrator 是"路径查找器"命令，效果基本相同。不同的是 Illustrator 中组合图形的属性参照最顶层对象，CorelDRAW 中属性参照与选取对象的方式有关。群组功能在两个软件中都可以嵌套使用。

CorelDRAW 和 Illustrator 图形位置与组合应用对比如表 A-5 所示。

表 A-5　图形位置与组合应用对比

	CorelDRAW	Illustrator
图形的顺序	"排列→顺序"或"工具→对象管理器" 向前一层（Ctrl+PageUp） 向后一层（Ctrl+PageDown） 到图层前（Shift+PageUp） 到图层后（Shift+PageDown） 到页面前（Ctrl+Home） 到页面后（Ctrl+End） 置于此对象前（Ctrl+Shift+PageUp） 置于此对象后（Ctrl+Shift+PageDown）	"对象→排列"或图层面板（F7） 前移一层（Ctrl+]） 后移一层（Ctrl+[） 置于顶层（Shift+Ctrl+]） 置于底层（Shift+Ctrl+[）

续表

	CorelDRAW	Illustrator
图形的对齐分布	排列→对齐与分布	对齐面板（Shift +F7）
图形的组合	排列→造形 （焊接、修剪、相交、简化、移除后面对象、移除前面对象）	"效果→路径查找器"或 "窗口→路径查找器（Shift+Ctrl+F9）"
图形的群组	排列→群组/取消群组 （Ctrl+G / Ctrl+U）	对象→编组/取消编组 （Ctrl+G / Shift+Ctrl+G）

▶6. 文本与图表应用对比

两个软件在文本的应用方面大同小异，都可以创建美术文本、段落文本、沿路径文本、内置路径文本，也可通过导入（置入）的方式导入外部文本。文字转图形是非常重要的一个功能，两个软件中分别可以实现，转换以后的文字不能再设置字体、段落等文本属性，可以对文字轮廓作节点编辑。

对于文本的字符、段落格式设置、段落分栏、文本框的链接、图形与文字的混排方式等功能两个软件效果相同，操作命令有所区别。

CorelDRAW 的表格功能类似于 Word 的制表，能轻松地完成创建表格、输入表格文本及各种表格编辑操作。而在 Illustrator 中不能快捷地创建表格，需要时可通过 CorelDRAW 或 Word 导入。但是 Illustrator 的图表功能替代了无表格功能的缺憾，可以创建 9 种不同的图表类型，图表项目的编辑也非常接近于 Excel 软件中的应用。

CorelDRAW 和 Illustrator 文本与图表应用对比如表 A-6 所示。

表 A-6 文本与图表应用对比

	CorelDRAW	Illustrator
创建文本	"排列→顺序"或"工具→对象管理器"	"对象→排列"或图层面板（F7）
格式化文本	文本→字符格式化（Ctrl+T）、文本→段落格式化	窗口→文字→字符（Ctrl+T）、窗口→文字→段落（Alt+Ctrl+T）
文本分栏	文本→栏	文字→区域文字选项
文本框链接	文本→段落文本框→链接/断开链接	文字→串接文本
图文混排	属性栏"段落文本换行"按钮	对象→文本绕排
文本转图形	排列→转换为曲线（Ctrl+Q）	文字→创建轮廓（Shift+Ctrl+O）
表格	表格工具、表格菜单项	
图表		图表工具（J）、对象→图表

▶7. 效果应用对比

图形效果是 CorelDRAW 的强项，包括了调和、变形、轮廓图、阴影、封套、立体化、透明、斜角、透镜和透视等众多命令，提供了非常丰富的效果。其部分功能与 Illustrator 类似，如调和相当于 Illustrator 中的混合，沿路径调合、复合调合、调合对象节点的映射等功能在 Illustrator 软件中也有完整的对应。推拉、旋转变形与 Illustrator 的扭转、收缩和膨胀较类似；交互式透明与透明度对应，交互式阴影与风格化效果中投影对应。

总的说来在图形效果的处理方面 Illustrator 功能简单便于使用，CorelDRAW 有着精确而繁多的设置，效果多样。另外 Illustrator 的立体效果比 CorelDRAW 增加了回转体，羽化功能弥补了 CorelDRAW 的不足。

CorelDRAW 和 Illustrator 效果应用对比如表 A-7 所示。

表 A-7 效果应用对比

	CorelDRAW	Illustrator
调和效果	效果→调和	对象→混合
变形效果	交互式变形工具	效果→扭曲和变换→扭转、收缩和膨胀
轮廓图效果	效果→轮廓图（Ctrl+F9）	类似于"对象→路径→偏移路径"
封套效果	效果→封套（Ctrl+F7）	对象→封套扭曲
阴影效果	交互式阴影工具	效果→风格化→投影
立体化效果	效果→立体化	效果→3D
透明效果	交互式透明度工具	透明度面板（Shift+Ctrl+F10）
羽化效果	拆分阴影（近似）	效果→风格化→羽化
透镜效果	效果→透镜（Alt+F3）	
透视效果	效果→添加透视	

▶ 8. 图层应用对比

图层是图形对象有效的管理者。CorelDRAW 的图层应用通过"对象管理器"泊坞窗来完成，单击图层名称左侧各图标或右击图层名可分别控制图层的显示、打印、锁定、颜色。有主图层和普通图层之分，主图层位于主页面中，在主图层上创建的图形对象显示于所有页；在其他页面中创建的图层，图层对象仅属于当前页。

Illustrator 图板面板类似于 Photoshop，图层以缩略图显示。单击图层名称左侧各图标或双击图层名可分别控制图层的显示、打印、锁定、颜色。图层可嵌套使用，在图层下可新建子图层。

对于图层对象的色彩混合和不透明度设置，CorelDRAW 交互式透明度工具和 Illustrator 的不透明度面板均可以实现。

蒙板功能是 Illustrator 的强项，分为剪切蒙板和不透明度蒙板，两种蒙板的作用都是对指定的对象区域作遮罩处理，在图层面板和不透明面板分别可以创建。

CorelDRAW 和 Illustrator 图层应用对比如表 A-8 所示。

表 A-8 图层应用对比

	CorelDRAW	Illustrator
图层控制面板	"对象管理器"泊坞窗	图层面板（F7）
图层选项	显示、打印、锁定、颜色	显示、打印、锁定、颜色
图层操作	新建主图层 新建图层 删除图层 重命名图层	新建图层 新建子图层 删除图层 重命名图层
图层对象的色彩混合模式及透明度	交互式透明工具	透明度面板
蒙板		剪切蒙板、不透明度蒙板

▶9. 位图应用对比

矢量图形软件对于位图的处理也有着强大的功能，尤其是 CorelDRAW 软件，位图功能集成较多。调整命令涵盖了全部的色彩色调调整，比如高反差、取样/目标平衡、调合曲线、色彩平衡、亮度/对比度/强度、伽马值、色度/饱和度/亮度、所选颜色、替换颜色、取消饱和、通道混合器等都与 Photoshop 功能类似；"图像调整实验室"也能快捷方便的校正颜色；位图菜单下还提供了非常多的滤镜特效。另外，要实现丰富的位图编辑处理还可单击"编辑位图"按钮跳转至捆绑的位图软件 Corel PHOTO-PAINT 中进行。

Illustrator 中可直接对矢量图形调整颜色和添加滤镜效果，"编辑颜色"命令可进行饱和度及色彩平衡的调节，"效果"菜单提供了较多的滤镜特效。有时为了得到更丰富的位图效果，可以通过"栅格化"命令将矢量图形转换成位图。此外大多的位图功能可借助 Photoshop 软件来完成，所以位图导入时应以链接的方式导入。在 Photoshop 中处理完位图保存后 Illustrator 会弹出提示以确定更新。

CorelDRAW 和 Illustrator 位图应用对比如表 A-9 所示。

表 A-9 位图应用对比

	CorelDRAW	Illustrator
位图导入	文件→导入（Ctrl+I）	文件→置入
矢量对象转位图	位图→转换为位图	对象→栅格化
位图色彩色调调整	效果→调整	编辑→编辑颜色
位图滤镜	位图菜单	滤镜菜单、效果菜单
位图转矢量对象	位图→快速描摹 位图→中心线描摹 位图→轮廓描摹	效果→实时描摹

各章技能考核知识题答案

第1章：
1. C 2. C 3. C 4. D 5. C 6. A 7. B 8. C 9. C 10. C 11. A 12. ABC 13. AC 14. ABC 15. ABCD

第2章：
1. D 2. C 3. D 4. C 5. C 6. A 7. B 8. A 9. A 10. C 11. D 12. C 13. A 14. AC 15. ABCD

第3章：
1. C 2. A 3. B 4. B 5. B 6. A 7. A 8. C 9. C 10. B 11. D 12. D 13. BC 14. ABCD 15. BC

第4章：
1. C 2. D 3. A 4. C 5. D 6. D 7. B 8. D 9. D 10. D 11. C 12. BCD 13. AB 14. BD 15. AB

第5章：
1. D 2. C 3. C 4. C 5. D 6. B 7. C 8. C 9. BD 10. ABCD 11. ABD 12. ABC 13. AD 14. ABC 15. ABCD

第6章：
1. B 2. C 3. BCD 4. D 5. B 6. ACD 7. AC 8. B 9. C 10. B 11. B 12. BC 13. A 14. ACD 15. BC

第7章：
1. B 2. C 3. C 4. C 5. B 6. D 7. B 8. B 9. D 10. C 11. A 12. A 13. D 14. ABC 15. AC

第8章：
1. B 2. A 3. A 4. B 5. A 6. C 7. C 8. B 9. C 10. C 11. AC 12. ABD 13. C 14. ACD 15. AC

第9章
1. C 2. ABCD 3. C 4. AB 5. C 6. B 7. A 8. ABC 9. A 10. B 11. D 12. C 13. B 14. A 15. D

参 考 文 献

[1] 科亿尔数码科技（上海）有限公司．CorelDRAW X4中文版标准培训教程[M]．北京：人民邮电出版社，2009．

[2] 崔飞乐．CorelDRAW X4多米诺自由学[M]．北京：化学工业出版社，2009．

[3] 思维数码．CorelDRAW X4平面设计一点通[M]．北京：科学出版社，2009．

[4] 周建国．CorelDRAW图形创意与设计实例精讲[M]．北京：人民邮电出版社，2008．

[5] 何兰兰．CorelDRAW X3课堂实录[M]．北京：清华大学出版社，2008．

[6] 李峰，王珂，陈艳玲．CorelDRAW X4精品设计50例[M]．北京：电子工业出版社，2008．

[7] 锐意视觉．CorelDRAW X3特效设计经典150例[M]．北京：中国青年出版社，2007．

[8] 锐意视觉．CorelDRAW X3技术精萃与绘图设计[M]．北京：中国青年出版社，2007．

[9] 蒋汉松，李翠，王英才．CorelDRAW X3基础及应用[M]．长沙：中南大学出版社，2009．

[10] 唐倩，尹小港．CorelDRAW X3平面设计技能进化手册[M]．北京：化学工业出版社，2008．